周期表

| 10 | 11 | 12 | 13 | 14 | 15 |

族 周期	10	11	12	13	14	15	16	17	18
1									ヘリウム $1s^2$ 24.59
2				10.81 $_5$B ホウ素 [He]$2s^22p^1$ 8.30　2.0	12.01 $_6$C 炭素 [He]$2s^22p^2$ 11.26　2.5	14.01 $_7$N 窒素 [He]$2s^22p^3$ 14.53　3.0	16.00 $_8$O 酸素 [He]$2s^22p^4$ 13.62　3.5	19.00 $_9$F フッ素 [He]$2s^22p^5$ 17.42　4.0	20.18 $_{10}$Ne ネオン [He]$2s^22p^6$ 21.56
3				26.98 $_{13}$Al アルミニウム [Ne]$3s^23p^1$ 5.99　1.5	28.09 $_{14}$Si ケイ素 [Ne]$3s^23p^2$ 8.15　1.8	30.97 $_{15}$P リン [Ne]$3s^23p^3$ 10.49　2.1	32.07 $_{16}$S 硫黄 [Ne]$3s^23p^4$ 10.36　2.5	35.45 $_{17}$Cl 塩素 [Ne]$3s^23p^5$ 12.97　3.0	39.95 $_{18}$Ar アルゴン [Ne]$3s^23p^6$ 15.76
4	58.69 $_{28}$Ni ニッケル [Ar]$3d^84s^2$ 7.64　1.8	63.55 $_{29}$Cu 銅 [Ar]$3d^{10}4s^1$ 7.73　1.9	65.41 $_{30}$Zn 亜鉛 [Ar]$3d^{10}4s^2$ 9.39　1.6	69.72 $_{31}$Ga ガリウム [Ar]$3d^{10}4s^24p^1$ 6.00　1.6	72.64 $_{32}$Ge ゲルマニウム [Ar]$3d^{10}4s^24p^2$ 7.90　1.8	74.92 $_{33}$As ヒ素 [Ar]$3d^{10}4s^24p^3$ 9.81　2.0	78.96 $_{34}$Se セレン [Ar]$3d^{10}4s^24p^4$ 9.75　2.4	79.90 $_{35}$Br 臭素 [Ar]$3d^{10}4s^24p^5$ 11.81　2.8	83.80 $_{36}$Kr クリプトン [Ar]$3d^{10}4s^24p^6$ 14.00　3.0
5	106.4 $_{46}$Pd パラジウム [Kr]$4d^{10}$ 3.34　2.2	107.9 $_{47}$Ag 銀 [Kr]$4d^{10}5s^1$ 7.58　1.9	112.4 $_{48}$Cd カドミウム [Kr]$4d^{10}5s^2$ 8.99　1.7	114.8 $_{49}$In インジウム [Kr]$4d^{10}5s^25p^1$ 5.79　1.7	118.7 $_{50}$Sn スズ [Kr]$4d^{10}5s^25p^2$ 7.34　1.8	121.8 $_{51}$Sb アンチモン [Kr]$4d^{10}5s^25p^3$ 8.64　1.9	127.6 $_{52}$Te テルル [Kr]$4d^{10}5s^25p^4$ 9.01　2.1	126.9 $_{53}$I ヨウ素 [Kr]$4d^{10}5s^25p^5$ 10.45　2.5	131.3 $_{54}$Xe キセノン [Kr]$4d^{10}5s^25p^6$ 12.13　2.7
6	195.1 $_{78}$Pt 白金 [Xe]$4f^{14}5d^96s^1$ 8.61　2.2	197.0 $_{79}$Au 金 [Xe]$4f^{14}5d^{10}6s^1$ 9.23　2.4	200.6 $_{80}$Hg 水銀 [Xe]$4f^{14}5d^{10}6s^2$ 10.44　1.9	204.4 $_{81}$Tl タリウム [Xe]$4f^{14}5d^{10}6s^26p^1$ 6.11　1.8	207.2 $_{82}$Pb 鉛 [Xe]$4f^{14}5d^{10}6s^26p^2$ 7.42　1.8	209.0 $_{83}$Bi ビスマス [Xe]$4f^{14}5d^{10}6s^26p^3$ 7.29　1.9	(210) $_{84}$Po ポロニウム [Xe]$4f^{14}5d^{10}6s^26p^4$ 8.42　2.0	(210) $_{85}$At アスタチン [Xe]$4f^{14}5d^{10}6s^26p^5$ 9.5　2.2	(222) $_{86}$Rn ラドン [Xe]$4f^{14}5d^{10}6s^26p^6$ 10.75
7	(281) $_{110}$Ds ダームスタチウム [Rn]$5f^{14}6d^87s^2$	(280) $_{111}$Rg レントゲニウム [Rn]$5f^{14}6d^97s^2$	(285) $_{112}$Cn コペルニシウム [Rn]$5f^{14}6d^{10}7s^2$	(278) $_{113}$Nh ニホニウム [Rn]$5f^{14}6d^{10}7s^27p^1$	(289) $_{114}$Fl フレロビウム [Rn]$5f^{14}6d^{10}7s^27p^2$	(288) $_{115}$Mc モスコビウム [Rn]$5f^{14}6d^{10}7s^27p^3$	(293) $_{116}$Lv リバモリウム [Rn]$5f^{14}6d^{10}7s^27p^4$	(293) $_{117}$Ts テネシン [Rn]$5f^{14}6d^{10}7s^27p^5$	(294) $_{118}$Og オガネソン [Rn]$5f^{14}6d^{10}7s^27p^6$

152.0 $_{63}$Eu ユーロピウム [Xe]$4f^76s^2$ 5.67　1.2	157.3 $_{64}$Gd ガドリニウム [Xe]$4f^75d^16s^2$ 6.15　1.2	158.9 $_{65}$Tb テルビウム [Xe]$4f^96s^2$ 5.86　1.2	162.5 $_{66}$Dy ジスプロシウム [Xe]$4f^{10}6s^2$ 5.94　1.2	164.9 $_{67}$Ho ホルミウム [Xe]$4f^{11}6s^2$ 6.02　1.2	167.3 $_{68}$Er エルビウム [Xe]$4f^{12}6s^2$ 6.11　1.2	168.9 $_{69}$Tm ツリウム [Xe]$4f^{13}6s^2$ 6.18　1.2	173.0 $_{70}$Yb イッテルビウム [Xe]$4f^{14}6s^2$ 6.25　1.1	175.0 $_{71}$Lu ルテチウム [Xe]$4f^{14}5d^16s^2$ 5.43　1.2	ランタノイド
(243) $_{95}$Am アメリシウム [Rn]$5f^77s^2$ 6.0　1.3	(247) $_{96}$Cm キュリウム [Rn]$5f^76d^17s^2$ 6.09　1.3	(247) $_{97}$Bk バークリウム [Rn]$5f^97s^2$ 6.30　1.3	(252) $_{98}$Cf カリホルニウム [Rn]$5f^{10}7s^2$ 6.30　1.3	(252) $_{99}$Es アインスタイニウム [Rn]$5f^{11}7s^2$ 6.52　1.3	(257) $_{100}$Fm フェルミウム [Rn]$5f^{12}7s^2$ 6.64　1.3	(258) $_{101}$Md メンデレビウム [Rn]$5f^{13}7s^2$ 6.74　1.3	(259) $_{102}$No ノーベリウム [Rn]$5f^{14}7s^2$ 6.84　1.3	(262) $_{103}$Lr ローレンシウム [Rn]$5f^{14}7s^27p^1$	アクチノイド

有機化学要論

生命科学を理解するための基礎概念

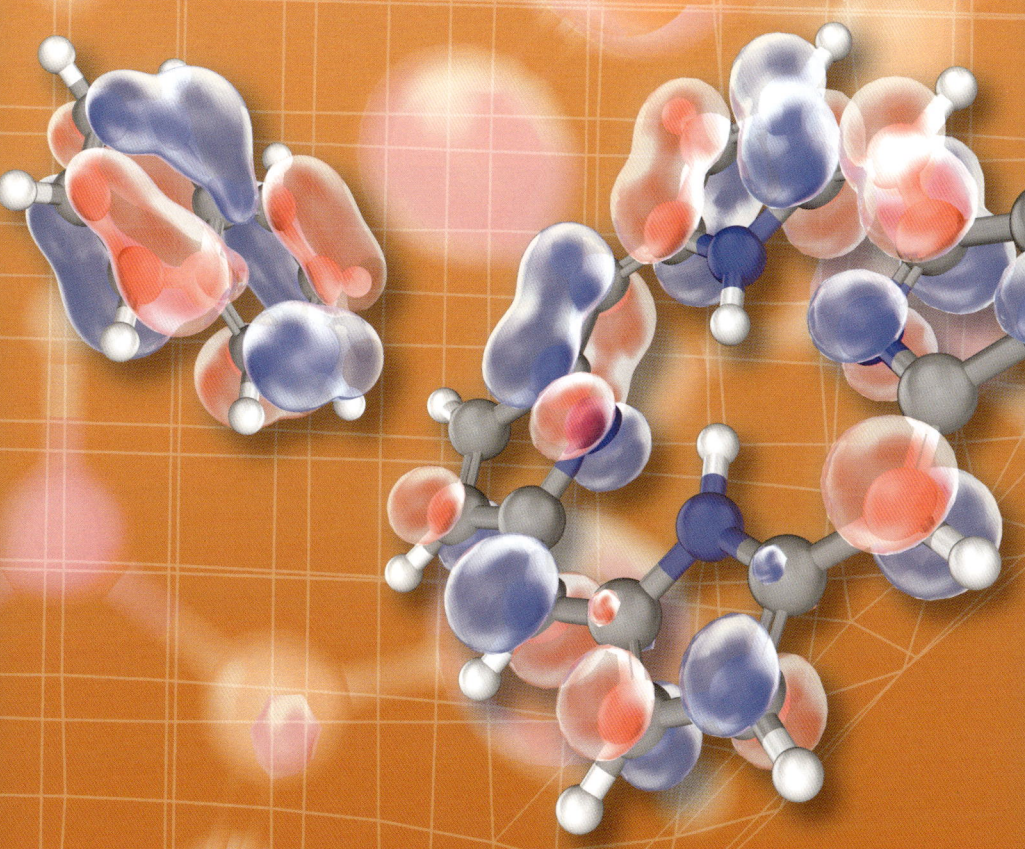

入江一浩・津江広人 編著

高野俊幸・加納太一・松原誠二郎・板東俊和・藤田健一 著

学術図書出版社

はじめに

本書の目的

　大学の理系の新入生は，数学を基本として，物理学，化学，生物学，地学などの自然科学の基礎を学び，進級とともに各専門分野の知識と理解を深めていけるようにカリキュラムが組まれている．中でも化学は，原材料，日用品，医薬，食品など多種多様な物質の構造と性質（物性，生物活性）を扱う学問であり，日常生活と密接に関係している．したがって，その基本的な学問体系ならびに考え方は，理系の学生に限らずすべての学生が身につけておく必要がある．実際に化学は，中学校や高等学校において理科の必修分野の1つとして，基礎的な知識を習得するとともに実験を行い，その結果を考察しながら学習することが定められている．

　このような高校までの学習内容を基盤として，大学での化学のカリキュラムが作成されている．将来，化学を専門とする学生に対しては，多くの優れた教科書（参考書）とともに多様な講義や実験科目が整備されている．しかしながら一方，化学を専門としない理系学生（数学系，物理系，生物系など）を対象とした教科書は，これまでにあまりなかった．本書は，化学を専門とする学生だけでなく，すべての理系学生を念頭に置いて作成されたものであり，有機化学の根幹となる考え方をコンパクトにまとめてある．一般的な有機化学の教科書の中心的な内容である「有機化合物の命名法」や「多種多様な有機化学反応例」ではなく，物理化学と有機化学との融合をはかり，一般化学の一分野として有機化学を理解できるように編集されている．もちろん，本書で述べられている有機化学の考え方を理解することによって，従来の有機化学の教科書に書かれている内容を，本質的に理解できるようになることはいうまでもない．

生命科学における有機化学の重要性

　有機化学は，炭素原子を中心とする「有機化合物の化学」である．生命活動を可能にしている多くの分子（タンパク質，酵素，脂質，炭水化物，核酸）が有機化合物であり，また，生体内で起きている反応が有機化学反応であることから，医学，薬学，農学などの生命科学分野では必須の基盤学問となっている．元来，有機化学は生命の化学であり，今日

の分子生物学とも密接に関係している．

　生命科学分野の研究ではこれまで，ポリメラーゼ連鎖反応（PCR）により遺伝子を増幅させるという化学にはない方法論を用いて，主としてゲノム（遺伝子）から生命現象を説明しようとしてきた．しかしながら21世紀になり，分子生物学はゲノムから，実質的に生命現象を担っているタンパク質の時代に入った．多くのタンパク質は不安定であり遺伝子のように増やせない．したがって，タンパク質を精製・定量し，それらの構造と機能を正確に理解するためには，有機化学の素養を必要とする．特に有機化合物の化学構造に対する洞察と定量性（化学量論）に関する議論は，生命科学分野においてもきわめて重要である．生命科学分野における有機化学教育の意義がここに存在する．

本書の構成と学習の進め方

　前述したように，本書はその目的から，一般的な有機化学の教科書の構成とは異なっている．本書の構成は，第1章で原子ならびに分子の成り立ちを学習した後，第2章で有機化合物に特徴的な空間構造の多様性の基となっている立体化学を学ぶ．第3章では，有機化学反応を定量的に理解するためのエネルギー論が述べられている．物理化学で学習する化学平衡や反応速度論を，有機化学ではどのように利用すれば理解を深められるかという点について，そのエッセンスがまとめられている．これは，有機化学の基本反応である酸−塩基反応（第4章）を理解するうえでもきわめて重要である．第4章では，化合物の構造によって酸性度が変化する要因について，電気陰性度，共鳴，分子軌道などのさまざまな観点から考察し，構造変化による酸性度の変化の定量的な取り扱いについても記述している．第5章では，酸−塩基反応と並ぶ基本反応である酸化還元について述べられている．これは無機化学でも扱っている事項であるが，炭素原子上の電子密度の変化という考え方で統一的に理解できる．

　有機化学反応を理解するうえで特に留意すべき事項は，周期表，電気陰性度，結合エネルギーおよび酸解離定数（K_a）である．基本的な数値は記憶することが望ましく，本書の後見返しに記載している．

　本書は，将来，化学を専門としない学生も対象に書かれているため，一般の有機化学の教科書において多くのページ数が割かれている個々の反応（反応機構）や命名法については，第6章ならびに付録に簡潔にまとめてある．有機化学反応の機構を矢印で示す記述方法を第6章の冒頭に述べた後，反応や試薬をメカニズムによって分類し，有機化学反応全体を俯瞰できるような内容となっている．個々の有機化学反応に関して詳細に知る必要があれば，一般の有機化学の教科書（参考書）を参照されたい．最後に，生命関連の化学として，糖，核酸，タンパク質，遺伝子発現について，最新の進歩も取り入れて第7章にまとめてある．

　大学の講義は高校とは異なり，予習ならびに復習を前提に進められる．予習によって，

本書を読むだけでは理解できない部分が明らかになり，講義に出席し，必要に応じて質問することによって，理解が深まっていく．さらに，復習として章末問題に取り組むことも必要である．

　有機化学は，化学構造と反応式を中心に記述されるので，一種の外国語ともいえる．「習うよりも慣れよ」という言葉は，有機化学にも一部あてはまる．有機化学は，一朝一夕には習得できるものではなく，日々本書のページを開いて何度も読み，繰り返し演習問題を解くなどの地道な努力を必要とする．多くの学生諸君が，本書によって有機化学という新しい「言語」を習得し，将来，それぞれの専門分野における研究に役立ててほしい．

謝辞

　本書の執筆にあたり，原稿を通読して数々の有益なご助言をいただきました京都大学化学研究所　平竹　潤教授に厚く御礼申し上げます．また，本書の企画からたゆみないご支援をいただきました京都大学国際高等教育院　杉山雅人教授，加藤立久教授，馬場正昭教授，ならびに本書の編集を担当していただきました学術図書出版社の高橋秀治氏に心からお礼を申し上げます．

2014 年　初秋

　　　　　編者
　　　　　入江一浩，津江広人

　　　　　執筆者（執筆順）
　　　　　津江広人　　京都大学大学院人間・環境学研究科 教授（1 章）
　　　　　高野俊幸　　京都大学大学院農学研究科 教授（2 章）
　　　　　加納太一　　京都大学大学院理学研究科 准教授（3, 5 章）
　　　　　入江一浩　　京都大学大学院農学研究科 教授（4 章）
　　　　　松原誠二郎　京都大学大学院工学研究科 教授（6 章）
　　　　　板東俊和　　京都大学大学院理学研究科 准教授（7 章）
　　　　　藤田健一　　京都大学大学院人間・環境学研究科 教授（命名法）

もくじ

第1章　有機化合物の構造と化学結合
1.1　有機化学と周期表 …………………………………………… 1
1.2　原 子 の 構 造 …………………………………………………… 3
　　1.2.1　原子軌道 ……………………………………………… 3
　　1.2.2　電子配置 ……………………………………………… 5
1.3　化 学 結 合 ……………………………………………………… 7
　　1.3.1　原子価結合法 ………………………………………… 7
　　1.3.2　分子軌道法 …………………………………………… 9
　　1.3.3　混成軌道 ……………………………………………… 16
　　1.3.4　電気陰性度と極性共有結合 ………………………… 19
第1章のまとめ ……………………………………………………… 21
章末問題 ……………………………………………………………… 21
補遺1　極性共有結合と分子軌道法 ……………………………… 22
補遺2　メタンの分子軌道 ………………………………………… 24

第2章　有機化合物の立体化学
2.1　構 造 異 性 体 …………………………………………………… 26
　　2.1.1　化学構造式の書き方 ………………………………… 26
　　2.1.2　構造異性体 …………………………………………… 27
2.2　立体配座異性体 ………………………………………………… 27
　　2.2.1　立体構造式の書き方（その1） ……………………… 28
　　2.2.2　エタンの立体配座 …………………………………… 29
　　2.2.3　ブタンの立体配座 …………………………………… 29
　　2.2.4　シクロヘキサンの立体配座 ………………………… 31
2.3　立体配置異性体 ………………………………………………… 34
　　2.3.1　立体構造式の書き方（その2） ……………………… 34

  2.3.2　エナンチオ異性 ·· 35
  2.3.3　ジアステレオ異性 ·· 41
  2.3.4　シス-トランス異性 ·· 45
 第 2 章のまとめ ·· 46
 章末問題 ·· 46
 補遺　分子キラリティー ·· 47
  1　軸性キラリティー ·· 48
  2　面性キラリティー ·· 49
  3　ヘリシティー ·· 50

第 3 章　有機化学における熱力学の基礎

 3.1　結合エネルギーとエンタルピー変化 ···································· 52
  3.1.1　結合エネルギーとエンタルピー変化 ···························· 52
  3.1.2　化学反応におけるエンタルピー変化 ···························· 55
 3.2　平衡定数とギブズエネルギー変化 ······································ 57
  3.2.1　平衡定数とギブズエネルギー変化 ······························ 57
  3.2.2　エンタルピーとエントロピー ···································· 60
  3.2.3　平衡定数の温度依存性 ·· 63
 3.3　反応速度と活性化エネルギー ·· 63
  3.3.1　遷移状態と活性化エネルギー ···································· 63
  3.3.2　反応速度式と速度定数 ·· 65
  3.3.3　半減期の温度依存性 ··· 67
 第 3 章のまとめ ·· 69
 章末問題 ·· 69

第 4 章　酸 と 塩 基

 4.1　酸の強さと pK_a ··· 71
  4.1.1　ブレンステッド-ローリーの定義 ································ 71
  4.1.2　酸の強さと pK_a ·· 72
  4.1.3　酸性度を決定する重要因子 ······································ 73
  4.1.4　pK_a を用いた反応の進行予測 ··································· 74
  4.1.5　塩基の強さと pK_b ·· 75
  4.1.6　pK_a とギブズエネルギー変化 ··································· 75
 4.2　誘起効果と共鳴効果 ··· 76
  4.2.1　誘起効果 ·· 76

  4.2.2　共鳴効果 …………………………………………… 77
  4.2.3　その他の効果 ………………………………………… 81
 4.3　置換基効果の定量的な取り扱い …………………………… 82
 4.4　ルイスの酸-塩基 …………………………………………… 85
 第 4 章のまとめ …………………………………………………… 86
 章末問題 …………………………………………………………… 87

第5章　酸化と還元

 5.1　有機化学における酸化・還元の定義 ……………………… 89
  5.1.1　電気陰性度による酸化・還元の定義 ………………… 89
  5.1.2　酸化度による酸化・還元の定義 ……………………… 90
 5.2　酸 化 反 応 …………………………………………………… 95
  5.2.1　アルコールの酸化 ……………………………………… 95
  5.2.2　アルケンの酸化 ………………………………………… 97
 5.3　還 元 反 応 …………………………………………………… 98
  5.3.1　炭素-炭素多重結合の還元 …………………………… 98
  5.3.2　カルボニル化合物の還元 ……………………………… 100
 第 5 章のまとめ …………………………………………………… 102
 章末問題 …………………………………………………………… 103

第6章　有機化学反応の種類と反応機構

 6.1　有機化学反応の種類 ………………………………………… 104
  6.1.1　有機反応の記述方法—矢印について ……………… 105
  6.1.2　求電子剤，求核剤 ……………………………………… 106
  6.1.3　反応の種類 ……………………………………………… 107
 6.2　求電子付加反応（アルケン，アルキンに対する付加反応）……… 108
  6.2.1　アルケンへの求電子付加反応（マルコフニコフ則）……… 108
  6.2.2　アルケンへのヒドロホウ素化（反マルコフニコフ型付加）… 109
  6.2.3　隣接基関与を伴う臭素の付加 ………………………… 111
  6.2.4　炭素骨格の転位を伴う HX の付加 …………………… 111
  6.2.5　アルキンへの付加 ……………………………………… 112
 6.3　求核付加反応（カルボニル基に対する付加反応）……………… 113
  6.3.1　有機マグネシウムハライド，有機リチウムとの反応 ……… 113
  6.3.2　アルコールとの反応 …………………………………… 114
  6.3.3　アミンとの反応 ………………………………………… 116

6.3.4　官能基を含む有機金属化合物との反応 …………………………… 117
　　　6.3.5　カルボン酸とその誘導体 ………………………………………… 119
　6.4　求電子置換反応（芳香族化合物に対する置換反応）……………………… 121
　6.5　求核置換反応 …………………………………………………………………… 124
　　　6.5.1　S_N2 反応 ……………………………………………………………… 124
　　　6.5.2　S_N1 反応 ……………………………………………………………… 126
　6.6　脱　離　反　応 ………………………………………………………………… 127
　6.7　極性中間体を通らない反応 …………………………………………………… 129
　　　6.7.1　ラジカル反応 ……………………………………………………… 129
　　　6.7.2　ディールス-アルダー反応 ……………………………………… 132
　　　6.7.3　電子環状反応 ……………………………………………………… 134
　第6章のまとめ ………………………………………………………………………… 135
　章末問題 ………………………………………………………………………………… 135

第7章　生命関連の化学

　7.1　糖　　　類 ……………………………………………………………………… 138
　　　7.1.1　単糖類の化学構造 ………………………………………………… 138
　　　7.1.2　二糖類の化学構造 ………………………………………………… 140
　　　7.1.3　多糖類の化学構造 ………………………………………………… 140
　　　7.1.4　糖の合成化学 ……………………………………………………… 141
　　　7.1.5　解糖系 ……………………………………………………………… 143
　7.2　核　　　酸 ……………………………………………………………………… 144
　　　7.2.1　核酸の化学構造 …………………………………………………… 144
　　　7.2.2　水素結合による塩基対形成 ……………………………………… 146
　　　7.2.3　核酸の鎖構造 ……………………………………………………… 146
　　　7.2.4　核酸の高次構造 …………………………………………………… 147
　　　7.2.5　核酸の合成化学 …………………………………………………… 149
　7.3　タンパク質 ……………………………………………………………………… 151
　　　7.3.1　アミノ酸の化学構造 ……………………………………………… 151
　　　7.3.2　アミノ酸のキラリティー ………………………………………… 152
　　　7.3.3　ペプチド結合の形成 ……………………………………………… 153
　　　7.3.4　ポリペプチドの合成化学 ………………………………………… 154
　　　7.3.5　タンパク質の高次構造 …………………………………………… 156
　7.4　遺　伝　子　発　現 …………………………………………………………… 157
　　　7.4.1　転写（transcription）……………………………………………… 157

7.4.2　コドン（codon）……………………………………159
　　7.4.3　翻訳（translation）…………………………………160
　　7.4.4　特定遺伝子の導入技術……………………………161
　　7.4.5　エピジェネティックス（epigenetics）……………163
　第7章のまとめ………………………………………………164
　章末問題………………………………………………………164

付録　有機化合物の命名法………………………………………166
章末問題略解………………………………………………………181

第1章

有機化合物の構造と化学結合

　大学で学ぶ有機化学は「電子の化学」であり，電子に着目して有機化合物の性質や反応性を理解する．電子は分子の表面にあり，分子どうしの衝突によって電子の授受が起こり，化学反応が進行する．化学反応を「電子」で理解するためには，まず有機化合物の成り立ちを理解する必要がある．そこで本章では，原子の構造を学ぶとともに，化学結合により原子から有機分子が組み上がっていく原理を学習する．

1.1　有機化学と周期表

　有機化合物とは，「炭素を含む化合物，ただし二酸化炭素や炭酸塩などの一部の単純な化合物を除く」と定義されている．つまり，有機化学（organic chemistry）における中心的な元素は炭素である．地球上には100種類以上の元素が存在するが，炭素の存在比率は120 ppm[†]しかなく，上から数えて14番目である（表1.1）．より大量に存在する元素があるにもかかわらず，炭素を含む化合物が有機化合物として特別に分類されるのは，次の理由による．
　① 炭素は，**4本の共有結合を形成する**．
　② 炭素は，電気的に中性であるが，**結合する原子の種類によりカチオン性にもアニオン性にもなる**．
　すなわち，炭素のもつ①の性質により有機化合物の多様性が生まれる．事実，現在までに3000万種を越える天然および人工の有機化合物が知られている．また，②の性質によって有機反応の多様性がもたらされる．これらの性質が，有機化合物という特別な分類を生み出すとともに，有機化学という1つの学問分野を形成している理由である．

[†] parts per million の略であり，1 ppm は 100 万分の 1 である．

表 1.1 地球上の元素の組成［コアを除く地球（シリケイト部分）の組成］

1	酸素（O）	44.3 %
2	マグネシウム（Mg）	22.8 %
3	ケイ素（Si）	21.0 %
4	鉄（Fe）	6.3 %
5	カルシウム（K）	2.5 %
6	アルミニウム（Al）	2.4 %
7	ナトリウム（Na）	2670 ppm
8	クロム（Cr）	2625 ppm
9	ニッケル（Ni）	1960 ppm
10	チタン（Ti）	1205 ppm
11	マンガン（Mn）	1045 ppm
12	硫黄（S）	250 ppm
13	カリウム（K）	240 ppm
14	炭素（C）	120 ppm
15	コバルト（Co）	105 ppm
16	リン（P）	90 ppm
17	バナジウム（V）	82 ppm
18	亜鉛（Zn）	55 ppm
19	銅（Cu）	30 ppm
20	フッ素（F）	25 ppm

国立天文台編『理科年表（平成 26 年度版）』p. 644, 丸善（2013）の「地学：元素の存在比」を参考に作成．

族 周期	1	2	3	4	5	6	7	8	9	10	11	12	13	14	15	16	17	18
1	H																	He
2	Li	Be											B	C	N	O	F	Ne
3	Na	Mg											Al	Si	P	S	Cl	Ar
4	K	Ca	Sc	Ti	V	Cr	Mn	Fe	Co	Ni	Cu	Zn	Ga	Ge	As	Se	Br	Kr
5	Rb	Sr	Y	Zr	Nb	Mo	Tc	Ru	Rh	Pd	Ag	Cd	In	Sn	Sb	Te	I	Xe
6	Cs	Ba	La	Hf	Ta	W	Re	Os	Ir	Pt	Au	Hg	Tl	Pb	Bi	Po	At	Rn
7	Fr	Ra	Ac	Rf	Db	Sg	Bh	Hs	Mt	Ds	Rg	Cn	Nh	Fl	Mc	Lv	Ts	Og

図 1.1 周期表．有機化学に関わりの大きい元素は，色分けして示してある．赤色：基本となる元素．青色：重要な元素．

周期表（periodic table）における同族元素は類似した性質を示す．すなわち，「似たものは，似た反応をする」ことが化学の基本である．しかしながら，元素の性質は周期によって微妙に異なっている．このことも，有機反応の多様性をもたらすもう1つの要因になっている．有機化学には，図1.1に色を付けて示した元素が深く関わっており，それらの性質を十分に理解しておくことが望まれる．1.2以降では，有機化合物の構造と反応に多様性をもたらす上記の理由 ① と ② について，原子の構造ならびに有機化合物の成り立ちから深く考えていく．

1.2 原子の構造

高校の化学で学んだとおり，原子は，その質量のほとんどを占める正電荷を帯びた**原子核**（nucleus）と，そのまわりに存在する軽くて負電荷をもつ**電子**（electron）から構成されている．原子と原子を結び付ける化学結合の本質を理解するためには，まず原子の電子構造を理解する必要がある．特に，電子の存在が空間的に広がりをもった分布で表されるという考え方は，第2章以降で有機化合物の性質や反応性を学ぶ際に大きな意味をもつ．

1.2.1 原子軌道

原子核のまわりの電子は，原子軌道[†]（atomic orbital）とよばれる特定の空間領域に収容される．もっとも単純な水素原子の原子軌道のエネルギー図を，図1.2の左に示す．1s軌道がもっともエネルギー準位が低く，2s，2p，3s，3p，4s，…の順にエネルギー準位が高くなる．これらの軌道の最初の数字（1sの1など）は，**主量子数**とよばれ，軌道の基本的なエネルギーと広がりを決める．数字が大きいものほど，エネルギー準位が高く，電子は原子核からより離れて存在する．主量子数1の軌道（1s軌道のこと）をK殻，主量子数2の軌道の集まり（2sと2p軌道）をL殻，主量子数3の軌道の集まり（3s，3p，3d軌

[†] 原子軌道は，式（1.1）に示す**シュレーディンガー**（Schrödinger）**方程式**の解である．

$$H\Psi = E\Psi \tag{1.1}$$

ここで，Hはハミルトン演算子（ハミルトニアン），Ψは波動関数，Eはエネルギーである．Hは，関数に対する数学的な演算子であり，運動エネルギーと位置エネルギーに対応する．Ψは，距離と方位を変数として数学的に表現された関数であり，原子あるいは分子中の電子の挙動を規定する．つまり，式（1.1）は，関数ΨにHの演算を行うと，元の関数のE倍になることを示している．

式（1.1）の解き方については他の成書に譲るが，要点は，シュレーディンガー方程式の解として原子軌道の形とエネルギー準位の2つが導かれることである．原子軌道の形は，空間上の1点に原子核があり，そのまわりに電子がどのように分布しているのかを表現している．シュレーディンガー方程式から電子の位置を特定することはできないが，その存在確率を知ることはできる．すなわち，原子軌道は，電子の存在確率の高い空間領域を示したものであり，それらは特有の形と広がりをもっている．また，シュレーディンガー方程式を解くことによって，原子軌道のそれぞれのエネルギー準位が固有の値となることが導かれる．これを量子化（quantization）されているという．

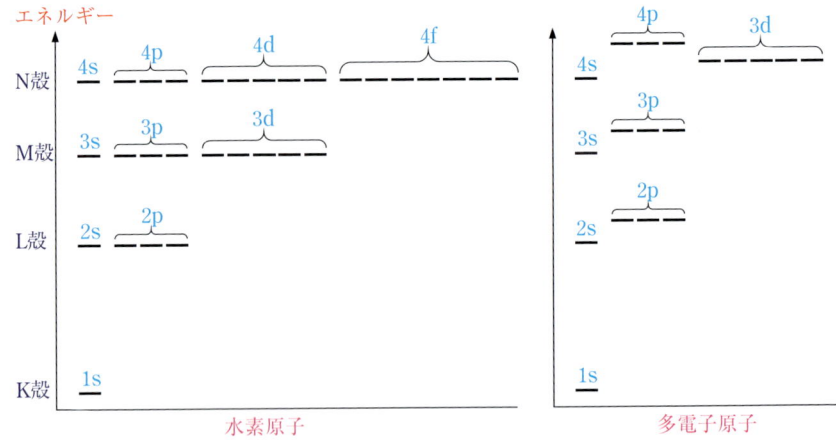

図 1.2　原子軌道の相対的エネルギー準位

道)を M 殻とよぶ†.

　各軌道の数字に続くアルファベット(1s の s など)は,軌道の形を表す.原子軌道には s, p, d, f と名づけられた 4 種の異なる形があるが,これらのうち,有機化学において重要な原子軌道は,s 軌道と p 軌道である.図 1.3 に示すように,s 軌道は球形であり,2s 軌道は 1s 軌道よりも空間的な広がりが大きい.p 軌道は鉄アレイに似た形をしており,2p 軌道には互いに直交した $2p_x$, $2p_y$, $2p_z$ の 3 種類の軌道があり,これらのエネルギー準位は等しい.各 2p 軌道の赤色と青色で示した部分は,軌道の位相 (phase) が反対の領域である.これは,原子軌道が原子核からの距離と方位を変数とする関数として表されていることに由来する.位相は,原子軌道を数学的に表現したときに現れる関数の符号(+ と −)であり,正や負の電荷を表しているのではない.このような位相が変わる領域(たとえば,$2p_x$ 軌道では yz 平面)は,節 (node) とよばれ,電子の存在確率がゼロになる.位相は,1.3.2 に後述する軌道どうしの重なりを考えるときに重要な役割を果たす.

　定性的な議論のためには原子軌道の大まかな広がりがわかれば十分であるため,図 1.4 に示すように,1s 軌道と 2s 軌道は円により,2p 軌道は「8」の字のように模式的に表される.この描き方では,正の位相をもつ部分は白抜きで表され,負の位相をもつ部分は色

---

† 1.2.2 で後述するように,水素原子の電子は K 殻に収容されている.水素原子に外部からエネルギーが与えられると,K 殻にある電子はよりエネルギー準位の高い L, M, N 殻などに移動し,励起状態となる (1.3.2 参照).この状態は不安定であり,電子が再びもとの K 殻に戻るときに,L, M, N 殻などと K 殻とのエネルギー差に相当するエネルギーが光として放出される.これらの光は,水素原子の発光スペクトルとして観測することができる.つまり,水素原子は,K 殻だけでなく,電子が収容されていない L, M, N 殻なども有している.

づけをして，正の位相の部分と区別して表される．1.3.2 以降では，この模式的な表現を用いる．

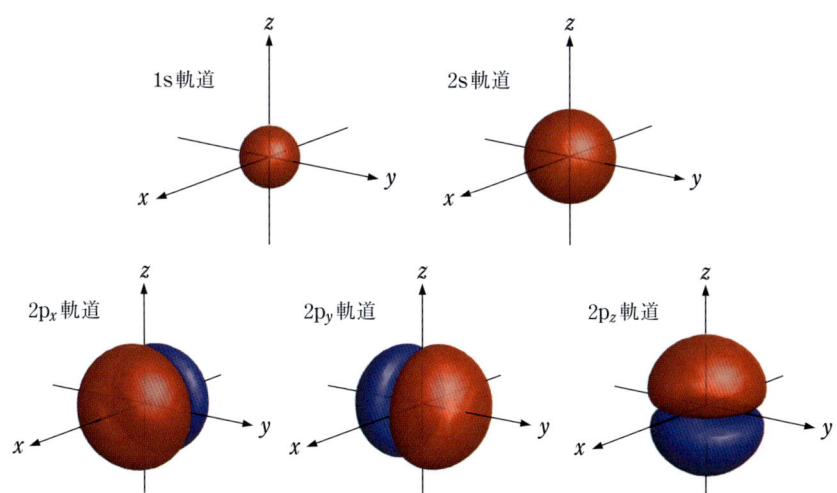

図 1.3　原子軌道の形と広がり†．正と負の位相をもつ領域は，それぞれ赤色と青色で示されている．

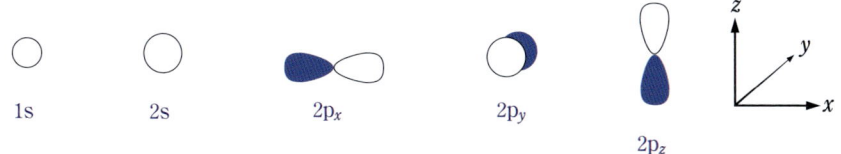

図 1.4　原子軌道の模式的表現．正と負の位相をもつ部分は，それぞれ白抜きと青色で示されている．

1.2.2　電子配置

　原子軌道に電子が収容されることにより，各元素の電子配置（electron configuration）が決まる．1 個の電子だけをもつ水素原子においては，その電子はエネルギー準位がもっとも低い 1s 軌道に収まる．水素原子以外の多電子原子の電子配置についても，同様にして

---

† 図 1.3 に示した軌道の形は，原子軌道の波動関数がある一定の値をもつ領域を表している．その付近に電子が存在する確率が高いというだけであり，その領域の内側だけでなく，外側にも電子は存在する．

1.2　原子の構造　　5

考えることができる．電子を原子軌道に収めていく過程は，次の3つの規則に従う．この規則を構成原理（Aufbau principle）という．

① 電子はエネルギー準位の低い軌道から収容され，各軌道は電子を2個まで収容できる．多電子原子の場合，すでに収まっている電子の影響を受けて，外にある高いエネルギー準位をもつ軌道の準位が少し変化する（図1.2の右）．特に注意が必要なのは，3d軌道のエネルギー準位が4s軌道と4p軌道の中間に位置することである．そのため，電子が収容される順序は，1s → 2s → 2p → 3s → 3p → 4s → 3d → … となる．また，各軌道の総数は下から順に1（1s軌道），4（2sと2p軌道），4（3sと3p軌道），9（4s, 4p, 3d軌道）となるため，収容できる電子の数は，それぞれ2, 8, 8, 18となる．この数は，周期表の第1周期，第2周期，第3周期，第4周期の元素の数にそれぞれ一致する．

② 電子にはスピン†とよばれる磁気的な性質があり，2つの状態がある．その状態は，上向き↑と下向き↓の矢印を用いて表される．同じ軌道に入る2個の電子は，互いに逆向きのスピンをもたなければならない．この規則をパウリの排他原理（Pauli's

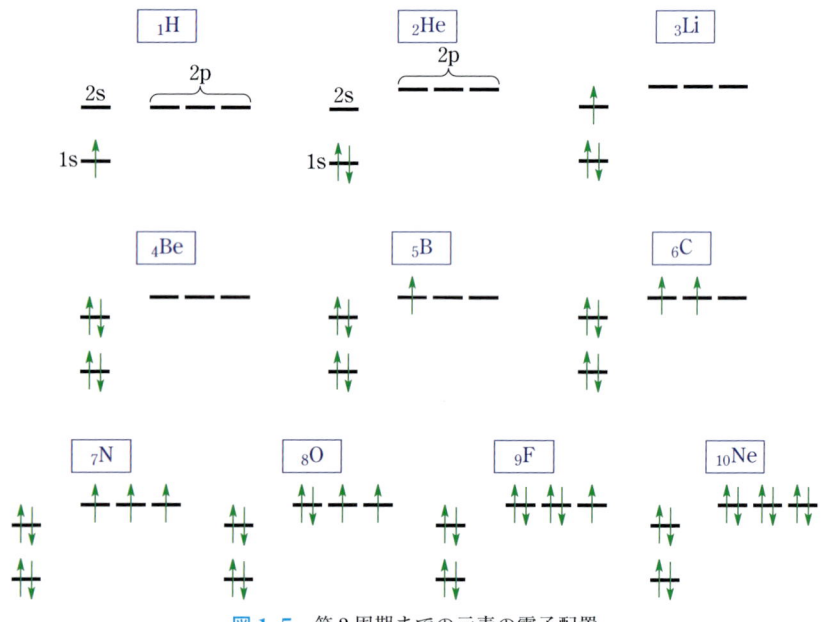

図1.5 第2周期までの元素の電子配置

---

† 電子はそれ自身が回転（自転）するという性質をもっており，この性質を電子スピンという．その回転の方向の違いによって2つの状態をとることができる．

exclusion principle）という．

③ 2つ以上のエネルギーが等しい軌道がある場合（たとえば，$2p_x$, $2p_y$, $2p_z$），各軌道には1個ずつ同じ向きのスピンをもつ電子が収まった後，2個目の電子は逆向きのスピンで収容される．これを**フントの規則**（Hund's rule）という．

以上の3つの規則に従って，元素の電子配置が決まる．例として，第2周期までの元素の電子配置を図1.5に示す．①〜③の規則によって，各元素の電子配置が定まっていることを確認されたい．

1.3　化 学 結 合

化学結合は，**イオン結合**（ionic bond），**共有結合**（covalent bond），**配位結合**（coordinate bond），**金属結合**（metallic bond）に大別される．これらのうち，有機化学に関係するのは，主に前者3つである．高校の化学で学んだように，イオン結合は，陽イオンと陰イオンの静電的な引力（クーロン力）による結合である．共有結合は，原子どうしが電子を出し合い，互いに電子を共有することによって形成される結合であり，配位結合は，電子対が一方の原子だけから提供されてできる共有結合である．本節では，有機化合物の成り立ちに深く関係する共有結合に焦点をあてる．共有結合の記述方法には，大きく分けて**原子価結合法**と**分子軌道法**の2つがある．

1.3.1　原子価結合法

原子価結合法（valence bond method）は，高校で既習の内容であり，最外殻（原子価殻）にある電子が2つの原子に共有されることによって，結合が形成されることを記述する．化学結合に利用されるのは最外殻にある**価電子**（valence electron，あるいは**原子価電子**という）であり，その数がその元素が形成する化学結合の様式を決定する（表1.2）．内殻電子を無視して，価電子のみをドット（・）として表した化学式を**点電子式**（electron-dot formula）という［**ルイス構造式**（Lewis structure）ともよばれる］．周期表の18族である希ガスのヘリウム（第1周期），ネオン（第2周期），アルゴン（第3周期）では，最外殻が電

表1.2　第3周期までの元素の価電子

周期＼族	1	2	13	14	15	16	17	18
1	H·							He:
2	Li·	·Be·	·B̈·	·C̈·	·N̈·	:Ö·	:F̈·	:N̈e:
3	Na·	·Mg·	·Äl·	·S̈i·	·P̈·	:S̈·	:C̈l·	:Är:

子で満たされている．その隣にある元素（ハロゲン）は，**電子親和力**（electron affinity）が大きく，電子を獲得し陰イオンとなって，希ガスと同じ電子配置をとろうとする傾向がある．一方，もっとも左にある元素（NaやKなど）は，**イオン化エネルギー**［ionization energy，**イオン化ポテンシャル**（ionization potential）ともいう］が小さく，電子を失って陽イオンとなる傾向が高い．第2および第3周期の元素では，最外殻が8個の電子で満たされた電子配置となったときに安定化する．このような規則性は**オクテット則**（octet rule，または**8電子則**ともいう）とよばれる．

　有機化合物の基本元素である炭素は，周期表の第2周期のほぼ中央に位置しているので，イオンになる傾向は小さく，電気的に中性である．そのため，多くの元素と共有結合を形成する．炭素の価電子の数は4であるため，原子価は4であり，他の原子と4本の共有結合を形成して安定化する．同様にして，水素は1価，窒素は3価，酸素は2価，ハロゲンは1価となる．共有結合では結合している原子間で電子を共有し，それらの各原子はそれぞれオクテット則を満たしている．そのため，原子どうしで電子を共有することによって安定化が起こる．その安定化エネルギーは，第3章で述べる結合エネルギーに対応する．2つの原子間で2個の電子を共有している場合が**単結合**（single bond）であり，4個，6個の電子を共有する場合は，それぞれ**二重結合**（double bond），**三重結合**（triple bond）とよばれる．これらの電子の共有関係は，点電子式（ルイス構造式）により端的に表現される．

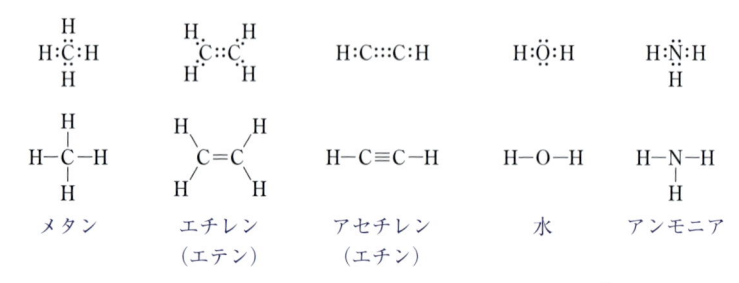

メタン　　エチレン　　アセチレン　　水　　アンモニア
　　　　（エテン）　（エチン）

図1.6　点電子式（ルイス構造式）とケクレ構造式[†]

　水の点電子式には結合に関与しない電子対があり，水の酸素原子はこれを含めてオクテット則を満たしている．アンモニアの窒素原子についても同様である．このような電子対は，**非共有電子対**（unshared electron pair）あるいは**孤立電子対**［lone pair (electrons)］とよばれ，ヘテロ原子（炭素と水素以外の原子．たとえば，窒素，酸素，ハロゲンなど）を含む有機分子の性質や反応性を特徴づける．

[†] 2.1.1参照

1.3.2 分子軌道法

有機化合物の成り立ちや3次元的な形は，**1.3.1**で述べたオクテット則だけでは十分に理解できない．現代の有機化学では**分子軌道法**（molecular orbital method）の考え方が取り入れられ，オクテット則や共鳴理論（第4章参照）では説明できない事象が理論づけられている．たとえば，酸素分子は低温下で磁石に引き付けられる．この酸素分子の特性は，原子価結合法からは説明できないが，分子軌道法から理解することができる．以下では，まず分子軌道法の考え方から説明する．

分子軌道法の考え方は，分子を構成するすべての原子の原子軌道が重なり合うことによって分子全体に広がった**分子軌道**（molecular orbital）が形成され，それらに収容された電子は分子全体に分布しているというものである．すなわち，分子は複数の原子が結合して構築されているため，分子軌道法では，分子中の各原子の原子軌道を数学的に組み合わせて，各原子の原子核の位置にそれぞれ正電荷が存在する状態についてのシュレーディンガー方程式を解く．たとえばメタン（CH_4）の場合には，+6の電荷をもつ炭素原子核1つと+1の電荷をもつ水素原子核4つの3次元的な配置に対して，電子10個がどのような軌道に収容されるかを考える．このような分子全体についての計算を行う手法が分子軌道法であり，この方法で解かれた軌道が分子軌道である．

その解き方については他の成書に譲るが，分子軌道法の考え方の要点は，図1.7の左に示す水素分子の例により模式的に説明される．この理論では，左の水素原子の原子軌道（1s軌道）と右の水素原子の原子軌道（1s軌道）が重なり合って分子軌道が形成され，そこに共有される2個の電子が収まって水素分子が形成されると考える．2つの1s軌道が重なって分子軌道が形成されるとき，1s軌道の位相によって**結合性軌道**（bonding orbital）と**反結合性軌道**（anti-bonding orbital）の2つが生じる．2つの1s軌道が同位相で重なった空間では，電子の存在確率が元の1s軌道に比べて大きくなる．したがって，水素分子の結合性軌道は，2つの原子核の中間付近で電子の存在確率が最大となるような卵形になる．その結果，この分子軌道に電子が収容されると，正電荷をもった原子核と電子の間に静電引力が働き，この静電引力は原子核どうしの斥力を上回るため，系全体が安定化する．2つの原子核を特定の距離に引きつけ合う要因となる分子軌道であるため，結合性軌道とよばれる．一方，2つの1s軌道が逆位相で重なったものが反結合性軌道であり，この軌道では電子の存在確率がゼロになる節が現れる．すなわち，2つの原子核の中間付近で電子の存在確率がゼロとなるとなるため，この分子軌道に電子が収容されると，正電荷をもった2つの原子核の間に斥力が働き，系が不安定化する．そのため，この分子軌道は，反結合性軌道とよばれる．図1.7の右に示すように，元の水素原子の1s軌道のエネルギー準位に比べて，結合性軌道のエネルギー準位は低く，逆に反結合性軌道のものは高い．分子軌道への電子の収め方は，**1.2.2**で述べた構成原理と同様に取り扱う．すなわ

ち，各水素原子は 1s 軌道に 1 個ずつ電子をもっているため，計 2 個の電子は，よりエネルギー準位の低い結合性軌道に収容され，反結合性軌道は空のままである．その結果，水素分子が形成され，2 つの水素原子が孤立した状態よりも安定化する．この安定化エネルギーが，第 3 章で述べる水素分子の結合エネルギーに対応する．

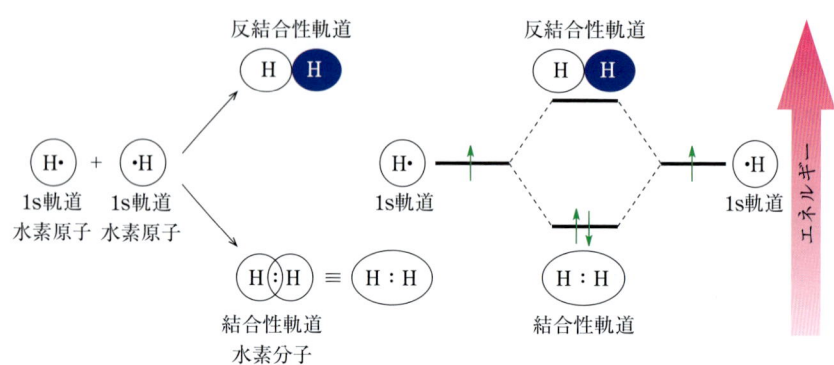

図 1.7　水素分子の形成

水素分子の場合には，球形の 1s 軌道の重なりだけで説明されるが，第 2 周期の元素を含む分子では，球形の 2s 軌道だけでなく，鉄アレイ形の 2p 軌道の重なりも考慮する必要がある．s 軌道は球対称のため，どの方向から重なっても違いは生まれない．しかし，s 軌道と p 軌道，あるいは p 軌道どうしの場合には，p 軌道が方向性をもつために，軌道が重なる方向を考える必要がある．これらの軌道の重なりにより生じる結合性軌道を図 1.8 に示す．

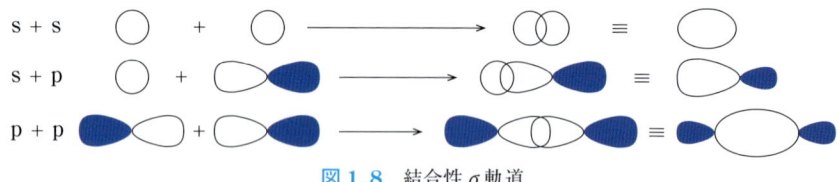

図 1.8　結合性 σ 軌道

図 1.8 の結合性軌道は，結合軸まわりに回転させても形や符号が変わらない．このような円筒対称の軌道は σ 軌道（sigma orbital）とよばれ，この軌道に電子対が収容されて生じる結合を σ 結合（sigma bond）という．p 軌道どうしが重なる場合には，図 1.9 のように p 軌道が側面で重なることもできる．ただし，結合軸まわりに回転させると，軌道の形は同じであるが，位相が変化する．このような円筒対称ではない軌道は π 軌道（pi orbital）とよばれ，この軌道に基づく結合をπ結合（pi bond）とよぶ．π軌道はp軌道どうしの側面での重なりによって形成されるため，σ軌道に比べて，軌道どうしの重なりが悪い．また，π結合では，原子核を結ぶ軸から上下にずれた空間に電子が存在し，さらに原子核から距離が離れている．その結果，π結合はσ結合よりも弱い結合となる．換言すると，σ結合の電子は原子核に強く束縛されている一方，π結合の電子に対する束縛はσ結合の場合に比べて緩やかなものである．このことは，有機化合物の性質や反応性に深く関わっており，第6章においてアルケンの求電子付加反応などの有機反応により詳しく例示される．なお，図1.8と図1.9には示されていないが，逆位相での重なりにより生じる反結合性軌道は，σ*軌道やπ*軌道のように*印を付けて表記される．

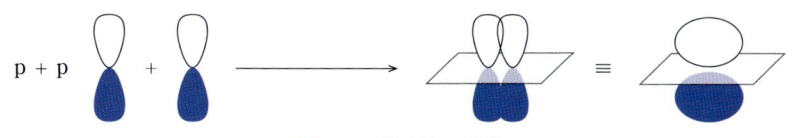

図1.9 結合性π軌道

本項の冒頭に述べた「オクテット則で説明できない事象」の一例が，酸素分子の**常磁性**（paramagnetism）[†]である．すなわち，酸素分子は磁性を有しているため，90 K以下の低温にして液体酸素にすると磁石に引き付けられる．原子価結合法によれば酸素分子は$\ddot{\mathrm{O}}=\ddot{\mathrm{O}}$と描かれるが，この構造式からは酸素分子が磁性を示す理由を説明できない．しかし，この酸素分子の特性は，分子軌道法から理解することができる．一般にn個の原子軌道からはn個の分子軌道が生じる[††]．酸素分子は第2周期の元素から構成されているため，1s, 2s, $2p_x$, $2p_y$, $2p_z$軌道の重なりを考慮する必要がある．図1.10に示したように，各酸素原子は5つの原子軌道をもつため，計10個の原子軌道から酸素分子の10個の分子軌道が生じる．すなわち，結合軸をx軸とすると，2つの1s軌道からのσ_{1s}とσ_{1s}^*軌道，2つの2s軌道からのσ_{2s}とσ_{2s}^*軌道，2つの$2p_x$軌道からのσ_{2p_x}と$\sigma_{2p_x}^*$軌道が形成される．さらに結合軸がx軸であるため，$2p_y$軌道と$2p_z$軌道が，それぞれ側面で重なることにより π軌道を生じる．すなわち，2つの$2p_y$軌道からのπ_{2p_y}と$\pi_{2p_y}^*$軌道，ならびに2つの$2p_z$軌道からのπ_{2p_z}と$\pi_{2p_z}^*$軌道がつくられる．

比較のため，まず窒素分子を説明した後，酸素分子について説明する．窒素原子の電子数は7であるため，窒素分子には計14個の電子が存在し，これらが**1.2.2**で述べた構成

[†] 物質を磁場内に置くと，磁場と同じ方向に磁化され，磁場を除くと磁気が消える性質をいう．
[††] nが偶数の場合，n個の分子軌道のうち半分は結合性軌道であり，残りの半数は反結合性軌道となる．nが奇数の場合，結合性軌道と反結合性軌道の中間に，それぞれの原子軌道とほぼ同じエネルギー準位をもつ分子軌道があり，その軌道は**非結合性軌道**（non-bonding orbital）とよばれる．

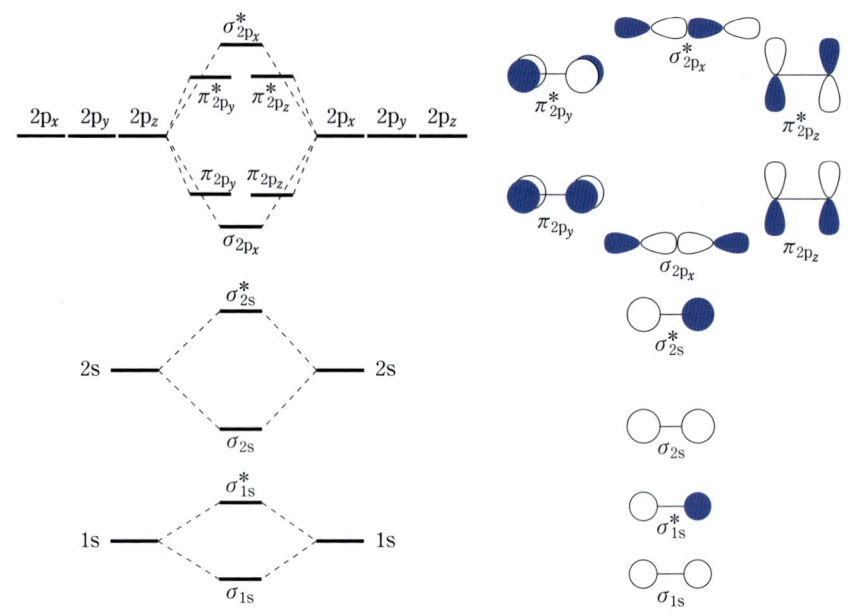

図 1.10 第 2 周期の等核 2 原子分子の分子軌道（O_2 と F_2 の場合）

原理に従ってエネルギー準位の低い軌道から順番に収容される（図 1.11 の左）．σ_{1s} 結合は安定化をもたらす一方，σ_{1s}^* 結合は同じだけ不安定化を引き起こすため，これらの結合への寄与は相殺される．σ_{2s} 結合と σ_{2s}^* 結合についても同様である．その結果，π_{2p_y} 結合，π_{2p_z} 結合，σ_{2p_x} 結合の 3 つが残り，原子価結合法から導かれる N≡N の三重結合と同じ結果が得られる．

酸素分子の計 16 個の電子を収めていく過程は，窒素分子の場合と同様である（図 1.11 の右）．1 電子ずつ収まった $\pi_{2p_y}^*$ 軌道と $\pi_{2p_z}^*$ 軌道があるが，これらは 1 つの π^* 結合と同じと見なせるため，結合への寄与は 1 つの π 結合と相殺される．最終的に 1 つの σ_{2p_x} 結合と 1 つの π 結合が残るため，原子価結合法に基づく O=O の二重結合と同じ結果になる．酸素分子は，前述したように磁性をもつため，90 K 以下の低温にして液体酸素にすると磁石に引き付けられる．この事実は，酸素分子には対になっていない電子（不対電子）が存在することを意味している[†]．しかし，原子価結合法による O=O からは，その

[†] 図 1.11 に示すように，窒素分子では，π_{2p_y} 軌道，π_{2p_z} 軌道，σ_{2p_x} 軌道が電子で満たされており，↑ と ↓ が対になっているためにスピンが打ち消されている．一方，酸素分子では，電子が $\pi_{2p_y}^*$ 軌道と $\pi_{2p_z}^*$ 軌道にスピンの方向を同じにして 1 電子ずつ収容されているため（フントの規則），スピンが打ち消されず，磁性が生じる．

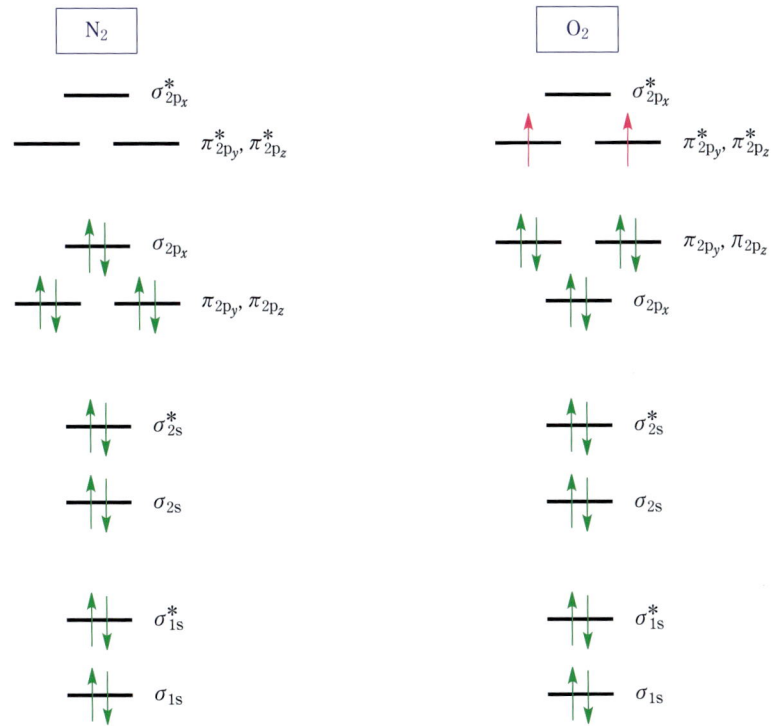

図 1.11 窒素分子と酸素分子の電子配置．窒素分子では，π_{2p_y} と π_{2p_z} のほうが σ_{2p_x} よりも安定になる[†]．

ような特性は決して導くことができない．一方，分子軌道法は，酸素分子が不対電子を有していることを示しており，その磁性を明確に説明している．換言すると，分子軌道法は，原子価結合法のジレンマを見事に解決している．

本項の以下の部分は，第 6 章で述べるディールス–アルダー反応（**6.7.2**）と電子環状反応（**6.7.3**）に関わる記述であるため，場合によっては同反応を学ぶ直前に学習するほうが適切である．よって，以下の部分を読みとばして，**1.3.3** に進んでも構わない．

分子軌道法では電子は分子全体に分布すると考えるため，分子軌道法は，電子が分子全

[†] 第 2 周期では右の元素ほど，2s 軌道と 2p 軌道のエネルギー準位の差が大きくなる．窒素原子では，2s 軌道と 2p 軌道のエネルギー準位の差が小さいため，2s 軌道と 2p 軌道が相互作用し，それらからつくられる分子軌道は影響を受ける．その結果，窒素分子では，$2p_x$ 軌道由来の σ_{2p_x} と $\sigma^*_{2p_x}$ のエネルギー準位が押し上げられ，π_{2p_y} と π_{2p_z} のほうが σ_{2p_x} よりも安定になる．

体にわたって非局在化[†]（delocalization）した共役 π 電子系[††] の有機化合物に対して特にその威力を発揮する．第 6 章で述べるディールス-アルダー反応と電子環状反応は，そのような有機化合物の反応であり，分子軌道のエネルギー準位と位相が重要な役割を果たす．エチレン（エテン）のような単純な化合物の場合には，1.3.3 で後述するように，すべての原子が同一平面上に並び（平面分子），その面内に σ 結合，面に垂直に π 結合が形成される（図 1.17 参照）．σ 電子と π 電子は空間的な配置が異なるため互いに独立であると仮定し，これらを別々に分けて考えることができる．σ 電子と π 電子を分離して取り扱う方法を π 電子近似（pi-electron approximation）という．ディールス-アルダー反応（**6.7.2**）と電子環状反応（**6.7.3**）を理解するためには，π 電子近似を用いて π 軌道を考慮するだけで十分である．以下に，第 6 章で扱われるエチレン，1,3-ブタジエン，1,3,5-ヘキサトリエンの π 軌道の電子配置を述べる．

　1.3.3 で後述するように，エチレン（$H_2C=CH_2$）は平面構造をとっており，各炭素原子はその平面から垂直方向に伸びた 2p 軌道をもつ（図 1.17 参照）．分子平面を xy 平面とすると，図 1.12 に示すように，エチレンでは，2 つの $2p_z$ 軌道から π_{2p_z} 軌道と $\pi^*_{2p_z}$ 軌道の 2 つが形成される．各 $2p_z$ 軌道には 1 個ずつ電子が収まっているため，計 2 個の電子は，よりエネルギー準位の低い π_{2p_z} 軌道に収容され，$\pi^*_{2p_z}$ 軌道は空の軌道となる．

　1,3-ブタジエン（$H_2C=CH-CH=CH_2$）では，4 つの $2p_z$ 軌道から 4 つの π 分子軌道が形成される．そのうちの 2 つ（ϕ_1 と ϕ_2）が結合性軌道であり，残り 2 つ（ϕ^*_3 と ϕ^*_4）は反結合性軌道である（図 1.13）．よって，1,3-ブタジエンの計 4 個の π 電子は，エネルギー準位の低いものから順に ϕ_1 と ϕ_2 に収容され，反結合性の ϕ^*_3 と ϕ^*_4 は空の軌道となる．この電子配置が，1,3-ブタジエンの基底状態（ground state）である．基底状態とは，最低のエネルギーとなるように電子が配置された状態をいう．1,3-ブタジエンに紫外線を照射すると ϕ_2 中の 1 個の電子が ϕ^*_3 に昇位した励起状態（excited state）が形成される．励起状態とは，基底状態の原子や分子に外部からエネルギーが与えられて，よりエネルギー準位の高い空の原子軌道や分子軌道に電子が移動した状態をいう．電子が収容されている，もっともエネルギー準位の高い軌道を最高被占軌道（**HOMO**: highest occupied molecular orbital），もっともエネルギー準位の低い空の軌道を最低空軌道（**LUMO**: lowest unoccupied molecular orbital）とよぶ．したがって，1,3-ブタジエンの基底状態では，ϕ_2 が HOMO，ϕ^*_3 が LUMO となり，励起状態では，ϕ^*_3 が HOMO，ϕ^*_4 が LUMO となる（図 1.13）．

[†] **4.2.1** 参照
[††] 1,3-ブタジエンや 1,3,5-ヘキサトリエンなどのように，二重結合と単結合が交互に存在する構造を指す．

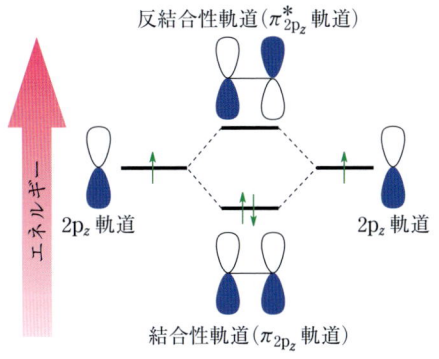

図1.12 エチレンのπ分子軌道

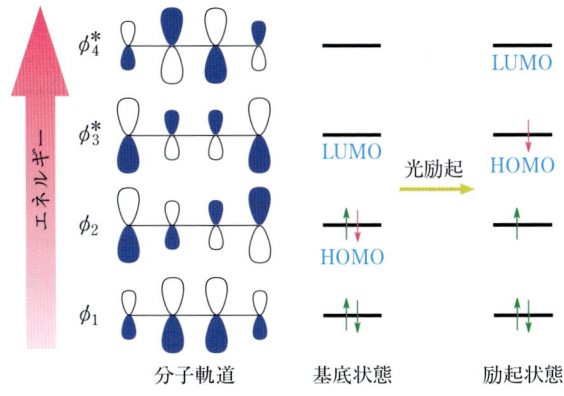

図1.13 1,3-ブタジエンのπ分子軌道[†]

　同様にして，1,3,5-ヘキサトリエン（$H_2C=CH-CH=CH-CH=CH_2$）のπ分子軌道は下記のように記述できる（図1.14）．基底状態では3つの結合性軌道（ϕ_1, ϕ_2, ϕ_3）に電子が収まっており，励起状態ではϕ_3からϕ_4^*へと電子が昇位する．

　HOMOとLUMOは，有機反応を理解する際に重要である．これらの軌道は有機反応において電子の授受に深く関係しており，反応の「最前線」にある軌道のため，フロンティア軌道（frontier orbital）とよばれる．第6章で述べるディールス-アルダー反応（**6.7.2**）と電子環状反応（**6.7.3**）は，反応に関与するフロンティア軌道（HOMOとLUMO）のエネルギー準位と位相が鍵となって起こる反応であり，これらにより反応の可否と立体選択

[†] 各$2p_z$軌道の大きさは，原子軌道の線形結合における係数を反映している（**補遺1**参照）．

性が説明される．その際，熱反応では基底状態の分子が反応に関与し，光反応では励起状態の分子が関与するため，立体選択性が異なる場合がある．その詳細については，第6章を参照されたい．

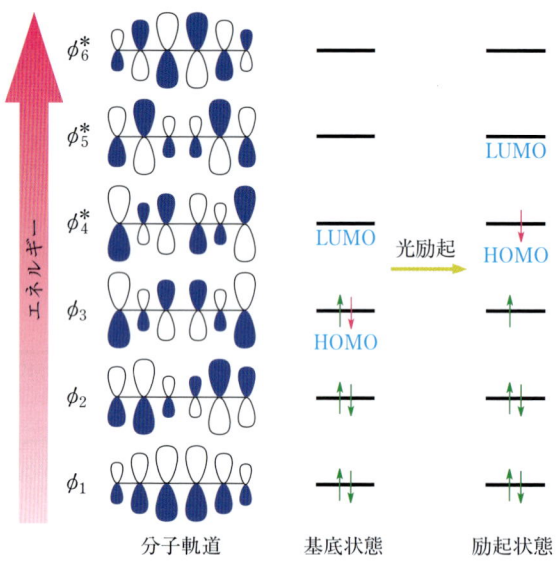

図1.14　1,3,5-ヘキサトリエンのπ分子軌道

1.3.3　混成軌道

　混成軌道（hybrid orbital）の考え方は，原子価結合法に分子軌道論の要素を加味したものである．しかし，その基本は原子価結合法であるため，内殻電子を無視して，価電子だけを考える．

　炭素原子の価電子は，2s，$2p_x$，$2p_y$軌道にそれぞれ2個，1個，1個が収容されている（図1.5）．この電子配置をもとにして，水素原子との間に形成される分子を直接導くと，炭素原子の2s軌道は2個の電子で満たされているため，水素原子の1s軌道は炭素原子の2つの2p軌道とσ結合を形成して，互いに直交したC–H結合をもつCH_2という分子が組み上がると予測される（図1.15）．しかし，CH_2の炭素原子のまわりには6電子しかなく，オクテット則を満足していないため，CH_2は安定な化学種ではない．1.3.1で述べたように，炭素の原子価は4であり，有機化合物の基本となるメタン（CH_4）は，オクテット則を満足している．また，メタンの3次元的な形は正四面体構造であることが知られている．この矛盾を解くために考案された概念が混成軌道である．

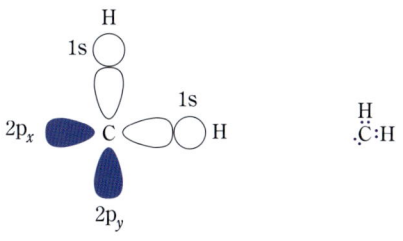

図 1.15　仮想的分子 CH₂

　混成軌道の考え方では，炭素原子は結合を形成する前に，まず 2s 軌道にある電子の 1 個が空の 2p 軌道に**励起**（excitation）すると考える．この励起に必要なエネルギーは，4 本の共有結合を形成する際に獲得するエネルギーよりも小さいため，最終的には安定な分子が形成されることになる．次に，電子が 1 個ずつ収容された 2s 軌道と 3 つの 2p 軌道を数学的に結合させ，2s 軌道でも 2p 軌道でもない新たな軌道に組み替える．このことを**混成**（hybridization）とよび，混成によって新たに生み出された軌道を混成軌道という．その種類として，**sp³ 混成軌道**（sp³ hybrid orbital），**sp² 混成軌道**（sp² hybrid orbital），**sp 混成軌道**（sp hybrid orbital）の 3 つがある．

　sp³ 混成軌道の代表例は，正四面体構造をもつメタンである．図 1.16 に示すように，

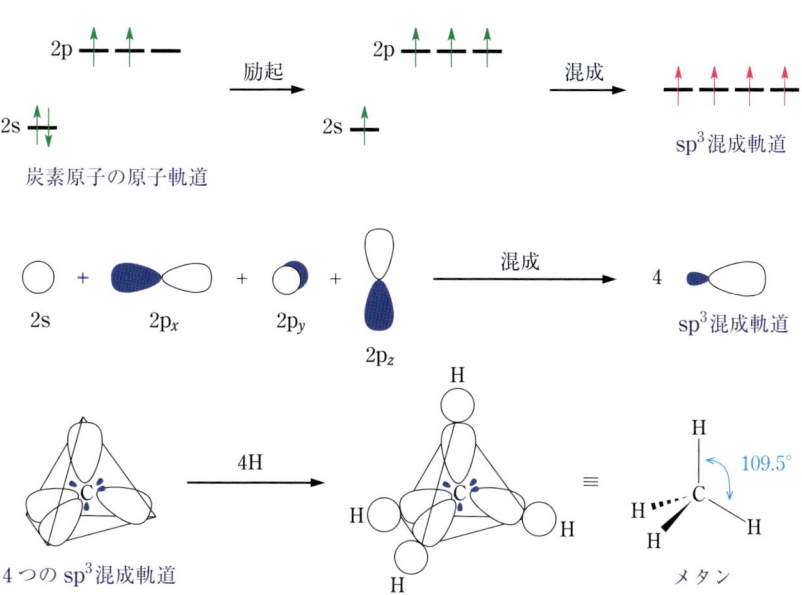

図 1.16　sp³ 混成軌道の成り立ちとメタンの正四面体構造

1.3　化学結合　｜　17

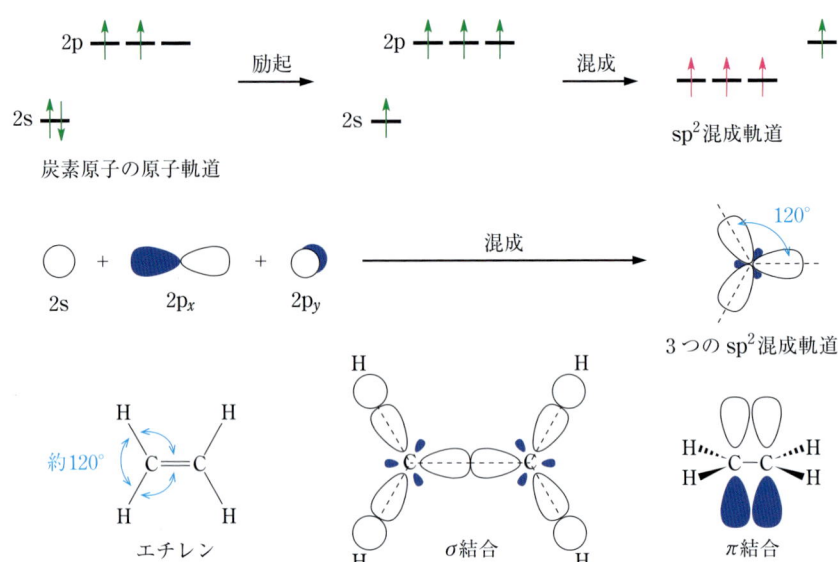

図 1.17 sp² 混成軌道の成り立ちとエチレンの平面構造

まず 2s 軌道の電子の 1 個が空の 2p 軌道に励起された後，1 つの 2s 軌道と 3 つの 2p 軌道が混成して，エネルギー準位の等しい 4 つの sp³ 混成軌道が新たに形成される．各軌道には電子が 1 個ずつ収まっている．これらの軌道は，電子どうしの反発のため，互いにできるだけ遠くに配置される．その結果，4 つの sp³ 混成軌道は正四面体の中心から各頂点に向かうことになり，それらがなす角度は 109.5° となる．これはメタンの分子構造と一致する．炭素原子の各 sp³ 混成軌道は水素原子の 1s 軌道と重なり合って σ 軌道が形成され，それらに電子が収まって σ 結合が形成される．4 本の σ 結合には電子が 2 個ずつ共有されているため，メタンの炭素原子は，計 8 個の電子をもつことになり，オクテット則を満足して，安定なメタンが生成する．

　エチレン（$H_2C=CH_2$）は平面構造をとっており，1 つの炭素原子には，もう 1 つの炭素原子と 2 つの水素原子が 3 方向にほぼ 120° の角度で結合している．この分子構造は，図1.17 に示した炭素原子の sp² 混成軌道により説明される．1 つの 2s 軌道と 2 つの 2p 軌道が混成して，等価な 3 つの sp² 混成軌道が新たにつくられる．3 つの sp² 混成軌道は，同一平面上にあり，電子どうしの反発を避けて互いができるだけ遠くなるように 120° の角度をなしている．3 つの sp² 混成軌道のうちの 1 つは，もう 1 つの炭素原子と σ 結合を形成し，残った 2 つの sp² 混成軌道は，2 個の水素原子と σ 結合をつくる．混成に加わらなかった 2p 軌道は，この平面に対して電子どうしの反発がもっとも小さい垂直方向に伸び

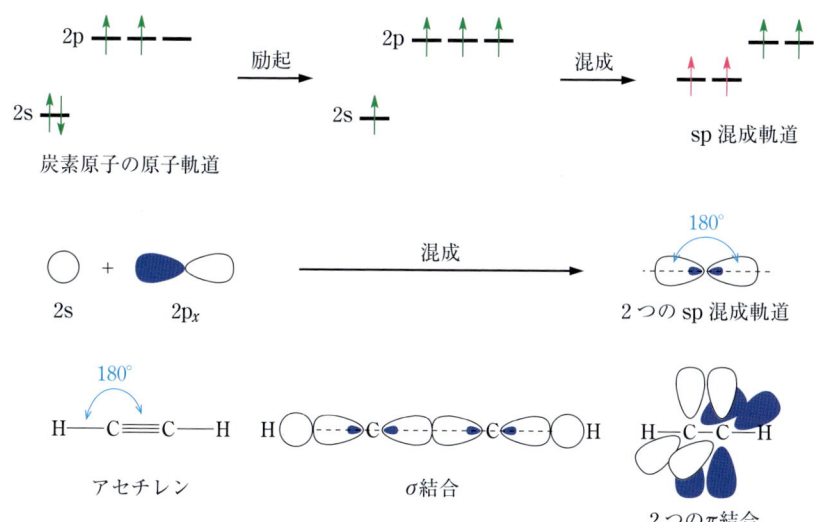

図 1.18 sp 混成軌道の成り立ちとアセチレンの直線構造

ており，もう 1 つの炭素原子の 2p 軌道と側面で重なり合って π 結合を形成する．したがって，C=C 二重結合は，1 つの σ 結合と 1 つの π 結合から構築されている．

　直線状のアセチレン（HC≡CH）の構造も混成軌道の考え方によって説明される（図 1.18）．炭素原子の 1 つの 2s 軌道と 1 つの 2p 軌道が混成すると，直線上で反対方向に伸びた 2 つの sp 混成軌道が形成される．混成に関与していない 2 つの 2p 軌道は，この直線から互いに直交して伸びている．つまり，アセチレン分子の C≡C 三重結合は，sp 混成軌道から形成される σ 結合と，直交した 2 つの π 結合から構成されている．

　有機化学において，メタン，エチレン，アセチレンは基本をなす物質であり，これらの分子の構造と結合様式が，それぞれ sp^3，sp^2，sp 混成軌道から導かれることを説明した．これらの分子の成り立ちは，第 2 章以降で述べる有機化合物の性質や反応性を理解するための基盤となっているため，十分に理解しなければならない．

1.3.4　電気陰性度と極性共有結合

　高校の化学で学んだとおり，原子が電子を引きつける強さを数値で表したものは電気陰性度（electronegativity）とよばれる．電気陰性度は，18 族の希ガスを除くと，周期表の同一周期では右にいくほど，同じ族では上にいくほど大きくなり，フッ素で最大となる．

　電子を引きつける能力は元素に固有のものであり，電気陰性度の異なる 2 種類の原子が共有結合すると，その共有電子対は電気陰性度の大きい原子のほうに引きつけられる．こ

族周期	1	2	3	4	5	6	7	8	9	10	11	12	13	14	15	16	17	18
1	H 2.1																	He
2	Li 1.0	Be 1.6											B 2.0	C 2.5	N 3.0	O 3.5	F 4.0	Ne
3	Na 0.9	Mg 1.0											Al 1.5	Si 1.8	P 2.1	S 2.5	Cl 3.0	Ar
4	K 0.8	Ca 1.0	Sc 1.3	Ti 1.5	V 1.6	Cr 1.6	Mn 1.5	Fe 1.8	Co 1.9	Ni 1.9	Cu 1.9	Zn 1.6	Ga 1.6	Ge 1.8	As 2.0	Se 2.4	Br 2.8	Kr
5	Rb 0.8	Sr 1.0	Y 1.2	Zr 1.4	Nb 1.6	Mo 1.8	Tc 1.9	Ru 2.2	Rh 2.2	Pd 2.2	Ag 1.9	Cd 1.7	In 1.7	Sn 1.8	Sb 1.9	Te 2.1	I 2.5	Xe
6	Cs 0.7	Ba 0.9	La 1.0	Hf 1.3	Ta 1.5	W 1.7	Re 1.9	Os 2.2	Ir 2.2	Pt 2.2	Au 2.4	Hg 1.9	Tl 1.8	Pb 1.9	Bi 1.9	Po 2.0	At 2.1	Rn

図 1.19　電気陰性度（Pauling の値）．赤色で示した元素は電気陰性度が大きく，青色は中間，それ以外のものは小さい．

のような結合は，イオン結合でもなく，完全な共有結合でもなく，これらの間の領域にあり，**極性**（polarity）をもった結合であるため，**極性共有結合**（polar covalent bond）とよばれる．イオン結合と共有結合の境界として，結合している原子の**電気陰性度の差が 1.7 以上**ある結合は便宜上イオン結合とよばれ，それ以下のものは共有結合とよばれる．たとえば，NaCl は，電気陰性度の差が 2.1 であり，イオン結合に分類される．C−O 結合は，差が 1.0 であり，極性共有結合である．C−H 結合は，差が 0.4 と小さく，弱い極性共有結合である．つまり，化学結合の様式は，共有結合，極性共有結合，イオン結合と呼称されるが，これらは連続したものである．

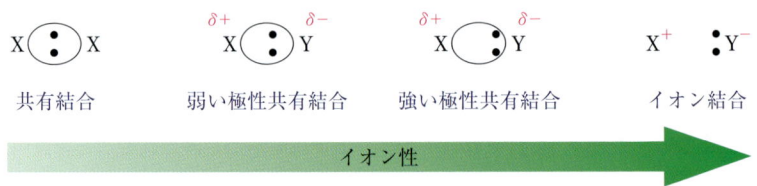

図 1.20　共有結合からイオン結合への化学結合の連続的変化

極性共有結合は**分極**（polarization）しており，共有電子対を引きつけている原子はわずかに負電荷を，電子を押し出している原子はわずかに正電荷を帯びる．これらは，それぞれ記号 $\delta-$ と $\delta+$ を用いて表される．有機化合物の中心的な元素である炭素の電気陰性度は 2.5 であり，周期表の元素の中で平均的な値をもつ．そのため，結合する原子に応じて，炭素原子は $\delta+$ にも $\delta-$ にもなる．たとえば，図 1.21 に示すように，クロロメタン（CH_3Cl）の炭素原子は $\delta+$ であるが，メチルリチウム（CH_3Li）の炭素原子は $\delta-$ である．

このような炭素の特性に加えて，共有結合には極性の強弱があるため，多種多様な有機反応が生まれることになる．

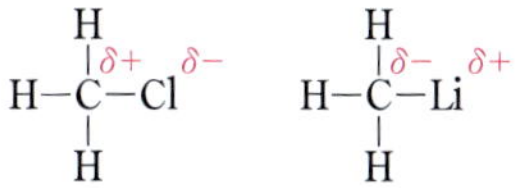

図 1.21　極性共有結合

第 1 章のまとめ

　原子核のまわりの電子は，1s，2s，2p，3s，3p，4s，… という特有の形と広がりをもった原子軌道に収容される．有機化学において重要なものは s 軌道と p 軌道であり，それぞれ球形，鉄アレイ形をしている．これらの原子軌道に電子が収容されるときの規則は構成原理とよばれ，これに基づいてエネルギー準位の低い軌道から順に電子が収まり，元素の電子配置が決まる．

　原子から分子が形成されるとき，原子価結合法では，価電子だけを考慮し，オクテット則を満足するように電子を共有させて，分子を組み上げる．一方，分子軌道法では，原子軌道の組み合わせによって，分子全体に広がった分子軌道を考慮し，結合性軌道に電子を収容させることにより，分子の成り立ちを考える．原子価結合法に分子軌道法の要素を加味した考え方が混成軌道であり，sp^3，sp^2，sp 混成軌道から，それぞれメタンの正四面体構造，エチレンの平面構造，アセチレンの直線構造が導かれ，またこれらの分子における σ 軌道と π 軌道の存在も説明される．有機化合物の基本元素である炭素は，混成状態に応じて結合様式を変化させるため，有機化合物の構造は多彩なものとなる．また炭素の電気陰性度は，周期表の元素の中で平均的なものであるため，炭素原子は結合した原子に応じて $\delta+$ にも $\delta-$ にも柔軟に変化する．そのため，有機反応の種類は多様なものとなる．つまり，有機化合物の構造と反応性はともに多種多様であり，このことが，有機化学という 1 つの学問分野を築いている理由である．

章末問題

1. 次の元素の電子配置を示しなさい．
   （1）ナトリウム　（2）ケイ素　（3）塩素
2. 次の化合物のケクレ構造式と点電子式を書きなさい．
   （1）ベンゼン　（2）アセトニトリル（CH_3CN）　（3）二酸化炭素
   （4）一酸化炭素　（5）ニトロメタン（CH_3NO_2）
3. フッ素分子の結合が単結合であることを分子軌道法から説明しなさい（ヒント：図 1.10 を参考にしなさい）．

4. 水分子は直線状ではなく折れ曲がった構造をもつ．酸素原子の混成軌道を考えて，水分子の構造を示しなさい．
5. 窒素原子の混成軌道を考えて，アンモニアとアンモニウムイオンの構造を示しなさい．
6. 炭素原子の混成軌道を考えて，アレン（$H_2C=C=CH_2$）の構造を示しなさい．
7. メチルカチオン（CH_3^+）とメチルアニオン（CH_3^-）の炭素原子は，それぞれsp^2，sp^3混成軌道をもつ．CH_3^+とCH_3^-の構造を示しなさい．
8. 次の化合物の結合は，イオン結合と極性共有結合のどちらかを答えなさい．
   (1) Br−Cl　　(2) Na−OCH$_3$　　(3) H$_3$C−MgBr

補遺1　極性共有結合と分子軌道法

　化学結合の様式は，共有結合，極性共有結合，イオン結合と呼称されるが，これらは連続したものであることを**1.3.4**で述べた．このことは，分子軌道法の概念からは，次のように説明される．

　まず，極性のない純粋な共有結合をもつ分子として，水素分子を例にとる．その分子軌道は，一般式（1.2）と（1.3）を用いて表すことができる．

$$\phi_1 = c_{A1}\Psi_A + c_{B1}\Psi_B \tag{1.2}$$

$$\phi_2 = c_{A2}\Psi_A - c_{B2}\Psi_B \tag{1.3}$$

ここで，Ψ_AとΨ_Bは，2つの水素原子の1s原子軌道の波動関数である．ϕ_1とϕ_2は，水素分子の結合性軌道と反結合性軌道の波動関数であり，それぞれΨ_AとΨ_Bの足し算と引き算として表される．これを原子軌道の線形結合（linear combination of atomic orbital：LCAO）という．係数c_{A1}，c_{B1}，c_{A2}，c_{B2}は，Ψ_AとΨ_Bを線形結合させるときの重みである．2つの水素原子は区別できないため，2つの原子軌道Ψ_AとΨ_Bは，分子軌道ϕ_1とϕ_2の形成に等しく寄与する．すなわち，$c_{A1} = c_{B1} = c_{A2} = c_{B2}$である．そのため，**1.3.2**で述べたように，水素分子の結合性軌道ϕ_1は，2つの原子核の中間付近で電子の存在確率が最大となるような卵形になる（図1.7の右）．つまり，2つの電子はいずれの水素原子にも偏っていないため，水素分子の結合は，完全な共有結合となる．

　次に，水素分子の片方の水素原子をリチウムに置き換えると，極性共有結合をもつ水素化リチウム（$^{\delta-}$H−Li$^{\delta+}$）になる．上述した水素分子の場合との決定的な違いは，水素化リチウムの結合が，エネルギー準位の異なる水素原子の1s軌道とリチウム原子の2s軌道の重なりによって形成されていることである．このような異なる原子軌道の重なりでは，次のことが起こる．

　① 結合性軌道ϕ_1は，エネルギー準位の低い原子軌道Ψ_Aの成分を多くもつ
　② 反結合性軌道ϕ_2は，エネルギー準位の高い原子軌道Ψ_Bの成分を多くもつ

換言すると，式 (1.2) と (1.3) の Ψ_A と Ψ_B を，それぞれ水素 1s 軌道，リチウム 2s 軌道の波動関数とおくと，水素化リチウムの結合性軌道 ϕ_1 が形成されるときには，式 (1.2) の係数は $c_{A1} > c_{B1}$ となる．逆に，反結合性軌道 ϕ_2 では，式 (1.3) の係数は $c_{A2} < c_{B2}$ となる．図 1.22 の左に定性的に示すように，水素化リチウムの価電子の総数は 2 個のため，結合性軌道 ϕ_1 に 2 つの電子が入り，結合がつくられる．その際，結合性軌道 ϕ_1 では水素原子の 1s 軌道の寄与が大きいため，電子の分布に偏りが生じる．すなわち，電子は水素原子の方により多く存在することとなるため，**1.3.4** で述べた電気陰性度の比較から導かれる $^{\delta-}$H–Li$^{\delta+}$ と同じ結果となる．

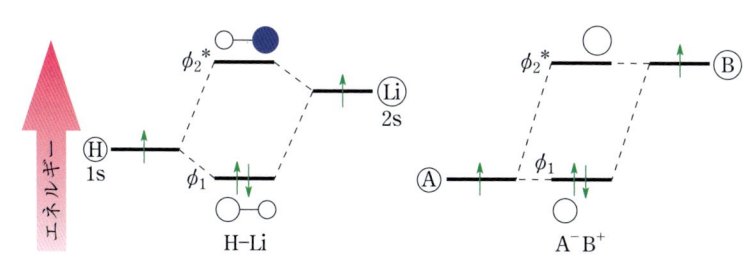

図 1.22 （左）エネルギー準位の異なる 2 つの原子軌道の重なりによって形成される分子軌道（H–Li の場合）．（右）s 軌道をもつ原子 A と B から形成される仮想的なイオン結合．

最後に，2 つの原子の電気陰性度の差が大きく異なり，分極が極限に達したときのことを考える．すなわち，結合性軌道 ϕ_1 が原子 A の原子軌道 Ψ_A だけから形成されている場合である．換言すれば，式 (1.2) の係数 c_{B1} がゼロの場合である．図 1.22 の右に示すように，電子は電気陰性度の大きい原子 A に局在化することになる．結果として，原子 A は -1 の電荷を，原子 B は $+1$ の電荷をもつ．式 (1.2) では $c_{B1} = 0$ であり，式 (1.3) では $c_{A2} = 0$ であるため，原子 A と B の間で軌道の重なりは起こらない．したがって，共有結合のように電子が 2 つの原子核を結びつけるのではなく，静電的な引力（クーロン力）によるイオン結合が形成されることになる．

つまり，化学結合を分子軌道法から考えた場合，式 (1.2) の係数が $c_{A1} = c_{B1}$ のときは，その結合様式は純粋な共有結合である．しかしながら，**1.3.4** で述べたように，極性共有結合には極性の強弱がある．すなわち，係数 c_{A1} と c_{B1} の差が小さいものから，大きなものまで連続的に変化する（$c_{A1} \approx c_{B1} \to c_{A1} \gg c_{B1}$）．その極限が $c_{B1} = 0$ の場合であり，そのときの結合はイオン結合となる．したがって，化学結合の様式は，共有結合，極性共有結合，イオン結合と呼称されるが，これらは連続したものであることが，分子軌道法からも導かれる．

補遺2　メタンの分子軌道

　混成軌道の概念は，分子の形やπ軌道が存在することなどを直感的に理解できるため，たいへんに有用である．この概念に基づくと，メタンのσ結合の電子はすべて等価なはずである．しかし，メタンの電子には2種類があり，その数の比が1:3であることが実験的にわかっている．この実験結果は分子軌道法により説明される．ここでは，炭素原子の4つの原子軌道（2s, $2p_x$, $2p_y$, $2p_z$）と計4つの水素原子の1s軌道との重なりを考える．これらの組み合わせの結果，図1.23に示すように，まず4つの水素原子の1s軌道から2種類の軌道が生じ（①および②〜④），次にこれらが炭素原子の4つの原子軌道と重なり合って，計8個の分子軌道が形成される（❶〜❽）．エネルギー準位の低いものから4つが結合性軌道であり（❶〜❹），これらの分子軌道を図1.24に示す．分子全体に広がり節のない分子軌道は，もっともエネルギー準位が低い❶に対応する．節をもつ残り3つの分子軌道は，2番目にエネルギー準位が低いものであり（❷〜❹），これらは3つともエネルギー準位が等しい．炭素電子の価電子4個と水素原子の価電子計4個の総計8電子は，❶〜❹の4つの分子軌道に収まる．つまり，分子軌道法は，メタンには❶および❷〜❹に対応したエネルギー準位の異なる2種類の電子があり，その数の比が1:3であることを示しており，上記の実験事実を説明している．このことは，1.3.2で述べた酸素分子の常磁性の場合と同様に，分子軌道法を適用すると，混成軌道の概念では説明できない事象についても解釈が可能であることを端的に示している．

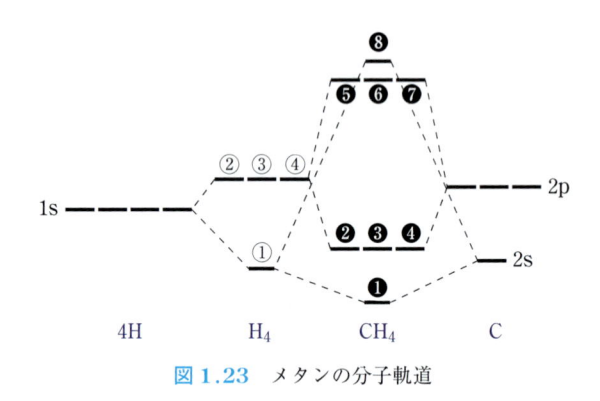

図1.23　メタンの分子軌道

❶　　　　❷　　　　❸　　　　❹

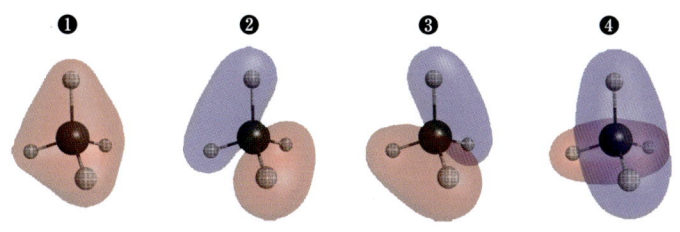

図 1.24　メタンの結合性軌道．正と負の位相をもつ領域は，それぞれ赤色と青色で示されている．

　しかし，メタンの正四面体構造は，図 1.24 の分子軌道からだけでは理解しにくい．1.3.2 で触れたように，分子軌道は，分子全体についてのシュレーディンガー方程式を解いた解である．数学的に表現された分子軌道の関数を 2 乗すると，電子密度になる．具体的には，結合性軌道を重ね合わせて（図 1.25 の左），各分子軌道の関数を 2 乗して総和をとると，メタンの電子密度マップが得られる（図 1.25 の右）．すなわち，分子軌道法からも，メタンが 4 つの等価な C−H 結合をもち，正四面体構造をもつことが示される．このように分子軌道法は，原子価結合法や混成軌道では説明できない事象も解釈できる反面，直感的には理解しにくく，表記も複雑である．また分子軌道法には計算が必要である．一方，原子価結合法や混成軌道の概念は，そのような計算なしに分子の形や性質を理解し議論できる．これらは互いに相補うものであるため，有機化学を深く学ぶためには，これらの各概念を習得することが望まれる．

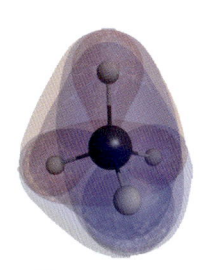

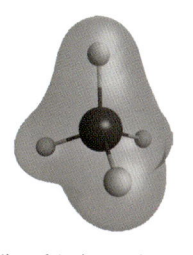

図 1.25　メタンの結合性軌道の重ね合わせと電子密度マップ

第2章

有機化合物の立体化学

　有機化合物の3次元的な空間配置は，化合物の反応性や生物活性に大きな影響を与えることが知られている．本章では，立体異性体を中心として，有機化合物の立体化学（stereochemistry）の基礎について学ぶ．

　異性体（isomer）とは，原子の種類と数（分子式）が同一であるが，結合様式や原子（または置換基）の空間的な配置が異なる化合物群のことである．異性体は，**構造異性体**（structural isomer）と**立体異性体**（stereoisomer）に大別され，さらに，後者は，**立体配座異性体**（conformational isomer）と**立体配置異性体**（configurational isomer）に区分される．

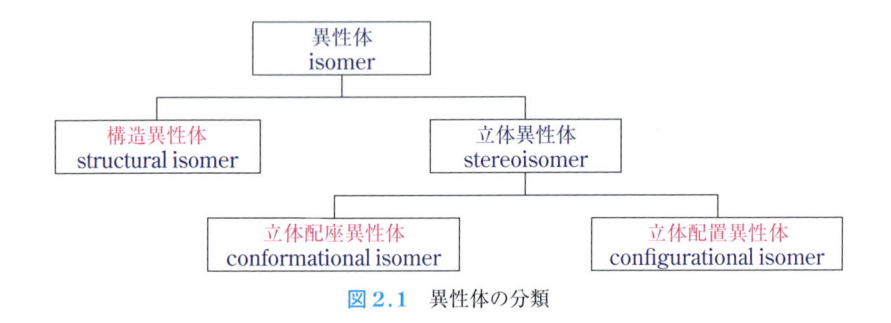

図2.1　異性体の分類

2.1 構造異性体

2.1.1 化学構造式の書き方

　高校の化学では，結合を価標とよばれる線（―）で示した化学構造式（ケクレ構造式）を

習った．しかしながら，複雑な化合物の場合，ケクレ構造式による表記も煩雑である．そこで，線形表記法である**縮合構造式**（価標を省略したもの），**骨格構造式**（C，Hの元素記号を省略し，線のみで表示したもの）が一般的に用いられる．

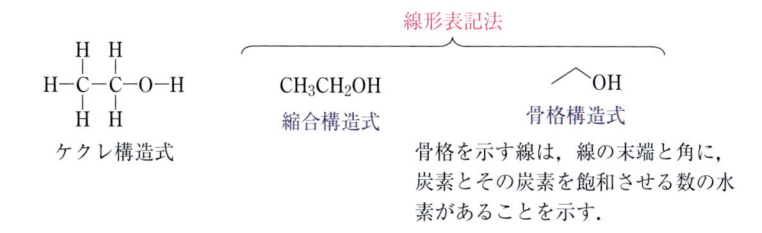

線形表記法

ケクレ構造式：H–C(H)(H)–C(H)(H)–O–H

縮合構造式：CH₃CH₂OH

骨格構造式：⌒OH

骨格を示す線は，線の末端と角に，炭素とその炭素を飽和させる数の水素があることを示す．

2.1.2 構造異性体

構造異性体（structural isomer）は，結合の様式（分子中の原子のつながり方）が異なるものであり，端的にいえば，分子式が同一であって化学構造式が異なるものである．たとえば，分子式 C_4H_{10} に対して，ブタンと2-メチルプロパン（炭素骨格が異なる異性体），分子式 C_3H_8O に対して，1-プロパノールと2-プロパノール（官能基の位置が異なる異性体），分子式 C_2H_6O に対して，エタノールとジメチルエーテル（官能基の種類が異なる異性体）などをあげることができる．構造異性体では，各異性体の化学構造が異なるので，当然のことながら，それらの物理的，化学的性質も異なる．

表2.1 構造異性体の例

	分子式	構造式	
炭素骨格が異なる異性体	C_4H_{10}	CH₃–CH₂–CH₂–CH₃ ブタン	CH₃–CH–CH₃ 　　　CH₃　2-メチルプロパン
官能基の位置が異なる異性体	C_3H_8O	CH₃–CH₂–CH₂–OH 1-プロパノール	CH₃–CH–CH₃ 　　　OH　2-プロパノール
官能基の種類が異なる異性体	C_2H_6O	CH₃–CH₂–OH エタノール	CH₃–O–CH₃ ジメチルエーテル

2.2 立体配座異性体

立体異性体（stereoisomer）は，結合様式が同一であるが，原子（または置換基）の空間的配置が異なる異性体のことである．立体異性体の中でも，**立体配座異性体**（conformational isomer，あるいはconformer）は，単結合の回転によって（結合の切断を伴うことな

く），室温下，相互変換可能な立体異性体のことである．また，立体配座異性体の各構造を立体配座，またはコンホメーション（conformation）という．ここでは，立体配座異性体の具体例として，エタン，ブタン，シクロヘキサンを取り上げる．

2.2.1 立体構造式の書き方（その1）

立体配座異性体の説明の前に，立体配座異性体で汎用される化学構造式について触れる．**2.1.1**で述べたケクレ構造式，縮合構造式，あるいは骨格構造式では，原子（または置換基）の空間的配置を表現できない．そこで，隣接する2個の炭素原子の空間的配列を示す化学構造式として，**木びき台投影式**（sawhorse projection）と**ニューマン投影式**（Newman projection）がある．

（a） 木びき台投影式

木びき台投影式とは，隣接する2個の炭素原子を斜め上から見て投影した化学構造式のことである．

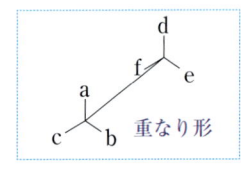

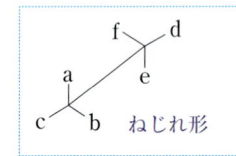

左側の炭素原子は手前の炭素原子を，右側の炭素原子は奥の炭素原子を表す．

（b） ニューマン投影式

ニューマン投影式とは，隣接する2個の炭素原子の結合の延長線上から，分子を投影した化学構造式のことであり，木びき台投影式の簡略形ともいえる．

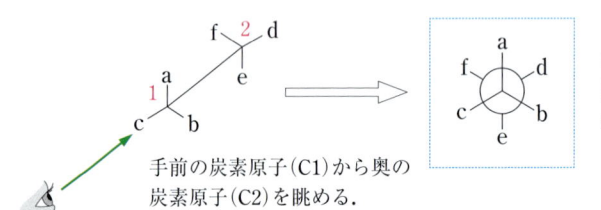

手前の炭素原子(C1)の結合は，円の中心から，奥の炭素原子(C2)の結合は円の後から表記する．

手前の炭素原子(C1)から奥の炭素原子(C2)を眺める．

ニューマン投影式では，**二面角**（dihedral angle）を明確に表記することが可能である．二面角とは，次図のように，隣り合う2個の炭素原子とその片方の炭素原子に結合している原子（または置換基）が載った面（A）と，もう片方の炭素原子に結合している原子（または置換基）が載った面（B）がなす角のことであり，対象とする2個の原子（または置換基）の空間的な位置関係を示している．なお，二面角は，ある面を基準とした場合，もう1つの面との角度を時計回りで表す場合をプラス，逆に，反時計回りで表す場合をマイナ

スの符号で示す．たとえば，下右図の場合，隣り合うメチル基の二面角は，+60°もしくは −300°になる．

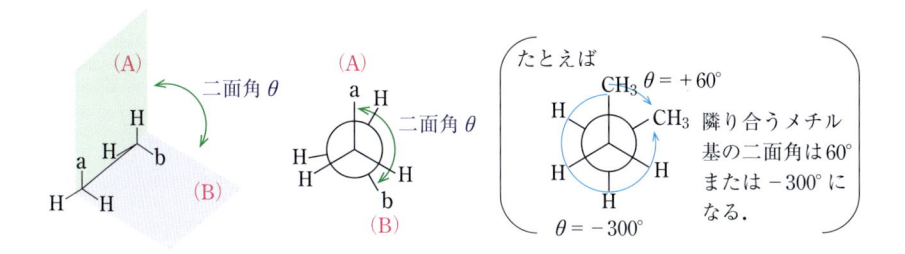

2.2.2 エタンの立体配座

単結合（σ結合）は回転対称であるため，自由回転することが可能である（第1章参照）．そのため，アルカンの単結合（σ結合）の回転によって立体異性体が生じる．ここでは，もっとも単純な例として，エタンを取り上げる．Aのエタンは，そのC−C単結合を時計回りに60°回転させるとBのエタンとなる．Aは手前と奥の水素原子が重なり合うので，重なり形（eclipsed form），Bは奥の水素原子が手前の2つの水素原子の間に位置するので，ねじれ形（staggered form）とよばれる．両者は，隣り合う2個の炭素原子に結合している水素原子の空間的配置が異なるため，立体配座異性体とみなすことができる．

(A) 重なり形　　　　(B) ねじれ形

エタンの重なり形は，ねじれ形に比較して，2.9 kcal/mol 不安定である（図2.2）．この不安定化の要因は，最近の計算化学の結果などから，C−H結合の結合電子対の立体的反発，および超共役（第4章参照）の効果であると解釈されている．なお，この回転障壁は，室温における単結合の運動エネルギーに比べて十分に小さいため，エタンの各立体配座異性体を単離することはできない．

2.2.3 ブタンの立体配座

次に，ブタンについて考える．図2.3に，ブタンの中央のC−C結合のニューマン投影式が示されている．この投影式で，奥の炭素原子を時計回りに回転していくと，種々の立体配座異性体が存在することがわかる．手前と奥のメチル基が重なる場合を**シン形**（syn form），両メチル基の二面角が ±60°の場合を**ゴーシュ形**（gauche form），両メチル基が

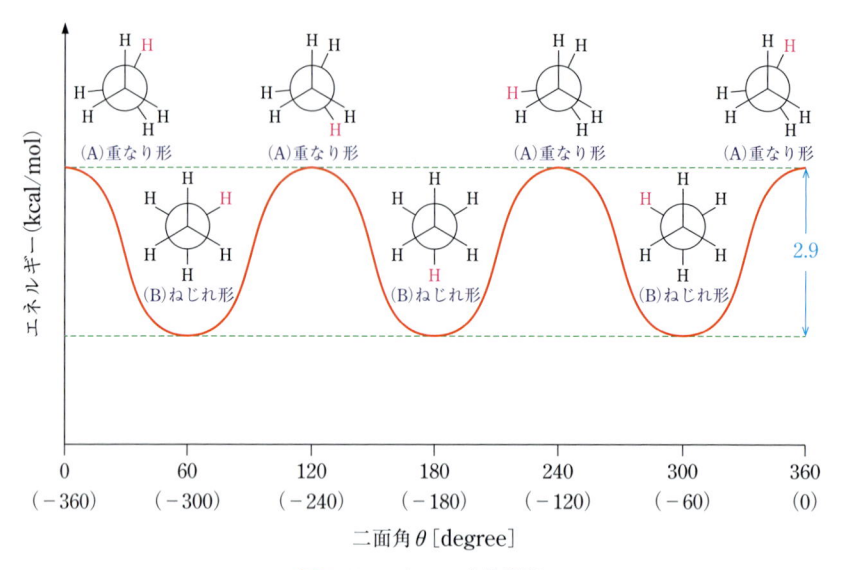

図 2.2　エタンの立体配座

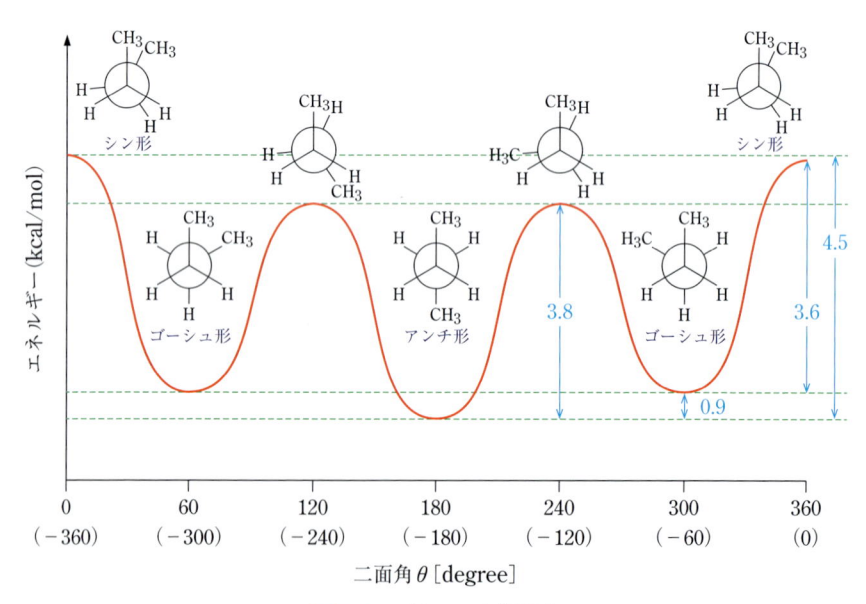

図 2.3　ブタンの立体配座

30 | 第 2 章　有機化合物の立体化学

正反対の位置にある場合を**アンチ形**（anti form）とよぶ．

　図2.3に示すように，ブタンのシン形は，アンチ形と比較して4.5 kcal/mol，ゴーシュ形と比較して3.6 kcal/mol不安定である．また，ブタンのアンチ形とゴーシュ形の間に，0.9 kcal/molのエネルギー差が存在している．ブタンでは，両メチル基が空間的に混み合わないアンチ形がエネルギー的にもっとも安定であり，実際にもっとも多く存在するとされるが，エタンの場合と同様に，相互変換のためのエネルギー障壁は低く，ブタンの各立体配座異性体を単離することはできない．

2.2.4　シクロヘキサンの立体配座

　もう1つの代表的な立体配座異性体の例として，環状アルカンの1つであるシクロヘキサンを取り上げる．シクロヘキサンは他のシクロアルカンとは異なり，ひずみのない安定な化合物である．炭素原子が単結合（σ結合）を形成する場合，C－C－C結合角は，正四面体角である109.5°であるが（第1章参照），シクロヘキサンは，正四面体角109.5°にきわめて近い結合角をとっている．その安定配座は，シクロヘキサンの6個の炭素原子のうち4個の炭素原子を同一平面に置き，残りの2個の炭素原子を互いに逆方向に配置したものであり，**いす形**（chair form）とよばれる．下図に示すように，いす形には2つの配座AとBがある．

いす形配座（A）　⇌　いす形配座（B）

　また，両配座が相互変換する際の遷移状態の配座として，**舟形**（boat form）（シクロヘキサンの4個の炭素原子を同一平面に置き，残りの2個の炭素原子をともに平面の上もしくは下に配置したもの），**半いす形**（half chair form）（シクロヘキサンの連続する4個の炭素原子を同一平面に置き，残りの2個の炭素原子を上下に配置したもの），**ねじれ舟形**（twist boat form）（舟形が立体反発を避けるように少しねじれた形）がある．図2.4に示すように，いす形配座の相互変換は，半いす形，ねじれ舟形，舟形，（もう1つの）ねじれ舟形，（もう1つの）半いす形を経由して起こるとされている．シクロヘキサンの半いす形が，いす形に比べて，エネルギー的に10.8 kcal/mol高く，もっとも不安定であり，このエネルギーが相互変換のエネルギー障壁となる．しかし，シクロヘキサンのいす形配座の相互変換は，室温で容易に起こるため，各いす形配座を単離することはできない．ただ

し，−100 °C 以下に冷却すると，それぞれの立体配座異性体を分光学的に区別することができる（第 3 章参照）．

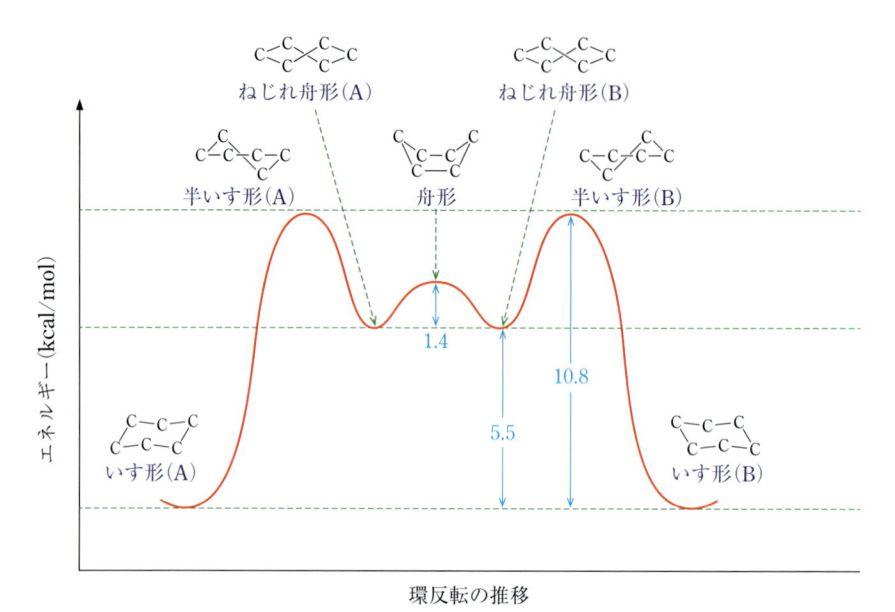

図 2.4　シクロヘキサンの立体配座

次に，いす形のシクロヘキサンの 12 個の水素原子の空間的な配置を考えてみる．シクロヘキサン環に対して垂直な軸を考えた場合，シクロヘキサンの水素原子は，垂直軸方向に平行に配置された 6 個と環の赤道回り（垂直軸に対して水平方向）に配置された 6 個に大別できる．前者を**アキシアル（axial）位**，後者を**エクアトリアル（equatorial）位**の水素とよぶ．なお，シクロヘキサンが 2 つのいす形配座間で相互変換する場合，一方のいす形のアキシアル水素は他方のいす形のエクアトリアル水素に，エクアトリアル水素はアキシアル水素に，それぞれ相互変換されることに留意する必要がある．

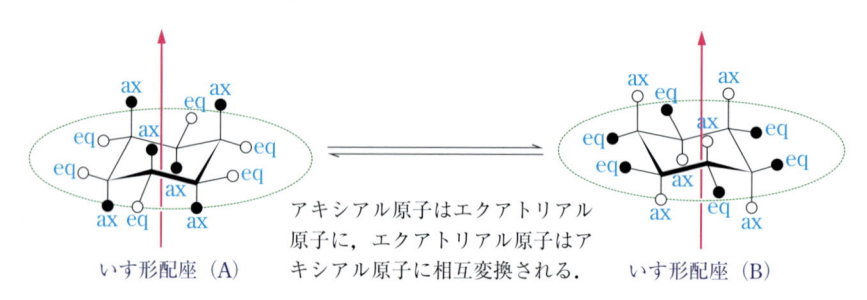

32　第 2 章　有機化合物の立体化学

シクロヘキサンに置換基を導入した場合，その置換基の配置の様式（アキシアル配置，あるいはエクアトリアル配置）は，その立体配座異性体の安定性に大きく影響する．下図に，一置換シクロヘキサンであるメチルシクロヘキサンの例を示す．配座（A）のように，メチル基がエクアトリアル位にある場合，メチル基は，シクロヘキサン環の各水素原子から離れて，空間的に余裕のある位置に配置される．そのため，メチル基と各水素原子間の立体的な反発は小さい．これに対して，メチル基がアキシアル位にある場合，メチル基は2つ隣りの炭素原子に結合している2つのアキシアル水素原子と近接するため，配座（B）は（A）と比べて不安定化する．このような2つ隣りのアキシアル置換基（または原子）間の立体的な反発は，**1,3-ジアキシアル相互作用**（1,3-diaxial interaction）とよばれ，立体配座異性体の不安定化の大きな要因の1つである．

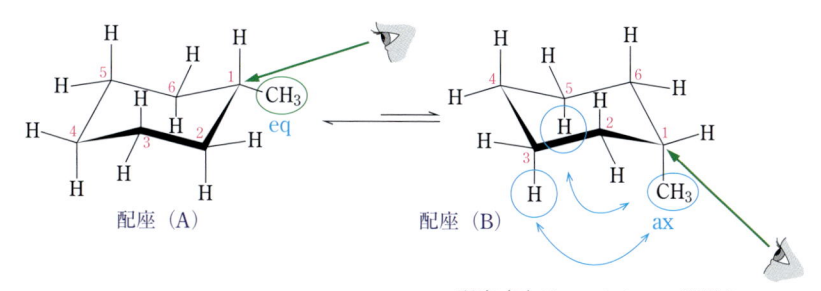

配座（B）は，アキシアル配置されたメチル基が2つ隣りの水素原子と1,3-ジアキシアル相互作用を起こすので不安定である．

　次図に，上図の緑色の矢印方向から眺めたニューマン投影式（メチルシクロヘキサンのC1およびC6炭素原子の投影式）を示す．配座（A）では，C1炭素原子に結合しているメチル基とC6炭素原子に結合しているC5炭素（メチレン）がアンチ形であるのに対し，配座（B）では，ゴーシュ形である．**2.2.3**のブタンの立体配座の箇所で述べたように，ゴーシュ形はアンチ形に比べて0.9 kcal/mol不安定である．そのため，前述の1,3-ジアキシアル相互作用は，別の言い方をすれば，ゴーシュ相互作用でもある．C1-C6炭素原子間と同様に，C1炭素原子に結合しているメチル基とC3炭素（メチレン）間でも，同様なゴーシュ相互作用が存在することから，配座（B）は配座（A）よりも約1.8 kcal/mol不安定であると考えられる．なお，第3章で述べる熱力学的な考察により，配座（A）と（B）の比は約20：1と見積もることができる．

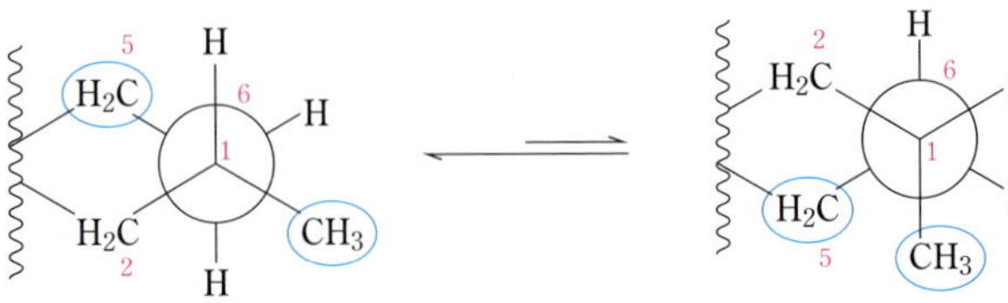

配座（A）：アンチ形　　　　　配座（B）：ゴーシュ形

C1位のメチル基とC5炭素（メチレン基）に着目すると，配座（A）はアンチ形，配座（B）はゴーシュ形なので，配座（B）が不安定であることがわかる．

いす形の六員環構造は，多くの天然有機化合物で見られる．たとえば，D-グルコースの環状構造（D-グルコピラノース）が代表例である（第7章参照）．β-D-グルコピラノースのいす形配座は，4個のヒドロキシ基と1個のヒドロキシメチル基（−CH$_2$OH）がすべてエクアトリアル位に配置されているので，非常に安定な立体配座異性体である．

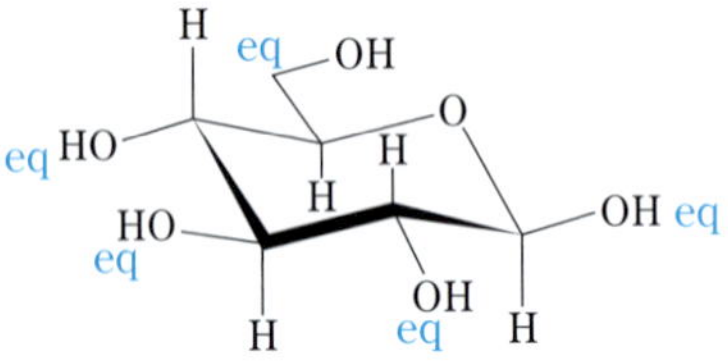

2.3　立体配置異性体

立体配置異性体（configurational isomer）は，結合を切断しないと相互変換できない立体異性体のことであり，エナンチオマー，ジアステレオマー，およびシス-トランス異性体が含まれる．

2.3.1　立体構造式の書き方（その2）

2.2.1では，隣り合う2個の炭素原子の空間的配列を示す化学構造式について触れたが，ここでは，1個の炭素原子に結合している原子（または置換基）の空間的配列の表記法について述べる．

(a)　立体化学式（くさび形表記）

立体化学式（stereochemical formula）とは，原子（または置換基）の立体配置をくさび形の実線と破線を用いて表記する化学構造式のことである．

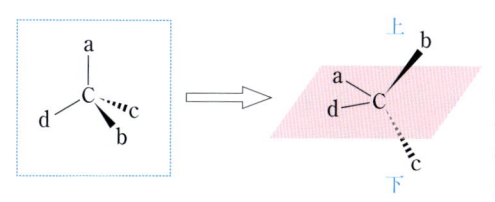

実線で表された結合はある同一平面に位置し, くさび形の実線（━）はその平面の上に, くさび形の破線（┈┈）はその平面の下に位置する.

(b) フィッシャー投影式

フィッシャー投影式（Fischer projection）とは，立体化学式のくさび形の実線と破線の表記を実線で簡略化した化学構造式のことである．後述の糖やアミノ酸などのD/L表示法では，この式を用いて立体配置が示される．

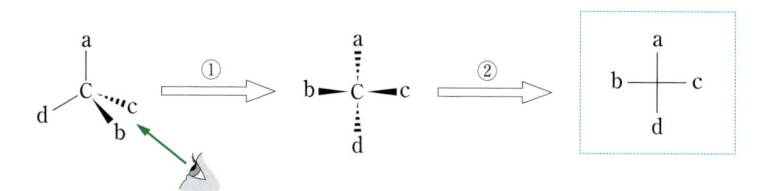

① 投影方向から見て，手前にある結合を水平方向に，奥にある結合を垂直方向に配置する．

② 立体化学式のくさび形の実線・破線をすべて実線で代用し，炭素原子も省略する．

2.3.2 エナンチオ異性
2.3.2.1 エナンチオマー

メタンの4個の水素原子は，正四面体の頂点に位置している．ここで，その水素原子を他の原子（X, Y, Z）に順に置換した化合物とその鏡像を考えてみる（図2.5）. 化合物 CH_3X の場合，実像を C−X 単結合のまわりに回転させれば，鏡像と一致させることができる．また，化合物 CH_2XY の場合も同様に，実像と鏡像は一致する．しかしながら，化合物 CHXYZ の場合，実像を C−X 単結合のまわりに回転させても，鏡像とは一致しない．

このように，実像と鏡像が一致しない関係（鏡像関係）にある立体異性体を**エナンチオマー**（enantiomer），あるいは**鏡像異性体**とよぶ．たとえば，乳酸などの例があげられる．実像が鏡像と一致しない分子は**キラル**（chiral）であるという．また，実像をその鏡像と重ね合わせできない性質をキラリティー（chirality）とよぶ．一方，化合物 CH_3X, CH_2XY の場合のように，実像と鏡像が一致する分子は**アキラル**（achiral）であるという．また，化合物 CHXYZ の中の4個の異なる原子（または置換基）が結合している炭素原子は，不

2.3 立体配置異性体 | 35

(i) CH₃X 型

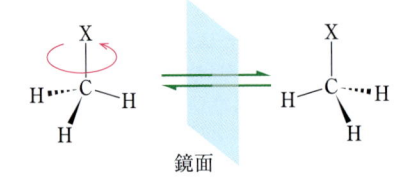

(ii) CH₂XY 型

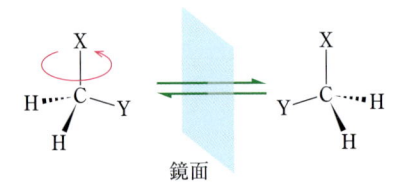

鏡面

鏡面

(iii) CHXYZ 型

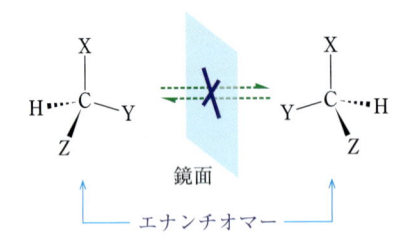

鏡面

エナンチオマー

CH₃X 型，CH₂XY 型のように，実像と鏡像が一致する分子をアキラル，CHXYZ 型のように，実像と鏡像が一致しない分子をキラルという．

図 2.5　エナンチオマー（鏡像異性体）

斉炭素原子（asymmetric carbon atom），あるいは**キラル中心**（chiral center）と称する（以下では，キラル中心で表記を統一する）．一般に，1 個のキラル中心に対して，一対のエナンチオマーが存在する．エナンチオマーでは，対となる両異性体の物理的，化学的性質は同じであるが，光学的性質（後述の旋光性）のみ異なる．そのため，エナンチオマーは，**光学異性体**（optical isomer）とよぶ場合もある．

D-乳酸　　　鏡面　　　L-乳酸

2.3.2.2　キラル中心の立体配置表示法（その 1）

キラル中心の立体配置表示法として，*R/S* 表示法と D/L 表示法が知られている．

(a)　*R/S* 表示法

エナンチオマーの関係にある立体異性体は，互いに異なる化合物であるため，区別する必要がある．キラル中心に結合している原子（または置換基）の立体配置を規定する方法として，*R/S* 表示法［別名：Cahn-Ingold-Prelog（CIP）表示法，絶対配置表示法］がある．その要点は，以下のとおりである．

① キラル中心に結合している 4 個の原子（または置換基）に優先順位を付ける．
（優先順位の決め方）
　(1)　キラル中心に直接結合する原子が異なる場合，これらの原子を原子番号の大きさに従って並べ，原子番号の大きなものから高い優先順位を付ける．
　(2)　キラル中心に直接結合する原子が同じ場合，キラル中心から外側に向かって原子を順番に比較し，最初に差が現れる原子において，その原子番号に基づいて優先順位を付ける．なお，同位体の場合には，質量数が大きい原子を優先する．
　(3)　多重結合している原子は，下図のように，同じ数の単結合した原子と等価であるとみなす．

　　(i)　カルボニル基　　(ii)　二重結合　　(iii)　三重結合

　　>C=O → -C-O   >C=C< → -C-C-   -C≡C- → -C-C-
　　　　　　　　| | | | |
　　　　　　　　O C   C C   C C
　　　　　　　　　 C C

② 優先順位のもっとも低い原子（または置換基）を奥に（もっとも遠くに）配置し，キラル中心を通して反対側から眺める．［残りの 3 つの原子（または置換基）は，キラル中心を中心とした円周上に配置されることになる．］
③ 残りの 3 つの原子（または置換基）を優先順位の高いものから低いものへ並べたとき，時計回りの配置であれば R［ラテン語の *rectus*（右）］，反時計回りの配置であれば S［*sinister*（左）］とする．

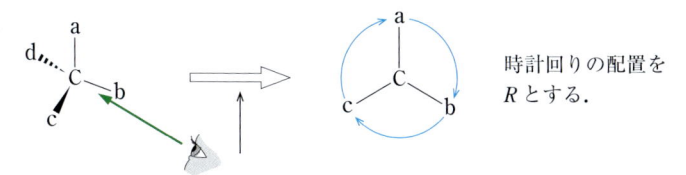

時計回りの配置を R とする．

優先順位のもっとも低い原子（または置換基）を
キラル原子の奥に配置して眺める．

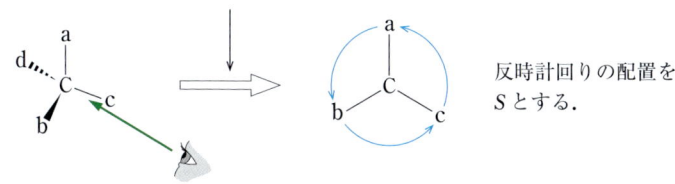

反時計回りの配置を S とする．

優先順位を ① a, ② b, ③ c, ④ d とする．

(b)　D/L 表示法

糖類やアミノ酸特有の立体配置表示法として D/L 表示法がある．この表示法は，ある

2.3　立体配置異性体　　37

化合物のキラル中心に結合している原子（または置換基）の立体配置を，フィッシャー投影式でみた D-，L-グリセルアルデヒドの立体配置と相対比較することにより決める方法である．なお，D-，L-グリセルアルデヒドの立体配置は，*R/S* 表示法では，おのおの *R*，*S* である．また，D/L の決定法は，以下の通りである．

```
        CHO                    CHO
  H ─┬─ OH            HO ─┬─ H
       CH₂OH                 CH₂OH
```

D-グリセルアルデヒド(*R*体)　　L-グリセルアルデヒド(*S*体)

糖類

糖類の例として，グルコースを考えてみる．

① グルコースの鎖状構造のフィッシャー投影式を描く（この際，ホルミル基を一番上に置いて炭素鎖を縦方向に配置する）．一番上の炭素（ホルミル基の炭素）を1として番号をつける．

② もっとも番号の大きいキラル中心（グルコースの場合 C5 炭素原子）に結合しているヒドロキシ基が右にあれば，D-グリセルアルデヒドと配置が同じなので D 体［ギリシャ語の dextro（右）］，同様にして左にあれば，L 体［ギリシャ語の levo（左）］とする．なお一般に，天然に存在する糖は D 体である．

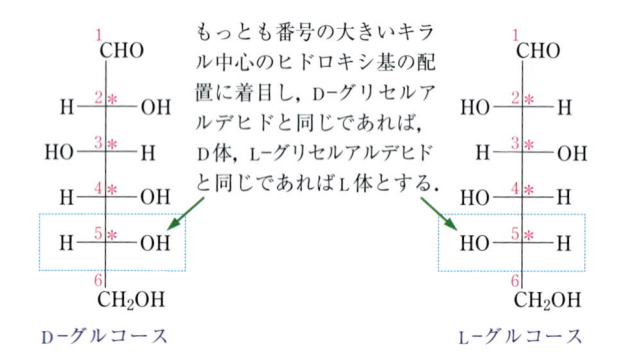

```
       1
       CHO                          CHO
  H ─2*─ OH                  HO ─2*─ H
 HO ─3*─ H                    H ─3*─ OH
  H ─4*─ OH                  HO ─4*─ H
  H ─5*─ OH                  HO ─5*─ H
       6
       CH₂OH                        CH₂OH

   D-グルコース                  L-グルコース
```

もっとも番号の大きいキラル中心のヒドロキシ基の配置に着目し，D-グリセルアルデヒドと同じであれば，D 体，L-グリセルアルデヒドと同じであれば L 体とする．

アミノ酸

アミノ酸［一般式：RCH(NH₂)(COOH)］の場合，カルボキシ基を上に，アミノ基を左右に配置したフィッシャー投影式を描き，キラル中心に結合しているアミノ基が右にあれば，D-グリセルアルデヒドのヒドロキシ基と配置が同じなので D 体，同様にして左にあれば，L 体とする．一般に，天然に存在するアミノ酸は L 体が多い．な

お，L体のアミノ酸の立体配置は，*R/S* 表示法では，L-システインを除いて *S* である（第7章参照）．

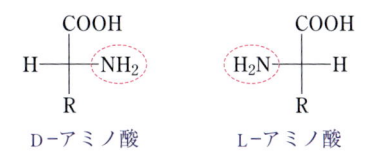

```
        COOH                COOH
         |                   |
    H ── C ──(NH₂)     (H₂N)── C ── H
         |                   |
         R                   R
      D-アミノ酸           L-アミノ酸
```

アミノ酸のアミノ基の立体配置を，グリセルアルデヒドのヒドロキシ基の立体配置と比較して，D/L を決定する．

2.3.2.3 旋光性

前述したように，エナンチオマーの関係にある異性体は，それらの光学的性質のみが異なる．その光学的性質の測定法として，旋光度計（polarimeter）による**旋光度**（optical rotation）測定がある．旋光度計は，光源から照射された光（あらゆる方向に振動している光）を偏光プリズムによって平面偏光［単一方向で振動している光（plane-polarized light）］とし，その光を試料中に通過させたときの偏光の回転角度（実測旋光度 α）を測定する機器である．偏光を回転させる性質を旋光性とよび，偏光の回転が光源に向かって時計回りの場合，右旋性（dextrorotatory）［（＋）または *d* の符号で表示］，反時計回りの場合，左旋性（levorotatory）［（－）または *l* の符号で表示］とよぶ．旋光性を有する化合物は，**光学活性**（optically active），一方，旋光性を有さない化合物は光学不活性（optically inactive）であるという．

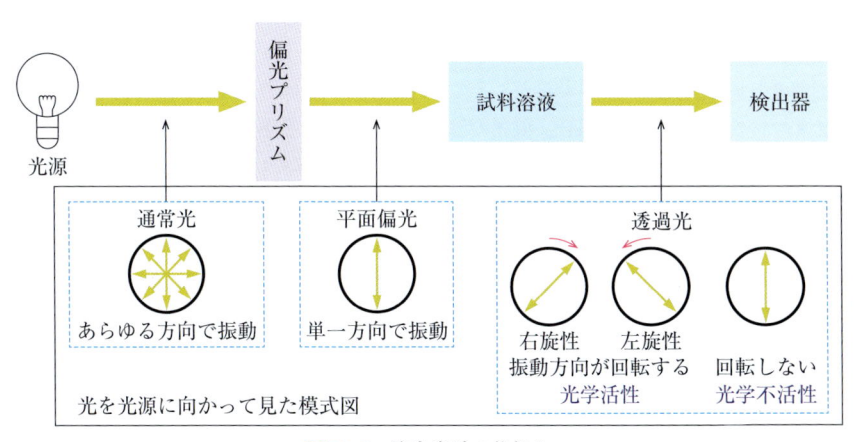

図 2.6 旋光度計の仕組み

実測旋光度 α は，試料濃度，セル長（試料管の長さ），波長，温度，溶媒の種類などの影響を受けるので，実測旋光度を標準化した**比旋光度**（specific rotation）が化合物固有の物理定数として用いられる．なお，比旋光度 $[\alpha]$ は，次式を用いて求めることができる．

$$[\alpha]_\lambda^T = \frac{100 \times \alpha}{l \times c}$$

［ここで，T は温度（℃），λ は入射光の波長（通常，ナトリウムの D 線（589 nm）が用いられることが多い．その場合，D と表示する），α は実測旋光度，l は試料管の長さ（dm），c は試料の濃度（溶液 100 mL あたりの試料の g 数：g/dL）である．］

$\left(\begin{array}{l}\text{なお，試料の濃度 } c \text{ として，溶液 1 mL あたりの試料の g 数} \\ \text{（g/mL）を用いる場合もあり，その場合の計算式は，右記の式となる．}\end{array}\quad [\alpha]_\lambda^T = \dfrac{\alpha}{l \times c}\right)$

表2.2 各種有機化合物の比旋光度

化合物	比旋光度			化合物	比旋光度		
D-グルコース	+52.7	H_2O (c = 10),	20 ℃	D-酒石酸	−12	H_2O (c = 20),	20 ℃
D-フルクトース	−92.3	H_2O (c = 10),	20 ℃	L-酒石酸	+12	H_2O (c = 20),	20 ℃
スクロース	+66.5	H_2O (c = 20),	20 ℃	L-アラニン	+13.7	6 M HCl (c = 2.1),	25 ℃
D-乳酸	−2.6	H_2O (c = 8),	21.5 ℃	L-リシン	+14.6	H_2O (c = 6.5),	20 ℃
L-乳酸	+2.6	H_2O (c = 2.5),	21.5 ℃	L-トレオニン	−28.3	H_2O (c = 1.0),	26 ℃

出典：The Merck Index, thirteenth edition（2001）

各種有機化合物の比旋光度のデータを表 2.2 に示す．D-グルコースの旋光度は，+52.7° で右旋性，D-フルクトースの比旋光度は，−92.3° で左旋性である．そのため，前者には，右旋性の糖という意味でデキストロース（dextrose），後者には，左旋性の糖という意味でレブロース（levulose）の別名がある．また，前述の D-乳酸と L-乳酸の比旋光度は，おのおの −2.6° および +2.6° である．このように，一対のエナンチオマーは，平面偏光を同じ角度で回転させるが，その方向は互いに逆向きとなる．また，一対のエナンチオマーを等量混合した場合，偏光の回転は相殺されて光学不活性となる．このような混合物は，**ラセミ体**（racemic body）とよばれる．ラセミ体では，（±）または *rac-* の記号を化合物名の前につける．また，D-グルコースと D-フルクトース，あるいは L-アラニンと L-トレオニンの比旋光度のデータをみてわかるように，旋光性の符号は，必ずしも，キラル中心の立体配置に依存するものではない．換言すれば，旋光度の符号は，あくまでも旋光度を測定することにより実測されるデータであって，キラル中心の立体配置から決定されるものではないことに留意する必要がある．

ここで，天然アミノ酸の 1 つであるアラニンの立体異性体の表示法について考えてみる．立体異性体の表示法には，*R/S* 表示法，D/L 表示法，旋光度の符号の 3 種類があり，

次図の天然型アラニンの場合，(S)-アラニン，L-アラニン，(+)-アラニンとなる．なお，旋光度の符号は，R/S 表示法，あるいは D/L 表示法と併記され，(S)-(+)-アラニン，L-(+)-アラニンと表記される場合もある．

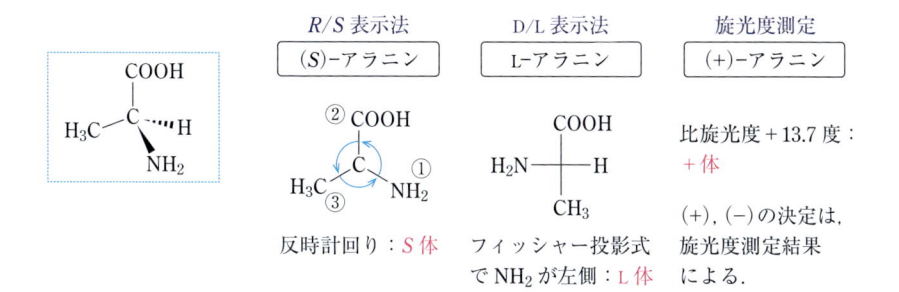

R/S 表示法
(S)-アラニン
反時計回り：S体

D/L 表示法
L-アラニン
フィッシャー投影式で NH₂ が左側：L体

旋光度測定
(+)-アラニン
比旋光度 +13.7 度：+体
(+)，(−)の決定は，旋光度測定結果による．

2.3.3 ジアステレオ異性

2.3.3.1 ジアステレオマー

次に，キラル中心が2個以上ある場合の立体異性体を考えてみる．一般に，n 個のキラル中心を有する分子は，最大 2^n 個の立体異性体が存在する．具体例として，2-ブロモ-3-クロロブタンを取り上げる．2-ブロモ-3-クロロブタンは，2個のキラル中心を有するため，図 2.7 に示すように，4個の立体異性体（A～D）が存在する．立体異性体Aに注目すると，BはAのエナンチオマーであるが，CとDは，Aのエナンチオマーではない．ま

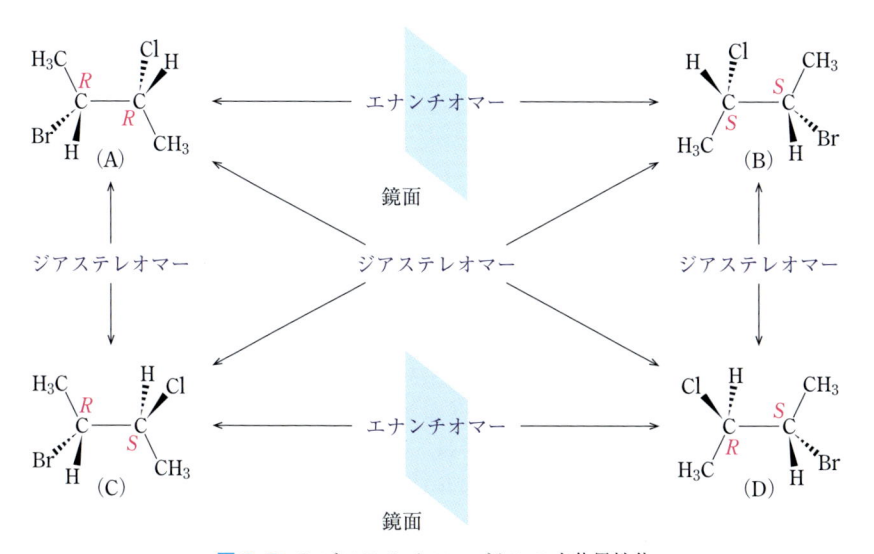

図 2.7 2-ブロモ-3-クロロブタンの立体異性体

2.3 立体配置異性体

た，立体異性体 C に注目すると，D は C のエナンチオマーであるが，A と B は，C のエナンチオマーではない．このように，互いにエナンチオマーの関係にない立体異性体をジアステレオマー (diastereomer) とよぶ．たとえば，α-D-グルコピラノースと β-D-グルコピラノース，あるいは D-グルコースと D-ガラクトースなどの例が挙げられる（第 7 章参照）．エナンチオマーとは異なり，ジアステレオマーでは両異性体間の物理的，化学的性質（沸点，融点，溶解度など）は異なるため，両者の分離は比較的容易である．

2.3.3.2 キラル中心の立体配置表示法（その2）

キラル中心が連続して 2 個ある場合の立体配置表示法として，エリトロ/トレオ (*erythro/threo*) 表示法（エリスロ/スレオと訳されている場合もある）がある．この表示法は，ある化合物の 2 個のキラル中心に結合している原子（または置換基）の立体配置を，フィッシャー投影式で見た D-（または L-）エリトロース，および D-（または L-）トレオースの立体配置と相対比較することにより，決定する方法である．2 個のキラル中心におのおの結合している 2 個の原子（または置換基）が同じ側にある場合を，エリトロースの配置と同じことに因んでエリトロ体，逆に，反対側にある場合を，トレオースの配置と同じことに因んでトレオ体とよぶ．なお，エリトロ体とトレオ体は，ジアステレオマーの関係にある．

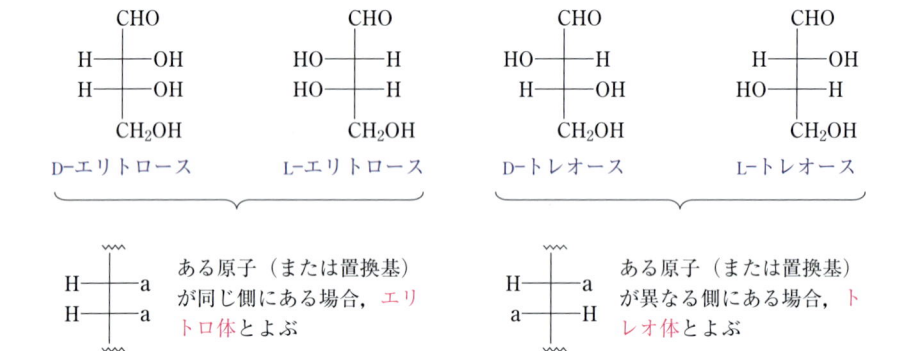

2.3.3.3 メソ化合物

次に，2-ブロモ-3-クロロブタンの臭素原子を塩素原子に置換した 2,3-ジクロロブタンの立体異性体について考えてみる．2,3-ジクロロブタンは，2-ブロモ-3-クロロブタンと同様に，4 個の立体異性体（A′〜D′）を書くことができる（図 2.8）．しかしながら，立体異性体 C′ とその鏡像関係にある異性体 D′ は，重ね合わすことが可能であり，立体異性体は 3 個しか存在しない．これは，立体異性体 C′ と D′ が分子内に対称面を有することによる．このように，キラル中心を有していながら，分子内の対称面のためにアキラルな化合物をメソ化合物 (meso compound) とよぶ．

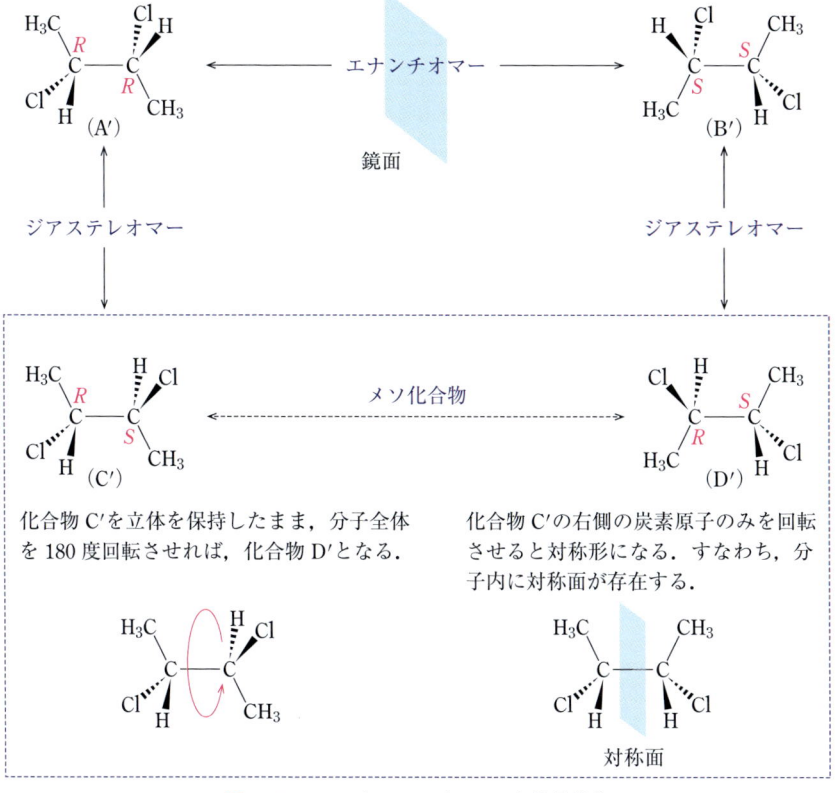

図 2.8　2,3-ジクロロブタンの立体異性体

2.3.3.4　光学分割

ラセミ体を各エナンチオマーに分離する操作を**光学分割**（optical resolution）とよぶ。Louis Pasteur が，酒石酸アンモニウムナトリウムを再結晶させると，2 つの結晶形ができ

酒石酸アンモニウムナトリウム

2.3　立体配置異性体　43

ることに気づき，それらをピンセットで分取し，(+)-酒石酸アンモニウムナトリウムと(−)-酒石酸アンモニウムナトリウムを得ることに成功したのが最初の例である．

　エナンチオマーでは，両異性体の光学的性質以外の物理的，化学的性質が同じであるため，エナンチオマーの等量混合物であるラセミ体から各エナンチオマーを分離することは非常に困難である．一方，ジアステレマーでは，両異性体の物理的，化学的性質は異なるので，ジアステレオマー混合物の分離は比較的容易である．そのため，ラセミ体をジアステレオマー混合物に変換して分離する方法が，光学分割の重要な手法の1つとなっている．図2.9に乳酸のラセミ体のジアステレオマー塩を経由する光学分割法を示す．乳酸のラセミ体にキラルな反応剤〔(R)-1-フェニルエチルアミン〕を反応させると，塩Aと塩B

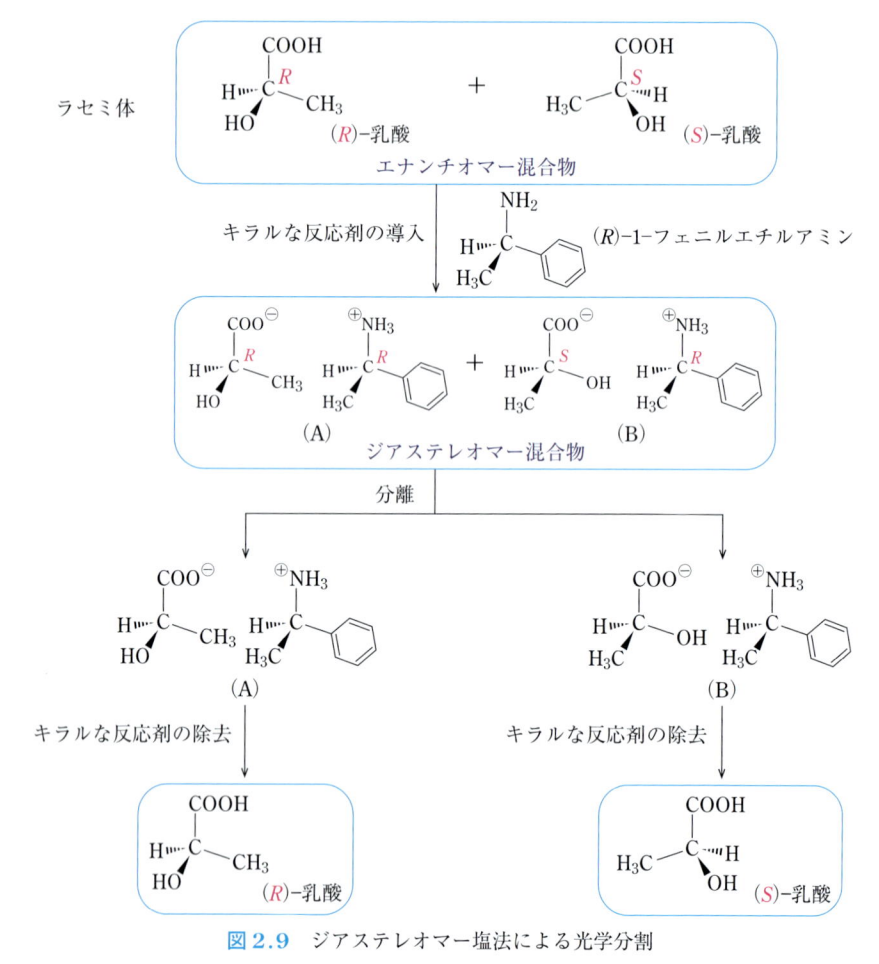

図 2.9　ジアステレオマー塩法による光学分割

第2章　有機化合物の立体化学

の混合物に変換される．塩Aと塩Bの2個のキラル中心の立体配置は，おのおのR/RとS/Rとなり，塩Aと塩Bの関係は，ジアステレオマーとなる．そのため，溶解度の差を利用した再結晶などにより塩Aと塩Bを分離することが可能となる．ジアステレオマー塩の分離後，酸性にして抽出することによりキラルな反応剤を除去し，乳酸の各エナンチオマー[(R)-乳酸と(S)-乳酸]が得られる．

最近では，分析技術の発展により，キラルな固定相を有するクロマトグラフィーを用いて，ラセミ体を直接各エナンチオマーに分離することも可能となっている．

2.3.4 シス-トランス異性

2.2で述べた立体配座異性体は，単結合が室温で自由に回転できるために，単離することはできない．これに対して，アルケンの二重結合および環構造の単結合は，自由に回転できないため，単離可能な立体異性体を生じる．この立体異性体を，**シス-トランス異性体**（*cis-trans* isomer），あるいは**幾何異性体**（geometrical isomer）とよぶ．シス-トランス異性体は，互いにエナンチオマーの関係にはないことから，ジアステレオマーの一種でもある．そのため，両異性体の物理的，化学的性質は異なり，両者の分離も比較的容易である．

まず，二重結合に由来するシス-トランス異性体として，2置換アルケンを考えてみる．2-ブテンの立体異性体には，2つの水素原子が二重結合の同じ側に結合しているシス体（*cis* isomer）A，ならびに二重結合の反対側に結合しているトランス体（*trans* isomer）Bがある．

$$\begin{array}{cc} \text{H}_3\text{C} \quad \text{CH}_3 & \text{H}_3\text{C} \quad \text{H} \\ \text{C}=\text{C} & \text{C}=\text{C} \\ \text{H} \quad \text{H} & \text{H} \quad \text{CH}_3 \\ \text{(A)}\ \text{シス体} & \text{(B)}\ \text{トランス体} \end{array}$$

2置換アルケンでは二重結合両端の水素原子により，シス-トランス異性体を容易に区別できるが，3置換，4置換アルケンでは，その区別は困難となる．この場合の立体配置の表示法として，***E/Z*表示法**がある．これは，二重結合の各両端に結合している2つの原子（または置換基）を前述の*R/S*表示法の順位則に従って順位付けし，高順位のものが同じ側に位置するものを*Z*体[ドイツ語のzusammen（ともに）]，反対側に位置するものを*E*体[entgegen（反対側に）]とよぶ．たとえば，1-ブロモ-1-クロロ-2-フルオロエテンの例では，二重結合の左側の炭素原子には，フッ素原子と水素原子が結合しており，フッ素原子が水素原子より高順位である．一方の右側の炭素原子には，塩素原子と臭素原子が結合しており，臭素原子が塩素原子より高順位である．そのため，次図では，異性体Aが*Z*体，異性体Bが*E*体となる．

$$\begin{array}{cc}\text{(A)} \ Z\text{体} & \text{(B)} \ E\text{体}\end{array}$$

次に，環状構造に由来するシス-トランス異性体として，1,2-ジメチルシクロペンタンを例としてあげる．この場合，2つのメチル基がシクロペンタン環の同じ側にあるものがシス体，互いにシクロペンタン環の反対側にあるものがトランス体となる．

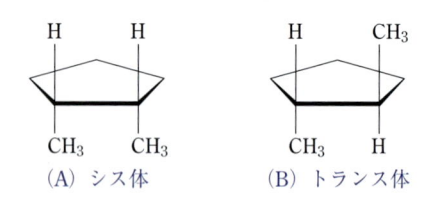

$$\begin{array}{cc}\text{(A)} \ \text{シス体} & \text{(B)} \ \text{トランス体}\end{array}$$

第2章のまとめ

本章では，各種の異性体［分子式は同一であるが，結合の様式，原子（または置換基）の空間的配置が異なる化合物群］について述べた．簡単にまとめると下記のとおりである．

(1) 異性体には，構造異性体（結合様式が異なる異性体）と立体異性体［原子（または置換基）の空間的配置が異なる異性体］がある．

(2) 立体異性体には，立体配座異性体（結合を切断することなく，単結合の回転によって室温下で相互変換可能な異性体）と立体配置異性体（結合を切断しないと相互変換できない異性体）がある．

(3) 立体配置異性体には，エナンチオマー（鏡像関係にある異性体）とジアステレオマー（鏡像関係にない異性体）がある．ジアステレオマーには，シス-トランス異性体（幾何異性体）も含まれる．

(4) エナンチオマーは，一般にキラル中心（不斉炭素原子）を有する化合物であり，実像がその鏡像と一致しない性質（キラリティー）を有している．

(5) 旋光性を有する化合物は，光学活性であるという．

(6) キラル中心を有してない化合物でも，分子の形でキラリティーを発現する場合がある．軸不斉，面不斉，ヘリシティーがある（補遺参照）．

章末問題

1. 下記の分子式の化合物の構造異性体をすべてあげなさい．

(1) C_5H_{12}　　(2) C_4H_9Cl　　(3) $C_4H_{10}O$

2. 下記の化合物のキラル中心の立体配置を *R/S* 表示法で示しなさい．

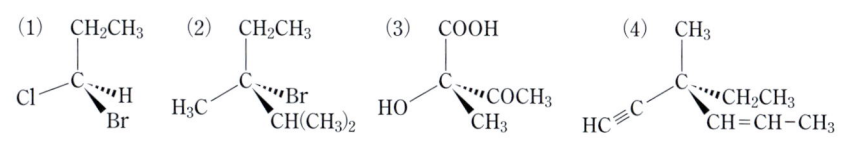

(1) Cl–C(CH₂CH₃)(H)–Br
(2) H₃C–C(CH₂CH₃)(Br)–CH(CH₃)₂
(3) HO–C(COOH)(COCH₃)–CH₃
(4) HC≡C–C(CH₃)(CH₂CH₃)–CH=CH–CH₃

3. 下記の化合物の化学構造式を線形表記法で書きなさい．
   (1) (2*Z*,5*E*)-2,5-オクタジエン
   (2) (*E*)-2-ブロモ-3-クロロ-2-ブテン
   (3) (*E*)-3-フェニル-2-プロペン-1-オール

4. β-D-グルコピラノースのキラル中心を示しなさい．また，β-D-グルコピラノースには何個の立体配置異性体が存在するかを答えなさい．

β-D-グルコピラノース

5. 右記の化合物（エリトロース）のエナンチオマーとすべてのジアステレオマーを，フィッシャー投影式で書きなさい．また，各化合物の立体配置を D/L 表示法で示しなさい．

エリトロース

6. 右記の化合物（酒石酸）のエナンチオマーとすべてのジアステレオマーを，フィッシャー投影式で書きなさい．また，各化合物のキラル中心を示し，そのキラル中心の立体配置を *R/S* 表示法で示しなさい．

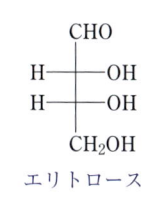

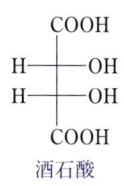

酒石酸

補遺　分子キラリティー

キラリティーは，一般にキラル中心を有する化合物で発現するが，キラル中心を有していない化合物でも，分子全体でキラリティーを発現する場合がある．これを分子キラリティー（molecular chirality）とよび，具体的には，軸性キラリティー（axial chirality），面性キラリティー（planar chirality），ならびにヘリシティー（helicity）がある．

1. 軸性キラリティー

オルト2置換ビフェニルは，軸性キラリティーを示す代表的な化合物である．この化合物の2個のベンゼン環は，オルト位の置換基の立体障害のために自由回転が阻害され，ねじれて存在する．化合物Aの鏡像Bを考えたとき，AとBは重なり合うことなく，エナンチオマーの関係が成立する．これは，ある軸のまわりにその鏡像が重ならないような空間的な配列があることを意味し，その軸をキラル軸，そして，キラル軸によって生じるキラリティーを**軸性キラリティー（軸不斉）**とよぶ．

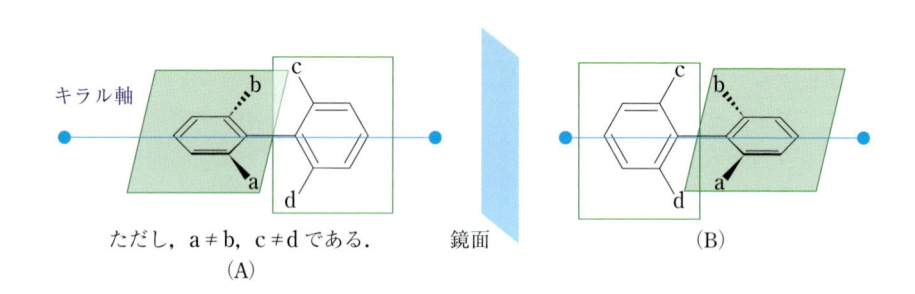

キラル軸

ただし，a≠b, c≠dである．
(A)　　　鏡面　　　(B)

この種の化合物の具体例として，ビフェニル化合物の最初の光学分割の例である 2,2′-ジニトロジフェン酸，あるいは不斉合成で広く用いられている BINAP などがある．

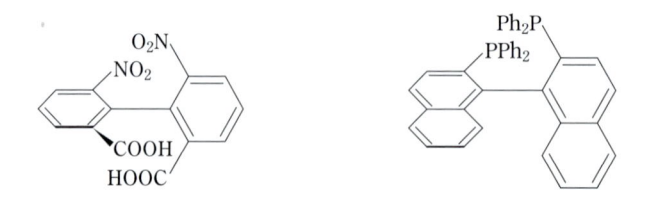

2,2′-ジニトロジフェン酸　　2,2′-ビス（ジフェニルホスフィノ）-1,1′-ビナフチル
(BINAP)

軸性キラリティーを示す化合物においても，R/S 表示法により立体異性体を区別することができる．この場合の R/S の決定法は，以下の通りである．
① 対象となる4つの原子（または置換基）a, b, c, d について，キラル軸と交わる ab 軸と cd 軸を引く（なお，ab 軸と cd 軸はねじれの位置関係にある）．ab 軸と cd 軸の優先順位を決める（なお，軸の優先順位はどちらを優先しても結果は同じであるので，便宜的に決めるだけである）．
② ab 軸および cd 軸内の2つの原子（または置換基）の優先順位を 2.3.2.2 で述べた通常の R/S 表示法の場合と同様な方法で決め，軸の優先度を加味して，対象となる4

つの原子（または置換基）の優先順位を決定する．
③ ab軸とcd軸を使って正四面体構造を仮定し，優先順位のもっとも低い原子（または置換基）を奥に（もっとも遠くに）配置して眺める．
④ 残りの3つの原子（または置換基）をある円の円周上にのせ，優先順位の高いものから低いものへ並べたとき，時計回りの配置であればR，反時計回りの配置であればSとする．

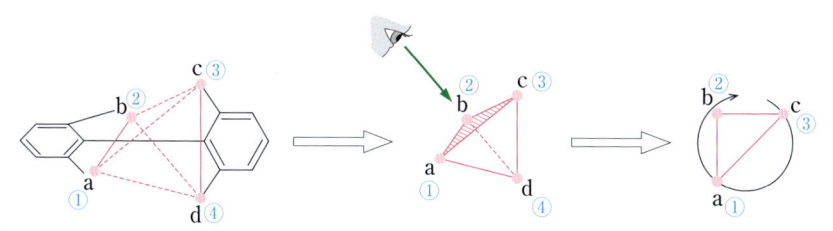

ab軸がcd軸より優先するものとし，ab軸内では，①a,②b，cd軸内では①c,②dとする．
したがって，優先順位は，①a,②b③c,④dとなる．

優先順位のもっとも低い原子（または置換基）を奥に配置して眺める．

通常のR/S表示法と同様に，時計回りであればR，反時計回りであればSとする．
（この場合R体である）

1,3-二置換アレンも，左右の置換基が90°ねじれて存在するため，軸性キラリティーを示す典型的な化合物の1つである．

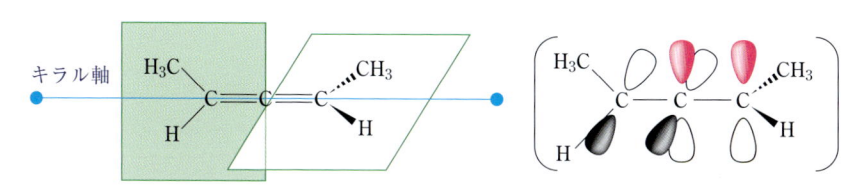

キラル軸

左右の置換基は90°ねじれて存在する．

2. 面性キラリティー

次図に示すような環状化合物では，ベンゼン環とは同一平面上にない環状構造が存在し，その環が比較的小さい場合，ベンゼン環は自由回転することはできない．そのため，化合物Aに対して鏡像Bを考えたとき，AとBは重なり合うことなく，エナンチオマーの関係が成立する．このとき，回転が束縛されているベンゼン環の存在する面をキラル面，また，キラル面によって生じるキラリティーを**面性キラリティー**（planar chirality）とよぶ．

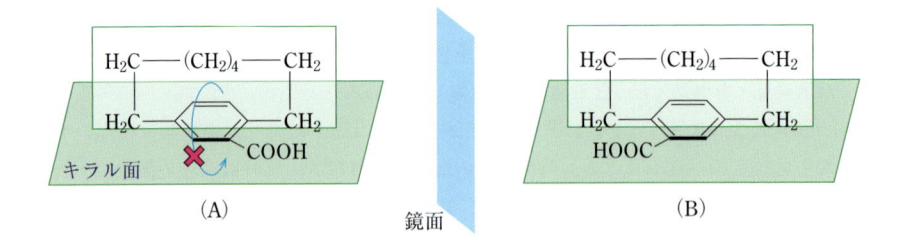

面性キラリティーを示す化合物も，*R/S* 表示法により立体異性体の区別が可能である．この場合の *R/S* 決定法は，以下の通りである．

① キラル面にもっとも近く，優先順位の高い面外原子をパイロット原子として決める（下図の場合，炭素原子 a と b があるが，炭素原子 a 側にはカルボキシ基があるので優先順位が高く，パイロット原子となる）．

② パイロット原子からキラル面を眺め，キラル面に最初に存在する炭素原子を 1 とする．その炭素から，キラル面を順にたどって，2，3 と番号付けをする．なお，分岐点では，優先順位の高い原子（または置換基）がある方向に番号付けをする（下図の場合，カルボキシ基側に番号付けをする）．

③ パイロット原子から眺めたときの番号順が，時計回りの配置であれば *R*，反対に，反時計回りの配置であれば *S* とする．

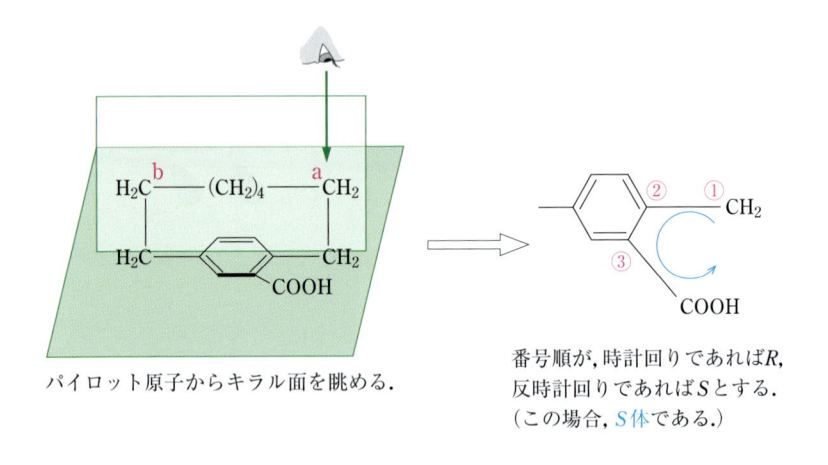

パイロット原子からキラル面を眺める．

番号順が，時計回りであれば *R*，反時計回りであれば *S* とする．
（この場合，*S* 体である．）

3. ヘリシティー

次図に示すように，ヘキサヘリセンの末端の 2 個のベンゼン環は，立体障害のため，同一平面上に配置できない．そのため，一方のベンゼン環は上，他方のベンゼン環は下にな

るような空間配置となり，分子はらせん状となる．この場合，下図のように立体構造 A に対して，鏡像 B を考えることができ，エナンチオマーの関係が成立する．このように，分子のらせん形態から生じるキラリティーをヘリシティーとよぶ．ヘリシティーを示す化合物の立体配置の表示は，らせんが右ねじの関係（時計回りで遠ざかる方向）の配置のものを P（plus）体，左ねじの関係（反時計回りで遠ざかる方向）の配置のものを M（minus）体とする．

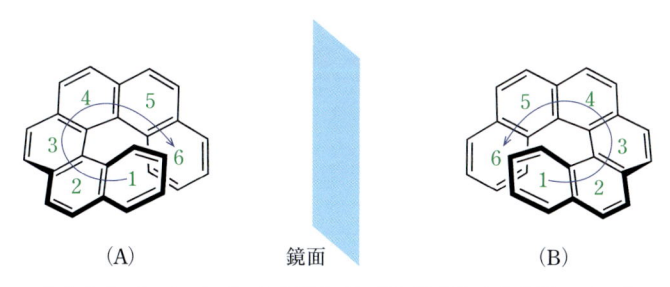

(A)　　　　　鏡面　　　　　(B)

上から 1→2→3→4→5→6 の順でベンゼン環がらせんを巻いている．

時計回りのらせん(P)　　　　　反時計回りのらせん(M)

第 3 章

有機化学における熱力学の基礎

本章では，有機化学反応を理解するために，結合エネルギーやギブズエネルギー，エンタルピー，エントロピーなどの重要な概念，および反応速度論といった熱力学の基礎について学ぶ．

3.1 結合エネルギーとエンタルピー変化

化学結合は物質の含有するエネルギーである．反応物が生成物に変換される化学反応では化学結合の組替えが起こるため，その結合エネルギーの総和であるエンタルピー（$H°$）も変化し，その変化量（$\Delta H°$）の符号に応じて発熱や吸熱が起こる．

3.1.1 結合エネルギーとエンタルピー変化

発熱反応は一般に進行しやすいことから，反応におけるエンタルピー変化の符号，すなわち発熱反応か吸熱反応かを見積もることによって反応予測が可能となる．このエンタルピー変化は結合エネルギーから推算できる．

原子どうしを結び付けている共有結合を切断して，2 つのラジカルにする際に必要なエネルギーを結合エネルギー（bond energy）という．結合エネルギーは，結合切断前後の化学種のエンタルピー（enthalpy，$H°$[†]．物質やその集まり（系）に内包されたエネルギー）の変化量，エンタルピー変化（enthalpy change，$\Delta H°$）で表され，結合の強さの指標となる．たとえば，水素分子の水素－水素結合を切断して 2 つの水素ラジカルにするためには，104 kcal/mol のエネルギーを必要とする．つまり，生成物である 2 つの水素ラジカルは反応物である水素分子より 104 kcal/mol 高いエネルギーをもつため，この反応の $\Delta H°$ は吸熱反応であることを示す正の値となる．逆に，2 つの水素ラジカルが結合して水素分子に

[†] 上付き文字 ° は，この値が標準状態（25 °C，1 atm）で求められたことを意味する．

なるときは，104 kcal/mol のエネルギーを放出することから，この反応の $\Delta H°$ は発熱反応を示す負の値となる．すなわち，高いエネルギーをもった2つの水素ラジカルとエネルギー的に低い状態にある水素分子との $\Delta H°$ は 104 kcal/mol であり，結合生成により熱として放出される．このようにエンタルピー変化（$\Delta H°$）は内部エネルギーの変化を表しており，吸熱により内部エネルギーが増加する場合は $\Delta H° > 0$ となり，発熱により内部エネルギーが減少する場合は $\Delta H° < 0$ となる．

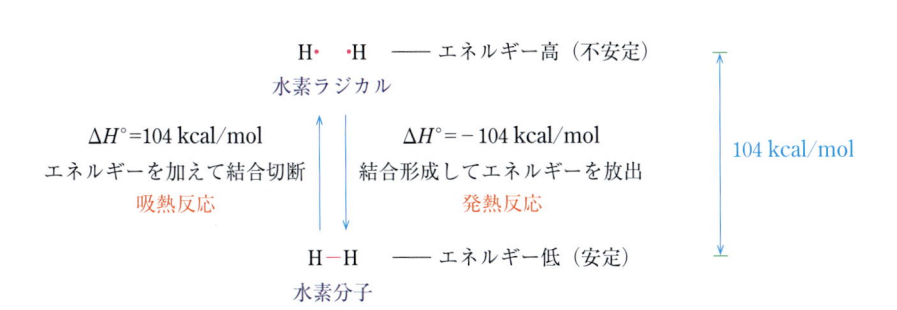

```
              H· ·H  ── エネルギー高（不安定）
                     水素ラジカル
  ΔH°=104 kcal/mol        ΔH°=−104 kcal/mol         104 kcal/mol
  エネルギーを加えて結合切断   結合形成してエネルギーを放出
     吸熱反応                    発熱反応

              H─H   ── エネルギー低（安定）
                     水素分子
```

水素分子のように2原子からなる分子では，結合切断時の発熱量から正確な結合エネルギーを直接求められる．この結合エネルギーを結合解離エネルギー（bond-dissociation energy）とよび，これは特定の結合を切断するのに必要なエネルギーである．しかし，たとえば水分子のように多原子からなる分子の2つの水素−酸素結合を順に切断すると，それぞれの結合解離エネルギーは 119 kcal/mol，102 kcal/mol と異なり，単純に決めることはできない．そこで，便宜的に各結合解離エネルギーの平均値を結合エネルギーとしている．たとえば水素−酸素結合の場合は，111 kcal/mol が結合エネルギーとなる．この結合エネルギーは結合解離エネルギーと区別するために平均結合エネルギー（average bond energy）とよばれる．これは，複数の結合解離エネルギーの平均値であり，大まかな値ではあるが，エンタルピー変化を見積もる際に役立つ．

結合エネルギーの大きさには，結合を作る原子の**電気陰性度**が影響する．たとえば，炭素−酸素二重結合の結合エネルギーが炭素−炭素二重結合の結合エネルギーよりも大きいのは，分極によってイオン結合性を帯びて，本来の共有結合にクーロン力も加わるためである．

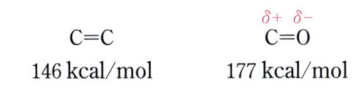

$$\text{C=C} \qquad \overset{\delta+\ \delta-}{\text{C=O}}$$
$$146\ \text{kcal/mol} \qquad 177\ \text{kcal/mol}$$

3.1 結合エネルギーとエンタルピー変化

一方，窒素−窒素結合や酸素−酸素結合といった同種の原子どうしの結合エネルギーは，水素−水素結合や炭素−炭素結合の結合エネルギーと比べてかなり小さい．これは，隣り合った窒素や酸素原子上の非共有電子対の間に反発が生じることに起因している．このような構造をもった化合物は，ロケット燃料として用いられるヒドラジン（H₂N−NH₂）や過酸化水素，過酸など，爆発性の高いものが多い．

	H−H	C−C	N−N	O−O
	104 kcal/mol	83 kcal/mol	39 kcal/mol	35 kcal/mol

　結合エネルギーは原子間の距離が長いほど，つまり結合が長くなるにつれて弱い結合となる．たとえば，水素−フッ素結合，水素−塩素結合，水素−臭素結合，水素−ヨウ素結合と結合距離が伸びるに従って，結合エネルギーが減少する．

	H−F	H−Cl	H−Br	H−I
結合エネルギー（kcal/mol）	135	103	87	71
結合距離（Å）	0.92	1.27	1.41	1.61

　また，単結合，二重結合，三重結合と，結合の多重度が上がっていくにつれて結合距離は短くなり，結合エネルギーは増加する．以上より，短く強い結合を切断するためには，大きなエネルギーが必要となることがわかる．

	C−C	C=C	C≡C
結合エネルギー（kcal/mol）	83	146	200
結合距離（Å）	1.54	1.33	1.20

　炭素−炭素二重結合は σ 結合と π 結合から構成され，結合エネルギーは 146 kcal/mol と見積もられている．一方，σ 結合のみで構成される炭素−炭素単結合の結合エネルギーが 83 kcal/mol であることから，炭素−炭素二重結合における π 結合の結合エネルギーは両者の差をとって **63 kcal/mol** と考えることができる．π 結合が σ 結合よりも結合エネルギーの小さい弱い結合となるのは，結合を作る p 軌道の重なりが σ 結合と比べて効果的でないことに起因している．
　さまざまな原子間の結合を切断する際に必要なエネルギー，あるいは結合形成時に放出されるエネルギーである平均結合エネルギーを表 3.1 に示した．

表3.1 さまざまな結合の平均結合エネルギー（kcal/mol）

単結合 X=	H	C	N	O	F	Cl	Br	I
X–X	104	83	39	35	38	58	46	37
H–X	104	99	93	111	136	103	87	71
C–X	99	83	73	86	116	81	68	51

多重結合								
C=C	146	C=N	147	C=O	177	O=O	119	
C≡C	200	C≡N	213	N≡N	226	N=N	100	

3.1.2 化学反応におけるエンタルピー変化

　有機化学反応では，複数かつ多種類の結合の切断と形成を伴うが，それぞれの結合エネルギーから反応のエンタルピー変化（$\Delta H°$）を計算することができる．たとえばケトンはエノールと平衡状態にあるが，ケトンがエノールへと異性化する際，カルボニル基のπ結合と隣の炭素の炭素－水素結合の切断にそれぞれ91 kcal/mol（炭素－酸素二重結合と炭素－酸素単結合の平均結合エネルギーの差），99 kcal/mol，合計190 kcal/molが必要となる．一方，結合の形成によって放出されるエネルギーは，炭素－炭素二重結合のπ結合と酸素－水素結合についてそれぞれ63 kcal/mol，111 kcal/molであることから，合計174 kcal/molとなる．したがって，結合の切断に必要な190 kcal/molはその後の結合生成によって放出される174 kcal/molより少ないため，不足分の16 kcal/molを補う必要がある．

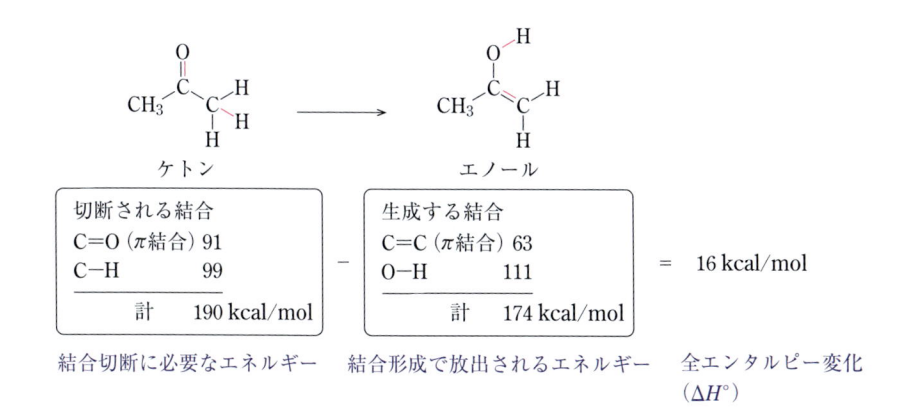

ケトン → エノール

切断される結合		生成する結合		
C=O (π結合) 91		C=C (π結合) 63		
C–H　　　　99	−	O–H　　　　111	=	16 kcal/mol
計　190 kcal/mol		計　174 kcal/mol		

結合切断に必要なエネルギー　　結合形成で放出されるエネルギー　　全エンタルピー変化（$\Delta H°$）

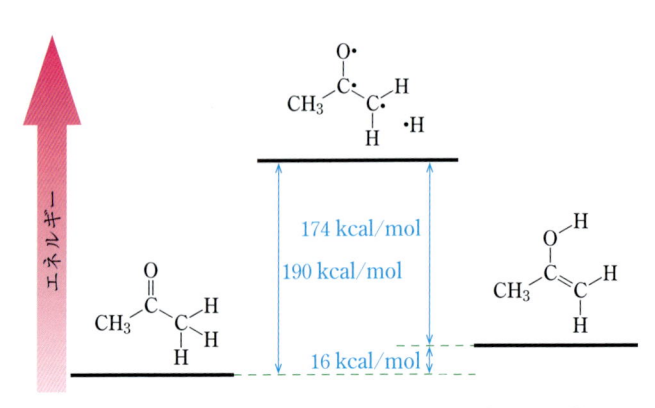

以上より，ケトンがエノールへと異性化する反応は吸熱反応となり進行しにくいことが予想される．実際，アセトンのケト形とエノール形の間の平衡（equilibrium）は圧倒的にケト形側に偏っている．

ケト形 　　　　　エノール形
2×10^8 　　：　　 1

複数の分子が関与する反応でも同様に，それぞれの結合エネルギーから反応のエンタルピー変化 $\Delta H°$ を計算することができる．たとえばパラジウム触媒存在下でエチレンと水素からエタンが生成する反応では，炭素－炭素二重結合の π 結合と水素分子の水素－水素結合の切断にそれぞれ 63 kcal/mol，104 kcal/mol，合計 167 kcal/mol が必要となる．一方，結合の形成で放出されるエネルギーは，99 kcal/mol を放出する炭素－水素結合が 2 組あることから，合計 198 kcal/mol となる．

切断される結合		生成する結合			
C＝C (π結合)	63	C－H	99		
H－H	104	C－H	99		
計	167 kcal/mol	計	198 kcal/mol	＝	－31 kcal/mol

結合切断に必要なエネルギー　　結合形成で放出されるエネルギー　　全エンタルピー変化 $(\Delta H°)$

第 3 章　有機化学における熱力学の基礎

結合の切断に必要な 167 kcal/mol は，その後の結合生成によって放出される 198 kcal/mol から賄われるが，余剰分の 31 kcal/mol は熱に変わる．以上より，この反応は反応物がより安定な生成物へと変化する発熱反応であり，$\Delta H°$ は負の値となる．この値は実験によって求められた値（-32.6 kcal/mol）ともよく一致しており，このような大まかな計算でもエンタルピー変化を見積るのに有効であることがわかる．

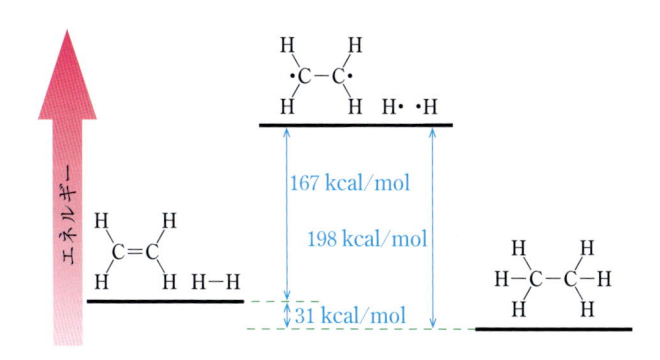

しかしながら，結合エネルギーから知ることができるのは全エンタルピー変化だけであって，反応機構や反応速度に関する情報は得られない点に注意が必要である．実際この反応は，反応の進行には有利とされる発熱反応であるにも関わらず，触媒が存在しない条件ではきわめて遅く，生成物はまったく得られない（第 5 章参照）．

3.2 平衡定数とギブズエネルギー変化

一般に，反応物と生成物の存在比は平衡定数（K_{eq}）によって表される．この平衡定数（K_{eq}）は反応物と生成物のギブズエネルギー（$G°$）の差であるギブズエネルギー変化（$\Delta G°$）より求めることができる．この $\Delta G°$ は，結合エネルギーのような内包されたエネルギーの変化量であるエンタルピー変化（$\Delta H°$）に，系の無秩序さの変化量であるエントロピー変化（$\Delta S°$）を加味したものである．

3.2.1 平衡定数とギブズエネルギー変化

化学反応を以下のように平衡過程として記述したとき，反応物と生成物の存在比はそれぞれの濃度から平衡定数（equilibrium constant, K_{eq}）によって表される．

$$A + B \rightleftarrows C + D$$
反応物　　　生成物

$$K_{eq} = \frac{生成物の濃度の積}{反応物の濃度の積} = \frac{[C][D]}{[A][B]}$$

$K_{eq} > 1$ となる反応は，反応物より生成物が多いことから，目的の生成物を得るのに適している．一方，$K_{eq} < 1$ の反応では生成物より反応物が多く，目的の生成物を得にく

い．反応がどの程度進むかを表しているこの平衡定数 K_{eq} は，温度が変化しない条件では一定の値となる．すなわち，平衡状態にある反応物と生成物の存在比は一定で変化しない．この比を決めているのは，反応物と生成物それぞれのギブズエネルギー（Gibbs energy, $G°$）の差であるギブズエネルギー変化（Gibbs energy change, $\Delta G°$）であり，平衡定数（K_{eq}）を含む次の式によって表される．

$$\Delta G° = G°_{生成物} - G°_{反応物}$$

$$\Delta G° = -RT \log_e K_{eq} = -2.303\, RT \log_{10} K_{eq}$$

$$\fallingdotseq -1.4 \log_{10} K_{eq}\ (25\,°C)$$

$$R = 1.99 \times 10^{-3}\ \text{kcal/(K·mol)}\quad（気体定数）$$

$$T = ケルビン単位の絶対温度$$

反応物と生成物の $G°$ を比較して，反応物のほうが高い $G°$ のときは $\Delta G° < 0$ となるため，$\log_e K_{eq} > 0$，すなわち $K_{eq} > 1$ となり，平衡は生成物側に偏る．

$$G°_{反応物} > G°_{生成物}\quad(\Delta G° < 0)\ の場合$$

$$\Delta G° = \underset{負}{-RT} \underbrace{\log_e K_{eq}}_{正} \longrightarrow K_{eq} > 1$$

よって　反応物 ＜ 生成物

これは上から下へと物が落ちるように，高いギブズエネルギーレベルにある不安定な反応物が低いギブズエネルギーレベルにある安定な生成物へと変換され，余剰分のエネルギー $-\Delta G°$ を放出する熱力学的に有利な反応であることを意味する．このような $\Delta G° < 0$ となる反応は自発的に進行し，発エルゴン反応とよばれる．

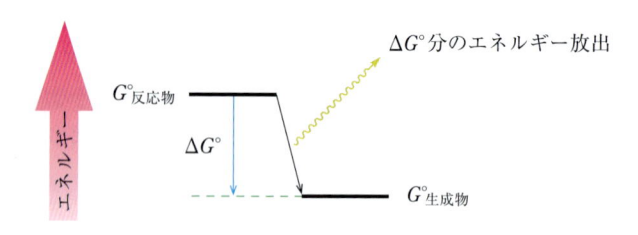

逆に，生成物のほうが高い $G°$ のときは $\Delta G° > 0$ となるため，$\log_e K_{eq} < 0$，すなわち $K_{eq} < 1$ となり，平衡は反応物側に偏る．

$$G°_{反応物} < G°_{生成物}\quad(\Delta G° > 0)\ の場合$$

$$\Delta G° = \underset{正}{-RT} \underbrace{\log_e K_{eq}}_{負} \longrightarrow K_{eq} < 1$$

よって　反応物 ＞ 生成物

これは物を持ち上げるときにエネルギーが必要なように，低いギブズエネルギーレベルにある安定な反応物を高いギブズエネルギーレベルにある不安定な生成物へと変換するためには，不足分のエネルギーを加える必要がある．つまり，周囲からエネルギー $\Delta G°$ を吸収する熱力学的に不利な反応であることを意味する．このような $\Delta G° > 0$ で系外からのエネルギーの投入によって進行する反応は，<u>吸エルゴン反応</u>とよばれる．

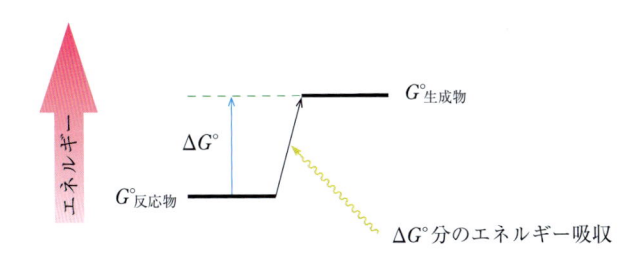

（エネルギー図：$G°_{反応物}$ から $G°_{生成物}$ へ $\Delta G°$ 分のエネルギー吸収）

　ギブズエネルギー変化（$\Delta G°$）と平衡定数（K_{eq}）の値を表3.2に示す．わずかな $\Delta G°$ の値の変化が，K_{eq}（反応物と生成物の存在比）に大きく影響する．たとえば，反応物と生成物の $\Delta G°$ に 3 kcal/mol の差があれば，反応物または生成物の割合が 99 % 以上となり，平衡はほとんど片側に偏る．

表3.2　25 °C での反応 A → B における $\Delta G°$ と K_{eq} の値

$\Delta G°$ kcal/mol	K_{eq}	A/B
4.08	0.001	1000/1
2.72	0.01	100/1
1.36	0.10	10/1
0.65	0.33	3/1
0	1.0	1/1
−0.65	3.0	1/3
−1.36	10	1/10
−2.72	100	1/100
−4.08	1000	1/1000

　たとえば，第2章で述べたシクロヘキサンに置換基を導入すると，置換基がアキシアルとエクアトリアルに存在する2種類の立体配座異性体間の平衡状態となる．このとき，前者が後者に対して不安定であるため，平衡はエクアトリアル配座側に偏る．アキシアル位にかさ高い置換基を導入すると立体反発が大きくなって不安定になるため，アキシアル配座とエクアトリアル配座間のギブズエネルギー差が増えて，K_{eq} の値も大きくなる．

3.2　平衡定数とギブズエネルギー変化

アキシアル配座　　　　　　　　エクアトリアル配座

R	$\Delta G°$ kcal/mol	K_{eq}	アキシアル配座（%）	エクアトリアル配座（%）
H	0	1.00	50	50
CN	-0.17	1.33	43	57
Cl	-0.43	2.06	33	67
OMe	-0.60	2.75	27	73
Me	-1.70	17.6	5	95
i-Pr	-2.15	37.5	3	97
t-Bu	> -4	> 848	< 0.1	> 99.9

3.2.2　エンタルピーとエントロピー

　平衡状態にある反応において，平衡が反応物側と生成物側のどちらに偏るかは，平衡定数（K_{eq}）によって判断することができる．この K_{eq} はギブズエネルギー変化（$\Delta G°$）によって決まるが，この $\Delta G°$ はエンタルピー変化（$\Delta H°$）とエントロピー変化（entropy change, $\Delta S°$）に依存しており，以下の式によって表される．

$$\underset{\text{系全体のエネルギーの変化量}}{\Delta G°} = \underset{\text{全結合エネルギーの変化量}}{\underset{\text{エンタルピー項}}{\Delta H°}} - \underset{\text{無秩序さの変化量}}{\underset{\text{エントロピー項}}{T\Delta S°}}$$

$$T = \text{ケルビン単位の絶対温度}$$

　$\Delta H°$ は反応物が生成物へと変化する際の全結合エネルギーの変化量（反応物と生成物の安定性の差）を示すが，$\Delta S°$ はその際に分子の無秩序さや運動の自由度がどれだけ変化したかを表す．平衡を生成物側に偏らせる，すなわち反応を進行させるためには $\Delta G° < 0$ となる必要があるため，エンタルピー（$H°$）が減少して $\Delta H° < 0$ となることや，エントロピー（entropy, $S°$）が増大して $\Delta S° > 0$ となることは，反応の進行に有利に働く．

　$S°$ は乱雑さの指標であり，系に含まれる分子数が増える，または分子の運動の自由度が高くなると $S°$ の値は大きくなる．たとえば，分子 A–B が A と B の 2 分子に分裂すると，$S°$ の値は増加し $\Delta S° > 0$ となる．逆に A と B の 2 分子が結合して A–B となると，$S°$ の値は減少して $\Delta S° < 0$ となる．

$$\begin{array}{c} \text{A-B} \longrightarrow \text{A} + \text{B} \\ \underset{S°\text{小}}{\boxed{1\text{分子}}} \quad \underset{S°\text{大}}{\boxed{2\text{分子}}} \end{array} \quad \text{エントロピー増大} \quad \Delta S° > 0$$

$$\begin{array}{c} \text{A} + \text{B} \longrightarrow \text{A-B} \\ \underset{S°\text{大}}{\boxed{2\text{分子}}} \quad \underset{S°\text{小}}{\boxed{1\text{分子}}} \end{array} \quad \text{エントロピー減少} \quad \Delta S° < 0$$

たとえば，アセトンとメタノールからアセタールと水が得られる反応では（第6章参照），3分子の反応物（アセトン＋メタノール×2）が2分子の生成物（アセタール＋水）へと変換され，総分子数が減っている．このため $\Delta S° < 0$ となり，生成物を得るのには不利な反応となる．

アセトン ＋ 2 CH₃OH ⇌(H⁺) アセタール ＋ H₂O
3分子　　　　　　　　　　2分子
エントロピー減少　$\Delta S° < 0$

一方，このアセタール化反応にオルトギ酸トリメチル（ギ酸エステルのアセタール）を加えると，目的とするアセタールが効率よく得られる．オルトギ酸トリメチルは，アセタール化反応において副生した水によって加水分解されて，ギ酸メチルと2分子のメタノールに変換される．その結果，反応前後で分子数が変化せず，エントロピーの減少量が少なくなるため，アセタール形成の方に反応が進行しやすくなる．また，オルトギ酸エステルによって水を捕捉していることも，逆反応を抑制する要因となっている．

アセトン ＋ 2 CH₃OH ＋ オルトギ酸トリメチル →(H⁺) アセタール ＋ ギ酸メチル ＋ 2 CH₃OH
4分子　　　　　　　　　　　　　　　　　　　4分子
エントロピー減少　$\Delta S° \fallingdotseq 0$

（ オルトギ酸トリメチル ＋ H₂O →(H⁺) ギ酸メチル ＋ 2 CH₃OH ）

環化反応もまた，反応前後で $S°$ が大きく変化する．環化前の鎖状反応物は，炭素－炭素結合などの単結合が自由回転できるため，さまざまなコンホメーションを取ることができる（$S°$ 大）．しかし環化後は，結合の回転に制限がかかるため，取り得るコンホメーシ

3.2　平衡定数とギブズエネルギー変化 | *61*

ョンが限られてくる（$S°$ 小）．結果として $S°$ は減少し，$\Delta S° < 0$ となる（たとえば，両手を握り合わせると腕を自由に動かせなくなることをイメージすると理解しやすい）．

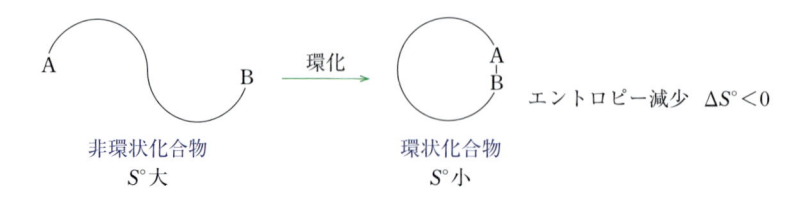

```
    A          環化      A
       B   ――――→     B      エントロピー減少 $\Delta S° < 0$

   非環状化合物         環状化合物
      $S°$ 大            $S°$ 小
```

前述したように，化学平衡がどちらに偏るか，すなわち反応がどの方向にどれだけ進むかは $\Delta G°$ の値によって示され，$\Delta G° < 0$ なら生成物側に，$\Delta G° > 0$ なら反応物側に平衡が偏る．エンタルピー項の影響が大きい場合（$|\Delta H°| > |T\Delta S°|$）は $\Delta S°$ の値に関わらず，$\Delta H° < 0$ では $\Delta G° < 0$ となり平衡は生成物側に偏り，$\Delta H° > 0$ では $\Delta G° > 0$ となり平衡は反応物側に偏る．

エンタルピー項の影響が大きい場合（$|\Delta H°| > |T\Delta S°|$）

$$\Delta G° = \Delta H° - T\Delta S°$$

$\Delta H° < 0 \longrightarrow \Delta G° < 0$　　反応物 < 生成物
$\Delta H° > 0 \longrightarrow \Delta G° > 0$　　反応物 > 生成物

逆にエントロピー項の影響が大きい場合（$|\Delta H°| < |T\Delta S°|$）は $\Delta H°$ の値に関わらず，$\Delta S° > 0$ では $\Delta G° < 0$ となり平衡は生成物側に偏り，$\Delta S° < 0$ では $\Delta G° > 0$ となり平衡は反応物側に偏る．

エントロピー項の影響が大きい場合（$|\Delta H°| < |T\Delta S°|$）

$$\Delta G° = \Delta H° - T\Delta S°$$

$\Delta S° > 0 \longrightarrow \Delta G° < 0$　　反応物 < 生成物
$\Delta S° < 0 \longrightarrow \Delta G° > 0$　　反応物 > 生成物

通常の有機化学反応では温度（T）が低く，また反応の前後であまり分子数が変化しないので，エントロピー項はエンタルピー項と比べて無視できるほど小さい場合が多い．このため，$\Delta G°$ は $\Delta H°$ の値にしばしば近似できる．

エンタルピー項の影響が極めて大きい場合（$|\Delta H°| \gg |T\Delta S°|$）

$$\Delta G° \simeq \Delta H°$$

しかしながら，系のエントロピーが大きく変化するような反応や高温における反応では，エントロピー項が支配的になる場合もある．その代表的例としては，原油の精製過程でのクラッキングが挙げられる．長い炭素鎖をもった高沸点の炭化水素である重油の炭素－炭素結合を切断して，炭素数の少ないガソリンなどの低沸点の炭化水素へと変換するため，系内の分子数，すなわちエントロピーが著しく増加する．このとき，多数の結合が

切断されるので大きな吸熱を伴い，エンタルピー的には不利となるが，高温領域での反応で T が大きいため，大きな $\Delta S°$ とも相まってエントロピー項の影響の方が大きくなっている．

3.2.3 平衡定数の温度依存性

ギブズエネルギー変化 ($\Delta G°$) を表す2つの式から，平衡定数 (K_{eq}) は反応温度 (T) によって変化することがわかる．

$$\Delta G° = -RT \log_e K_{eq}$$
$$\Delta G° = \Delta H° - T\Delta S°$$
$$\text{よって } -RT \log_e K_{eq} = \Delta H° - T\Delta S°$$
$$\log_e K_{eq} = \frac{-\Delta H°}{RT} + \frac{\Delta S°}{R}$$

$\Delta H° > 0$（吸熱反応）の場合，温度 (T) が高くなるに従って K_{eq} が増大する．このことは，より多くの生成物を生じることを示している．逆に $\Delta H° < 0$（発熱反応）の場合，温度 (T) が高くなるに従って K_{eq} が減少するため，生成物の量は減少する．

$\Delta H° > 0$（吸熱反応）

T を上昇させると $\dfrac{-\Delta H°}{RT}$ 増加 $\longrightarrow$ K_{eq} 増加 $\longrightarrow$ 生成物増加

$\Delta H° < 0$（発熱反応）

T を上昇させると $\dfrac{-\Delta H°}{RT}$ 減少 $\longrightarrow$ K_{eq} 減少 $\longrightarrow$ 生成物減少

3.3 反応速度と活性化エネルギー

ギブズエネルギー変化 ($\Delta G°$) や平衡定数 (K_{eq}) から，反応がどちらの方向にどれだけ進むかを判断することができるが，その反応がどのくらい速く進むかを予測することはできない．反応速度は，反応の活性化エネルギー (E_a) の大きさと律速段階に関与する反応物の濃度によって決まる．

3.3.1 遷移状態と活性化エネルギー

上述したように，$\Delta G°$ や K_{eq} から，反応物と生成物の比率がわかる．たとえば，クロロメタンと水酸化物イオンからメタノールと塩化物イオンが得られる反応では，K_{eq} が約 10^{16} となり，平衡は著しく生成物側に偏っている．

$$\text{HO}^- + \text{CH}_3\text{Cl} \xrightleftharpoons{K_{eq} = 10^{16}} \text{HOCH}_3 + \text{Cl}^-$$

しかし，この反応は室温では非常に遅く，クロロメタンの半分がメタノールに変換されるのに1か月ほどかかる．このことは，K_{eq} の値が非常に大きく平衡が極端に生成物側に偏っていても，反応速度とは無関係であることを示している．したがって，$\Delta G°$ や K_{eq} の

値から反応速度を知ることはできない．

　反応が進行するためには，分子の反応部位が適切に配向し，かつ十分なエネルギーをもって接近する必要がある．その際，反応部位が互いに反発するため（各原子は電子雲で覆われているため），エネルギー的に不安定になる．クロロメタンと水酸化物イオンの反応では（第6章参照），水酸化物イオンはクロロメタンに塩素とは逆側から接近し，炭素－酸素結合が新たに形成され始めると同時に，クロロメタンの炭素－塩素結合が切れ始める．ある時点において反応物のもつエネルギーが最大となるが，そのときの分子の配置は遷移状態とよばれる．この遷移状態にあるものと出発物質のエネルギー差は活性化エネルギー (activation energy, E_a) とよばれ，反応物が生成物へと変換されるためには，このエネルギー障壁の山を越えなければならない．

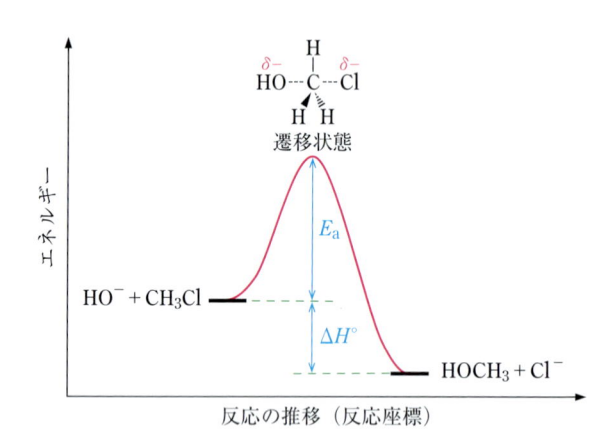

　反応物のそれぞれの分子が有する運動エネルギーは一様ではなく，それぞれが独自の大きさのエネルギーをもつ．その中で活性化エネルギー (E_a) 以上のエネルギーをもっているものが，遷移状態へと至るエネルギー障壁の山を越えて生成物へと変換される．E_a が大きい場合，十分なエネルギーをもった分子の割合が低いため，反応の進行は遅い．逆に E_a が小さいと，エネルギー障壁の山を越えられる分子が多く存在するため，反応の進行は速い．触媒 (catalyst) によって反応が著しく加速されるのは，触媒が E_a を小さくしているからであり，反応物のもつエネルギーを高めているからではない．

　反応系を加熱すると，分子のもつ運動エネルギーが高まる．その結果，エネルギー障壁の山を越えられる分子の割合が増えて反応速度が上がる．また複数の分子が関与する反応では，分子の運動速度の上昇によって分子どうしの衝突頻度が高まることも反応速度が上がる一因となる．衝突頻度は濃度にも依存しているため，濃度を高めることも反応の加速には有効である．

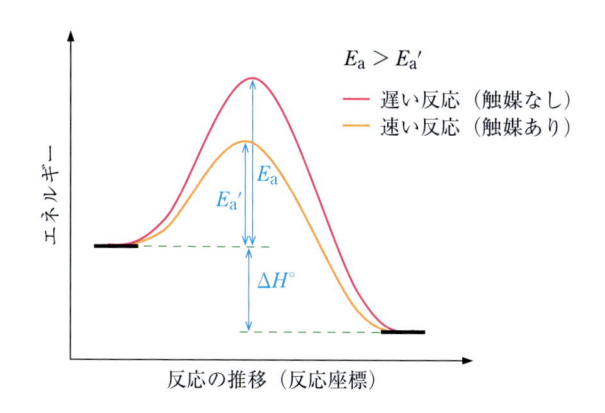

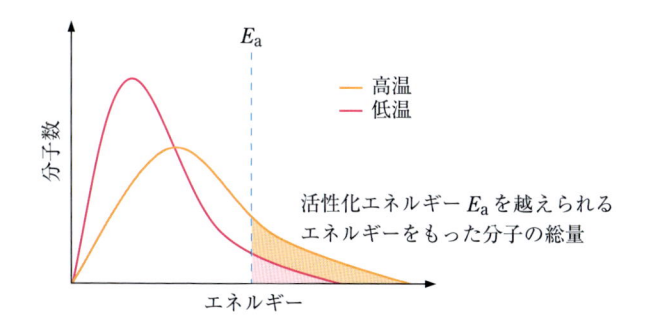

3.3.2 反応速度式と速度定数

反応速度（reaction rate）は単位時間あたりに反応物の濃度がどれだけ変化したかによって定義される．このため，反応速度はそれぞれ反応物の濃度（2つ以上の場合はそれぞれの積）に比例し，反応の様式別に以下の式によって表される．

$$A \longrightarrow B$$
反応物　　生成物

反応速度 $= k[A]$　　　$k =$ 速度定数

$$A + B \longrightarrow C + D$$
反応物　　　生成物

反応速度 $= k[A][B]$　　$k =$ 速度定数

反応がいくつかの段階を経て進行する場合，その一連の反応のなかでもっとも反応速度の遅い段階は律速段階（rate-determining step）とよばれ，この律速段階の反応速度が多段階反応における全体の反応速度となる（たとえば，ウェイターがいかに速く料理を運んだ

としても，どれだけ多くの料理を出せるかはシェフの調理の速さに依存している）．

$$A \xrightarrow{遅い} B \xrightarrow{速い} C$$
反応物　律速段階　中間体　　生成物

AからCへの反応速度 = AからBへの反応速度 = k[A]　　k = 速度定数

2-ブロモ-2-メチルプロパンと水を反応させた場合，3.3.1 で述べた置換反応のメカニズムとは異なり，カルボカチオン中間体を経て 2-メチル-2-プロパノールと臭化水素へと段階的に変換される（第 6 章参照）．この 2 段階反応の反応速度は，2-ブロモ-2-メチルプロパンの濃度にのみ比例し，水の濃度に無関係であることから，カルボカチオン中間体が生じる反応が律速段階であり，その際，水が関与していないことがわかる．

この 2 段階反応のエネルギー図は以下のように示される．律速段階である 2-ブロモ-2-メチルプロパンがカルボカチオン中間体へと変換される反応（遅い反応）の活性化エネルギー（E_a）は，カルボカチオン中間体が 2-メチル-2-プロパノールへと変換される反応（速い反応）の活性化エネルギー（E_a'）より大きい．

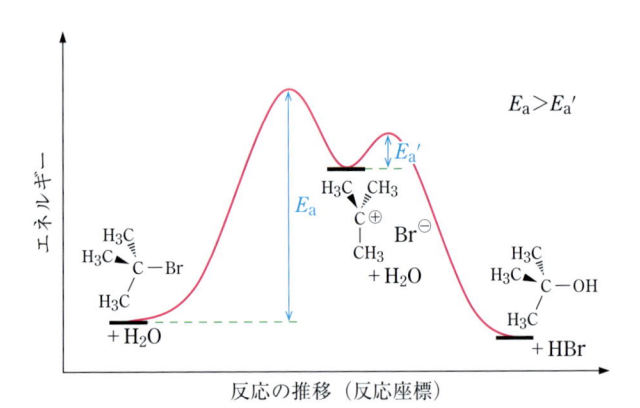

速度定数（rate constant, k）は以下のアレニウスの式（Arrhenius equation）から求めることができる．E_a の値が大きくなると k は小さくなり反応は遅くなる．逆に E_a の値が小さくなると，k は大きくなり反応が速くなる．また式からわかるように，速度定数（k）は

温度（T）にも依存し，高温で k は大きくなり，低温で k は小さくなる．

アレニウスの式

$$k = Ae^{\frac{-E_a}{RT}}$$

$A = $ 頻度因子（一般的には $10^{13} \sim 10^{14}$）

$R = 1.99 \times 10^{-3}$ kcal/(K·mol)（気体定数）

E_a を増加させると　$\dfrac{-E_a}{RT}$ 減少 ⟶ k 減少 ⟶ 反応速度減少

E_a を減少させると　$\dfrac{-E_a}{RT}$ 増加 ⟶ k 増加 ⟶ 反応速度増加

T を上昇させると　$\dfrac{-E_a}{RT}$ 増加 ⟶ k 増加 ⟶ 反応速度増加

T を低下させると　$\dfrac{-E_a}{RT}$ 減少 ⟶ k 減少 ⟶ 反応速度減少

たとえば，E_a が 12 kcal/mol の反応において，反応温度を 25 °C から 35 °C に上げた場合を考える．25 °C と 35 °C における速度定数をそれぞれ k_{298} と k_{308} とすると，気体定数（R）が 1.99×10^{-3} kcal/(K·mol) であることから，その比 k_{308}/k_{298} は約 2 となる．すなわち，この反応では 25 °C から 10 度昇温すると，反応速度が約 2 倍に加速される．

$$\frac{k_{308}}{k_{298}} = \frac{Ae^{\frac{-E_a}{R \times 308}}}{Ae^{\frac{-E_a}{R \times 298}}} = e^{\frac{-E_a}{R}\left(\frac{1}{308} - \frac{1}{298}\right)} = e^{\frac{12 \times 1.09 \times 10^{-4}}{1.99 \times 10^{-3}}} = 1.93$$

3.3.3　半減期の温度依存性

A → B の反応で反応物 A の時間 t [s] における濃度を [C]，初濃度（$t = 0$ における濃度）を [C$_0$] とする．反応速度 v は単位時間あたりに反応物 A の濃度 [C] がどれだけ変化したかによって定義され，また，$v = k$ [C] であることから，$v = \dfrac{-\mathrm{d}[\mathrm{C}]}{\mathrm{d}t} = k\,[\mathrm{C}]$ となる．この式を変形して得られる $-k\,\mathrm{d}t = \dfrac{\mathrm{d}[\mathrm{C}]}{[\mathrm{C}]}$ の両辺をそれぞれ C$_0$ → C，0 → t で積分すると，次の関係式が得られる．

$$-kt = \log_e [\mathrm{C}] - \log_e [\mathrm{C}_0] = \log_e \frac{[\mathrm{C}]}{[\mathrm{C}_0]}$$

$$t = \frac{\log_e \dfrac{[\mathrm{C}_0]}{[\mathrm{C}]}}{k}$$

ここで，[C] が反応によって [C$_0$] の半分になるまでにかかる時間を半減期（half life, $t_{1/2}$）とすると，[C] = [C$_0$]/2 であることから，次の関係式が得られる．

$$t_{1/2} = \frac{\log_e 2}{k} \fallingdotseq \frac{0.69}{k}$$

仮に A → B の反応の頻度因子を $A = 10^{13}$ として，アレニウスの式より求めた速度定数 k の値を上式に適用すると，活性化エネルギーごとにある反応温度における半減期（s）を以下のように導くことができる．

	10 kcal/mol	20 kcal/mol	25 kcal/mol	30 kcal/mol	40 kcal/mol	50 kcal/mol
−142 °C	**3.6×10³** （1.0 時間）					
−12 °C		**3.6×10³** （1.0 時間）				
25 °C	1.5×10⁻⁶	31	1.4×10⁵ （39 時間）	6.4×10⁸ （20 年）	1.4×10¹⁶ （4.3 億年）	2.9×10²³ （9 千兆年）
53 °C			**3.6×10³** （1.0 時間）			
100 °C			29	2.5×10⁴ （6.8 時間）	1.8×10¹⁰ （550 年）	1.2×10¹⁶ （3.9 億年）
119 °C				**3.6×10³** （1.0 時間）		
150 °C				210 （3.5 分）	3.0×10⁷ （0.95 年）	4.3×10¹² （14 万年）
249 °C					**3.6×10³** （1.0 時間）	
300 °C					1.2×10² （2.0 分）	1.6×10⁶ （19 日）
378 °C						**3.6×10³** （1.0 時間）
400 °C						1.1×10³ （19 分）

典型的な有機化学反応の E_a は 10～50 kcal/mol の範囲内にある．上記のように 20 kcal/mol 以上の反応では，一定時間内に生成物を得るためには加熱が必要となるが，20 kcal/mol より小さな E_a の反応は室温以下でも自発的に進行し，短時間で生成物が得られる．

たとえば，ペリ環状反応の一種である 1,5-ヘキサジエンのコープ転位（第 6 章参照）の E_a は 33.5 kcal/mol と比較的高く，反応を円滑に進行させるためには 200 °C 近くまで加熱する必要がある．一方，シクロヘキサンの環反転においては，E_a が 10.8 kcal/mol と低

いため，かなり低温にしないと環反転を止めることはできない．

$$\text{1,5-ヘキサジエン} \xrightleftharpoons[E_a = 33.5 \text{ kcal/mol}]{\text{コープ転位}}$$

$$\text{シクロヘキサン} \xrightleftharpoons[E_a = 10.8 \text{ kcal/mol}]{\text{環反転}}$$

第3章のまとめ

化学結合を切断する際に吸収するエネルギーや結合形成の際に放出されるエネルギーは結合エネルギーとよばれ，その大きさは結合の種類によって異なっている．化学反応では多くの結合が切断され，また形成されるが，その際に結合エネルギーの総和がどれだけ変化したかの指標であるエンタルピーの変化量（$\Delta H°$．反応物と生成物の安定性の差）を考えることによって，反応が吸熱的であるか発熱的であるかを判断できる．一般に，発熱反応は自発的に進行しやすい．

平衡定数（K_{eq}）で表される反応では，反応のギブズエネルギー変化（$\Delta G°$）は $\log_e K_{eq}$ に比例しているため（$\Delta G° = -RT \log_e K_{eq}$），$\Delta G°$ の値から反応物と生成物の比率，すなわち反応がどちらの方向にどこまで進むかを知ることができる．$\Delta G°$ はまた，$\Delta H°$ と系の無秩序さの指標であるエントロピー変化（$\Delta S°$）によって表される（$\Delta G° = \Delta H° - T\Delta S°$）．一般に多くの有機化学反応では，$\Delta G°$ は $\Delta H°$ に近似できるが，高温でエントロピーの増加量が大きいクラッキングのような $\Delta S°$ 支配的な反応もある．

反応が進行する際に経るエネルギー極大にある構造は，遷移状態とよばれる．反応の速度は，反応物の濃度と反応物が遷移状態に至る際に必要なエネルギーである活性化エネルギー（E_a）によって決まる．反応物の濃度が上がると反応は速くなる．またアレニウス式より E_a が大きくなると反応は遅くなり，小さくなると反応は速くなる．

章末問題

1. メタンのフッ素化と塩素化のエンタルピー変化（$\Delta H°$）をそれぞれ計算し，どちらが自発的に進みやすいかを答えなさい．

$$CH_4 + F_2 \longrightarrow CH_3F + HF$$
$$CH_4 + Cl_2 \longrightarrow CH_3Cl + HCl$$

2. 25 °C において，ギブズエネルギー変化（$\Delta G°$）が -0.5 kcal/mol の反応 A と平衡定数（K_{eq}）が 2.0 の反応 B では，どちらが生成物の割合が高いかを答えなさい．
3. シクロヘキサンにフェニル基を導入すると，置換基がアキシアルとエクアトリアルに存在する 2 種類の配座異性体が生じた．その $\Delta G°$ を 2.9 kcal/mol として，25 °C における 2 種類の配座異性体の存在比を求めなさい．
4. 以下のエネルギー図に示される反応 A と反応 B を比較して，反応速度が速い反応と発熱量の多い反応をそれぞれ答えなさい．

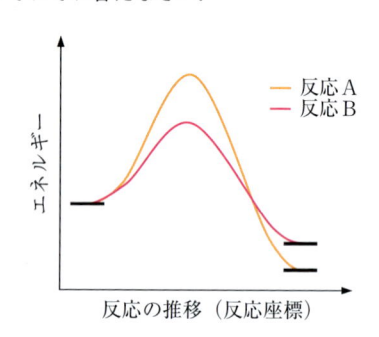

5. 反応物 A が中間体 B を経て生成物 C となる 2 段階反応において，反応物 A から中間体 B への反応の活性化エネルギー（E_a）が 10 kcal/mol，エンタルピー変化（$\Delta H°$）が 5 kcal/mol，中間体 B から生成物 C への反応の E_a が 15 kcal/mol，$\Delta H°$ が -10 kcal/mol であった．この反応のエネルギー図を描きなさい．
6. 前問の律速段階と反応全体の $\Delta H°$ を答えなさい．
7. E_a が 24 kcal/mol の反応において，反応温度を 25 °C から 35 °C に上げた場合，速度定数は何倍になるかを答えなさい．
8. コープ転位（$E_a = 33.5$ kcal/mol）の半減期（$0.69/k$）を 1 時間にするには，どのくらいの温度まで加熱すればよいか．頻度因子を $A = 10^{13}$ として，計算しなさい．

第4章

酸 と 塩 基

　本章では，イオン的な有機化学反応を理解し，反応の進行を予測する上できわめて重要な概念の1つである酸性度と塩基性度について学ぶ．常識では酸とは考えられないアルカンから塩化水素のような強酸に至るまで，あらゆる有機化合物の酸解離定数（K_a）の逆数の対数（pK_a）を1つの尺度として用いることにより，酸–塩基反応の進行方向を予測できるようになる．

4.1　酸の強さと pK_a

　酸–塩基反応は，有機化学反応の基本である．まず，酸，塩基の定義について述べ，その定量的な取り扱いならびに反応予測について学ぶ．

4.1.1　ブレンステッド–ローリーの定義

　ブレンステッド–ローリーの定義によると，**酸はプロトンを放出するもの**であり（proton donor），一方，**塩基はプロトンを受容するもの**である（proton acceptor）．具体的には，塩酸，硫酸，酢酸などは酸として，水酸化ナトリウムやアルコールの塩は塩基として広く認識されている．しかしながら，ある物質が酸，塩基のどちらであるかという議論は間違っている．酸，塩基はあくまでも物質の相対的な性質であり，相手によってどちらにもなる可能性がある．たとえば，酢酸は水酸化ナトリウムに対しては酸として働くが，塩化水素に対しては塩基として働く．そして，反応によって生じたイオンをそれぞれ共役塩基（conjugate base）ならびに共役酸（conjugate acid）とよぶ．したがって，常識では酸とは考えられないような炭化水素も酸として捉え，すべての有機化合物の酸としての強さを1つの尺度で表すことによって，酸–塩基反応の進行を予測することが可能となる．そのために用いられる指標が酸解離定数（K_a）である．

$$\text{CH}_3\text{COOH} + \text{NaOH} \longrightarrow \text{H}_3\text{C}-\overset{\overset{\text{O}}{\|}}{\text{C}}-\text{ONa} + \text{H}_2\text{O}$$

酸　　　　塩基　　　　　　共役塩基　　　　共役酸
(acid)　　(base)　　　　 (conjugate base)

$$\text{CH}_3\text{COOH} + \text{HCl} \longrightarrow \text{H}_3\text{C}-\overset{\overset{\overset{\oplus}{\text{OH}}}{\|}}{\text{C}}-\text{OH} + \text{Cl}^{\ominus}$$

塩基　　　　酸　　　　　　共役酸　　　　共役塩基
　　　　　　　　　　　　(conjugate acid)

4.1.2　酸の強さと pK_a

　酸解離定数 K_a は，酸解離における平衡定数 K_{eq} に純水のモル濃度（55.5 M, 25 °C）を乗じたものである．K_a が大きいほど強酸であり，弱酸の K_a は小さい．逆に，強酸の共役塩基の塩基性は弱く，弱酸の共役塩基は塩基として強い．K_a はアルカンなどの非常に弱い酸から塩化水素などの非常に強い酸の間で 10^{50} 以上の範囲に広がっている．したがって，通常は，K_a よりもその逆数の対数である pK_a が酸の強さの指標として用いられる．pK_a = $-\log K_a$ より，酸として強くなるほど pK_a は小さくなる．表 4.1 に種々の酸の pK_a を酸として弱い順に示している．

$$\text{HA} + \text{H}_2\text{O} \xrightleftharpoons{K_{eq}} \text{A}^- + \text{H}_3\text{O}^+$$

$$K_{eq} = \frac{[\text{A}^-][\text{H}_3\text{O}^+]}{[\text{HA}][\text{H}_2\text{O}]} \qquad K_a = K_{eq}[\text{H}_2\text{O}] = \frac{[\text{A}^-][\text{H}_3\text{O}^+]}{[\text{HA}]}$$

　pK_a は水中，25 °C，1 気圧における値であり，pK_a 3〜12 の酸は，ヘンダーソン-ハッセルバルヒの式（Henderson-Hasselbalch's equation：pH = pK_a + $\log[\text{A}^-]/[\text{HA}]$）を用いて実測される．弱酸の場合，HA の解離はほとんど無視できるので，HA とその共役塩基の塩を等モル溶解した溶液の pH（$-\log[\text{H}_3\text{O}^+]$：水素イオン濃度）を測定することによって，容易に pK_a を求めることができる．また，pK_a < 3 の強酸や pK_a > 12 の弱酸については，強酸どうしあるいは強塩基どうしの反応によって相対的に求められる．したがって，pK_a < 3 の強酸や pK_a > 12 の弱酸の pK_a は，実験条件により変動する．また，pK_a は水中での値が基本であることに留意すべきである．

　pK_a を用いることにより酸-塩基反応の進行が予測できるので，実験を行う上できわめて有用である．イオン反応における進行予測には，結合エネルギー（ラジカル開裂に必要なエネルギー）は必ずしも役立たない．前者は，液相中での平衡定数に基づくものであるのに対して，後者は気相中でのエネルギー変化を示すものであることによる．表 4.1 の主なものについては覚える必要がある．以下に示すように，5 の倍数でグループ分けすると比較的覚えやすい．

表 4.1　さまざまな有機化合物の pK_a

$(CH_3)_3C-H$	52	$HC \equiv C-H$	25	CH_3CH_2S-H	10.6
$(CH_3)_2CH-H$	51	$H-CH_2CN$	25	$NaCO_3-H$	10.3
CH_3CH_2-H	50	$H-CH_2COOC_2H_5$	25	NO_2CH_2-H	10
CH_3-H	48	アセトン	20	PhO-H	10
$CH_2=CH-H$	44	$(CH_3)_3CO-H$	18	$^+NR_3-H$	10
$CH_2=CHCH_2-H$	43	$(CH_3)_2CHO-H$	17	$^+NH_3-H$	9.3
Ph-H	43	$RCONH-H$	17	$H-CN$	9.1
		CH_3CH_2O-H	16	$HOCO_2-H$	6.4
PhCH$_2$-H	41	$HO-H$	15.7	CH_3COO-H	4.8
		CH_3O-H	15.5	PhCOO-H	4.2
				$H-F$	3.2
$(CH_3CH_2)_2N-H$	40	シクロペンタジエニル-H	15	CF_3COO-H	0.5
$H-H$	35	CCl_3-H	13.6	H_2O^+-H	-1.7
NH_2-H	35	$H-CH(COOCH_3)_2$	13	NO_3-H	-1.7
$Ph_3P^+CH_2-H$	35	$HOO-H$	11.6	$C_2H_5O^+H-H$	-2.4
ジチアン-H	31	$(CN)_2CH-H$	11	HSO_4-H	-5.2
				$H-Cl$	-7
				$H-Br$	-9
				$H-I$	-10

『演習で学ぶ有機反応機構』化学同人より一部引用

pK_a < 0 ：塩化水素（−7），硫酸（−5.2），H_3O^+（−1.7）
pK_a 〜 0 ：トリフルオロ酢酸（0.5）
pK_a 〜 5 ：酢酸（4.8），炭酸（6.4）
pK_a 〜 10 ：RNH_3^+（〜10），フェノール（10），シアン化水素（9.1）
pK_a 〜 15 ：水（15.7），アルコール（16〜17）
pK_a 〜 20 ：アセトン（20）
pK_a 〜 25 ：アセチレン（25）
pK_a 〜 35 ：アンモニア（35）
pK_a > 40 ：ベンゼン（43），エチレン（44），アルカン（〜50）

4.1.3　酸性度を決定する重要因子

　pK_a を覚える上で，酸性度を決定する重要因子を知っておくことは大いに役立つ．有機化学においてもっとも重要な元素である第 2 周期の炭素，窒素，酸素，フッ素に結合して

4.1　酸の強さと pK_a　　73

いる水素のpK_a値はそれぞれ，～50，～35，～16，3.2である．つまり，周期表の右に行くほど酸性度が高くなる．

その理由は，右の元素ほど陽子数が多く，電気陰性度が高くなるため，その結果，共役塩基の負電荷が原子核に強く引きつけられることによって安定化するからである．一方，周期表の同族元素を比較すると，ハロゲン族では，フッ素，塩素，臭素，ヨウ素の順に酸性度が高くなる．その理由は，原子半径が大きくなることにより，負電荷が非局在化されるからである．

	$-\overset{\mid}{\underset{\mid}{C}}-H$	$-\overset{\mid}{N}-H$	$-O-H$	$F-H$
pK_a	～50	～35	～16	3.2
			$-S-H$	$Cl-H$
			～10	-7
				$Br-H$
				-9
				$I-H$
				-10

電気陰性度 → 大
イオン半径 ↓ 大

図 4.1 pK_a と電気陰性度，イオン半径との関係

4.1.4 pK_a を用いた反応の進行予測

2つの物質のpK_aを用いて，酸-塩基反応が進行するかどうかを予測することが可能となる．

（例1：t-ブチルリチウムと水との反応）

$$(CH_3)_3CLi + H_2O \xrightleftharpoons{K} (CH_3)_3CH + LiOH$$
塩基　　　　　　酸　　　　　　　共役酸　　　　　　共役塩基
　　　　　　pK_{a1} = 15.7　　　pK_{a2} = 52

上記の酸-塩基反応の平衡定数 K は，左辺の酸（H_2O）の K_a（K_{a1} とする）と右辺の酸 [$(CH_3)_3CH$] の K_a（K_{a2} とする）を用いて，$K = K_{a1}/K_{a2}$ と表される（章末問題1）．

よって，

$$\log K = \log(K_{a1}/K_{a2}) = \log K_{a1} - \log K_{a2} = pK_{a2} - pK_{a1} = 52 - 15.7 = 36.3$$

これより，$K = 10^{36.3} \gg 1$ となり，この反応は熱力学的にきわめて進行しやすいといえる．このことは本反応の反応熱がきわめて大きいことを意味しており，t-ブチルリチウムは水と激しく反応するので特に注意を要する．実際，t-ブチルリチウムは空気中の水蒸気と反応して発火するので，窒素などの不活性ガス存在下で慎重に取り扱わなければならない．

（例2：シアン化水素と酸との反応）

$$KCN + H_2O \xrightleftharpoons{K} HCN + KOH$$
塩基　　　　　酸　　　　　　共役酸　　　　共役塩基
　　　　　pK_{a1} = 15.7　　pK_{a2} = 9.1

$$\text{KCN} \underset{\text{塩基}}{} + \underset{\text{酸}}{\text{H}_2\text{CO}_3} \overset{K}{\rightleftarrows} \underset{\text{共役酸}}{\text{HCN}} + \underset{\text{共役塩基}}{\text{KHCO}_3}$$

$$pK_{a1} = 6.4 \qquad pK_{a2} = 9.1$$

KCN（シアン化カリウム）を水に溶かした場合の平衡定数 K は，$\log K = 9.1-15.7 = -6.6$ より，$K = 10^{-6.6} \ll 1$ となる．よって，この条件では，有毒なシアン化水素（青酸ガス）は発生しない．しかしながら，炭酸水中での平衡定数 K は，$\log K = 9.1-6.4 = 2.7$ より，$K = 10^{2.7} \gg 1$ となり，シアン化水素が発生する．これより，シアン化カリウムの水溶液に酸を加えてはいけないことがわかる．

4.1.5 塩基の強さと pK_b

塩基の強さを示す指標として塩基解離定数 K_b がある．酸解離定数 K_a と同様に K_b は，塩基による水酸化物イオン解離における平衡定数 K_{eq} に純水のモル濃度（55.5 M，25 °C）を乗じたものである．K_b が大きいほど強塩基であり，弱塩基の K_b は小さい．

$$\text{RNH}_2 + \text{H}_2\text{O} \overset{K_{eq}}{\rightleftarrows} \text{RNH}_3^+ + \text{OH}^-$$

$$K_{eq} = \frac{[\text{RNH}_3^+][\text{OH}^-]}{[\text{RNH}_2][\text{H}_2\text{O}]} \qquad K_b = K_{eq}[\text{H}_2\text{O}] = \frac{[\text{RNH}_3^+][\text{OH}^-]}{[\text{RNH}_2]}$$

一方，RNH_3^+ は RNH_2 の共役酸であることから，RNH_3^+ の酸解離定数 K_a は，

$$K_a = \frac{[\text{RNH}_2][\text{H}_3\text{O}^+]}{[\text{RNH}_3^+]}$$

となり，$K_a \cdot K_b = [\text{OH}^-][\text{H}_3\text{O}^+]$，すなわち水のイオン積（$K_w$）となる．$K_w = 1.00 \times 10^{-14}$（25 °C）であるから，$pK_a = 14-pK_b$ が導かれる．pK_a が pK_b と関係づけられることから，pK_a を覚えておけば，pK_b はあえて覚える必要はない．たとえば，NH_4^+ の pK_a は 9.26 であるが，これより NH_3 の pK_b は，$14-9.26 = 4.74$ と求められる．

4.1.6 pK_a とギブズエネルギー変化

第3章で述べたように，ギブズエネルギー変化（$\Delta G°$）と酸解離定数（K_a）とは1気圧下において下記の関係にある．

$$\Delta G° = -2.3RT \log K_a \qquad [R = 1.99 \times 10^{-3} \,\text{kcal/(mol·K)}, \ T = \text{絶対温度 (K)}]$$

25 °C（298 K）を代入すると，$\Delta G° = 1.36 pK_a \fallingdotseq 1.4 pK_a$ となる．

この式により，pK_a から $\Delta G°$（kcal/mol）が容易に求められる．たとえば，酢酸の pK_a は 4.75 なので，酢酸の解離平衡における $\Delta G°$ は，

$\Delta G° = 1.4 \times 4.75 = 6.65\,\text{kcal/mol} > 0$ となる．したがって，酢酸の解離は自由エネルギー吸収性（吸エルゴン反応）であり，自発的に進行しにくい．

一方，塩化水素の pK_a は -7 なので，塩化水素の解離平衡における $\Delta G°$ は，

$\Delta G° = 1.4\times(-7) = -9.8$ kcal/mol < 0 となる．したがって，塩化水素の解離は自由エネルギー放出性（発エルゴン反応）であり，自発的に進行しやすい．

以上より，$pK_a > 0$ の酸は弱酸，$pK_a < 0$ の酸は強酸と判断できる．

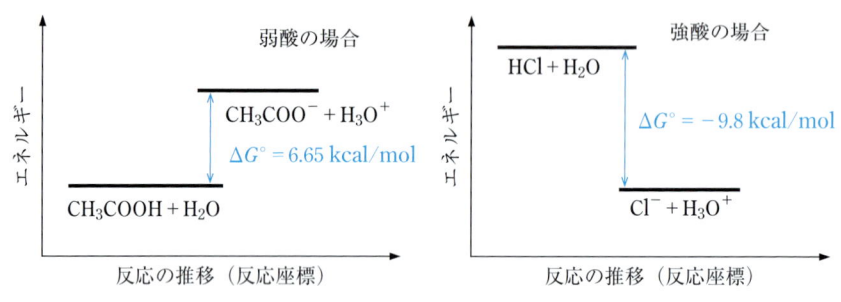

図 4.2 酢酸，塩化水素の解離とギブズエネルギー変化

4.2 誘起効果と共鳴効果

表 4.1 にはさまざまな有機化合物の pK_a が掲載されているが，これらはごく一部に過ぎない．表 4.1 に掲載されていない有機化合物の pK_a については，これらのデータから類推する必要がある．たとえば，酢酸の pK_a は 4.75 であるが，クロロ酢酸の pK_a (2.87) は予測できないだろうか．一般に，化合物の構造が変化するとその反応性（酸性度）も変化する．この変化は，主として構造変化に伴う**誘起効果**（inductive effect）と**共鳴効果**（resonance effect）によって説明できる．

4.2.1 誘起効果

誘起効果とは，「化合物の水素原子を他の置換基（原子）で置き換えたとき，その置換基が σ 結合の電子分布を変化させ，それによって分子内の他の部分の電子分布の変化を生じさせる効果」のことである．

たとえば，酢酸の水素原子を電気陰性度の高い塩素原子で置き換えた場合，クロロ酢酸の酸性度は高くなる．その理由は，共役塩基であるクロロ酢酸アニオンのカルボキシ基の負電荷が，塩素原子の誘起効果（**電子求引性**）により分子のより広い範囲に非局在化（delocalization）されることにより**安定化**されるからである．「電子の非局在化は化合物を安定化させる」というのは数学によって誘導される 1 つの定理である．

一方，気相中では，カルボキシ基のヒドロキシ基の分極を塩素原子のような電子求引基が促進し，その結果プロトンとして解離しやすくなるという解釈がなされている．

$$H-CH_2COOH \underset{H_2O}{\rightleftharpoons} H-CH_2COO^- + H_3O^+ \quad pK_a = 4.75$$

$$\text{H}_3\text{C}-\text{CH}_2\text{COOH} \underset{\text{H}_2\text{O}}{\rightleftharpoons} \text{H}_3\text{C}-\text{CH}_2\text{COO}^- \;\;\longleftarrow\; \text{不安定化} \;\; +\;\; \text{H}_3\text{O}^+ \qquad \text{p}K_\text{a} = 4.88$$

$$\text{Cl}-\text{CH}_2\text{COOH} \underset{\text{H}_2\text{O}}{\rightleftharpoons} \text{Cl}-\text{CH}_2\text{COO}^- \;\;\longleftarrow\; \text{安定化} \;\; +\;\; \text{H}_3\text{O}^+ \qquad \text{p}K_\text{a} = 2.86$$

誘起効果は, σ結合を介した効果なので, **距離とともに急激に低下する**. 具体的には, 2-クロロブタン酸の pK_a は 2.86 であるが, 3-クロロブタン酸ならびに 4-クロロブタン酸の pK_a はそれぞれ, 4.05, 4.52 であり, ブタン酸の pK_a (4.81) とあまり変わらない.

誘起効果を考えるうえで基本となるのは, どのような置換基(原子)が水素原子と比べて電子求引性(electron-withdrawing)か, あるいは電子供与性(electron-donating)であるかということである. 表 4.2 に種々の置換基の誘起効果をまとめた. 注意すべき点は, アルキル基や負電荷をもつ置換基以外はすべて電子求引性の誘起効果を示すことである. 電気陰性度を考慮すると当然の結果でもある. したがって, アルキル基ならびにハロゲンの誘起効果の序列は下記のようになる. ただし, これは気相中での議論であり, 溶液中においては溶媒和の寄与が大きいことにも留意すべきである (**4.2.3** 参照).

電子供与基:$-\text{CH}_3 < -\text{CH}_2\text{CH}_3 < -\text{CH}(\text{CH}_3)_2 < -\text{C}(\text{CH}_3)_3$

電子求引基:$\text{I} < \text{Br} < \text{Cl} < \text{F}$

表 4.2　種々の置換基(原子)の誘起効果

電子供与性	電子求引性				
$-\text{O}^-$	$-\text{F}$	$-\text{OH, OR}$	$-\text{CH}=\text{CH}_2$	$-\text{CO}_2\text{H, CO}_2\text{R}$	
$-\text{CH}_3$	$-\text{Cl}$	$-\text{NH}_2, \text{NR}_2$	$-\text{C}\equiv\text{CH}$	$-\text{CHO, COR}$	
$-\text{C}(\text{CH}_3)_3$	$-\text{Br}$	$-\text{SH, SR}$	$-\text{C}_6\text{H}_5$	$-\text{CN, NO}_2, \text{SO}_2\text{R}$	
$-\text{COO}^-$	$-\text{I}$			$-\text{N}^+(\text{CH}_3)_3, \text{S}^+(\text{CH}_3)_2$	

4.2.2　共鳴効果

化合物の酸性度に及ぼすもう 1 つの構造効果として, 共鳴効果がある. 共鳴効果とは, 「二重結合との共役によってπ電子あるいは非共有電子対が非局在化される効果」のことである. 共鳴効果によって, 共役塩基の負電荷が非局在化される場合には, 誘起効果と同様に安定化され, その結果, 化合物の酸性度は高くなる.

典型的な例を以下に示す. 酢酸イオンの構造は, A でも B でもない. 2 つの酸素上に負電荷が均等に非局在化している構造 C をとっている. このことを 2 つの極限構造 A, B との間に両頭の矢印 ⟷ (第 6 章参照)を書くことによって示すのが共鳴法である. この表記法は, A, B 間の平衡を示しているのではないことに, 特に注意すべきである.

$$\text{H}_3\text{C}-\overset{\displaystyle \ddot{\text{O}}:^-}{\underset{\displaystyle \ddot{\text{O}}:}{\text{C}}} \quad \longleftrightarrow \quad \text{H}_3\text{C}-\overset{\displaystyle \text{O}}{\underset{\displaystyle \ddot{\text{O}}:^-}{\text{C}}} \quad \quad \text{H}_3\text{C}-\text{C}\overset{\displaystyle \text{O}}{\underset{\displaystyle \text{O}}{\Big\langle}}^-$$

A B C

　共鳴構造を記載する上でもう 1 つ注意しなければならない点は，電子対の動きを**両羽根矢印**で示す表記法である（詳細は第 6 章 **6.1.1** を参照）．負に荷電した酸素原子上の非共有電子対がカルボニル基の酸素上に移動していくようすが，両羽根矢印で示されている．

　共鳴理論では，電子の非局在化を**複数の極限構造を用いて示す**ものである．共鳴理論を用いるうえで留意すべき点を以下にまとめた．

① 個々の**極限構造は仮想的**なものであり，真の構造はそれらの平均的なものとなる．
② 極限構造の違いは，π 電子あるいは非共有電子対の位置のみであり，**原子核を移動してはならない**．プロトン（原子核）移動を伴うケト-エノール互変異性（第 3 章 **3.1.2** 参照）のような反応と共鳴とは本質的に異なる．

$$\text{H}_3\text{C}-\underset{\displaystyle \text{O}}{\overset{\displaystyle \text{H}}{\text{C}}}-\text{C}\overset{\text{H}}{\underset{\text{H}}{\text{H}}} \quad \rightleftharpoons \quad \text{H}_3\text{C}-\underset{\displaystyle \text{O}-\text{H}}{\text{C}}=\text{C}\overset{\text{H}}{\text{H}}$$

③ 通常 σ 結合の切断は行わないが，例外的にアルキル基の C−H 結合の切断を行った共鳴構造が使われている（後述：**超共役**）．
④ 第 2 周期の元素においては，最外殻電子数は最大 8 個とする（**オクテット則を守る**）．
⑤ 個々の極限構造は等価である必要はないが，**電気陰性度に矛盾のない電荷を記載すべき**である．たとえばカルボニル基の場合，酸素上に負電荷が来るような共鳴構造が正しい．

適　　　　　　　不適

⑥ 上記の酢酸イオンやベンゼンのように，等価な極限構造を書ける場合は，特に共鳴による安定化効果が高い．電荷分離のなるべく少ない極限構造を書くべきである．
⑦ ベンゼン環のような安定構造を破壊するような共鳴構造の寄与は小さいので，ベンゼン環上の電荷の局在性を示す必要があるとき以外にはあえて書かない（フェノキシドイオンの例を参照）．

酢酸の pK_a は 4.75 であり，エタノールの pK_a (16) よりもはるかに小さい．この事実は，カルボキシ基中のカルボニル基の誘起効果だけでは説明できない．むしろ，共役塩基である**酢酸イオンの共鳴効果による安定性によって説明される**．エタノールの共役塩基（エトキシドイオン）の負電荷は共鳴安定化を受けない．よって，エタノールは酢酸よりもはるかに弱い酸である．

フェノールの pK_a (10) もエタノールよりも小さい．その理由も，共鳴効果による共役塩基の安定性によって説明できる．フェノキシドイオンの負電荷が，下記のようにベンゼン環上に非局在化されることにより安定化される．ただし，フェノキシドイオンの共鳴構造において最も寄与が大きいのは，最初の 2 つであることに注意すべきである．**ベンゼン環が破壊されている極限構造は不安定**であり，実際の構造に対する寄与は小さい．

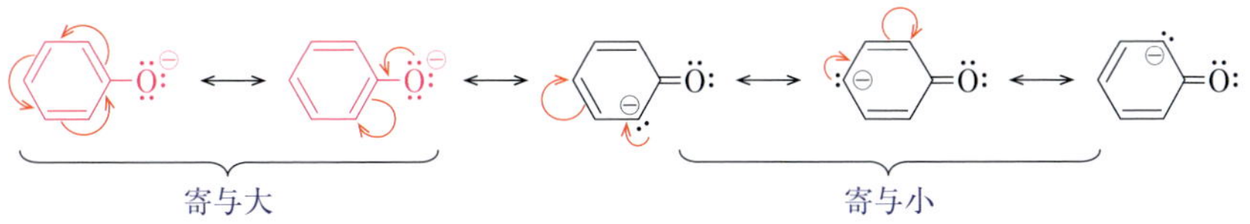

各種置換安息香酸の pK_a も，共鳴効果によって説明できる．安息香酸の pK_a は 4.19 であるが，*p*-ニトロ安息香酸の pK_a は 3.41 であり，酸性度が増大している．これは下図に示すように，共役塩基の負電荷が，電子求引性のニトロ基により生じる部分的な正電荷によって安定化を受けているからである．一方，電子供与性のメチル基をもつ *p*-メチル安息香酸の pK_a は 4.36 であり，逆に酸性度が低下している．下記の共鳴構造に示したように，ベンゼン環上に生じる部分的な負電荷との反発によって共役塩基が不安定化されていることがわかる．

以上のように，共鳴効果においても誘起効果と同様に，**電子求引基は酸性度を増加**させ，**電子供与基は，酸性度を低下**させる．

p-ニトロ安息香酸の共鳴構造

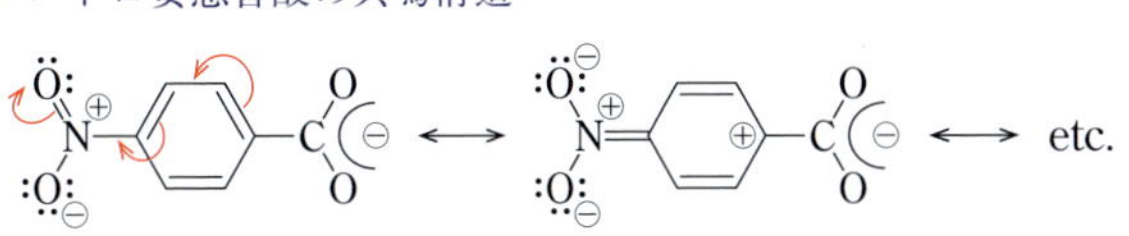

p-メチル安息香酸の共鳴構造

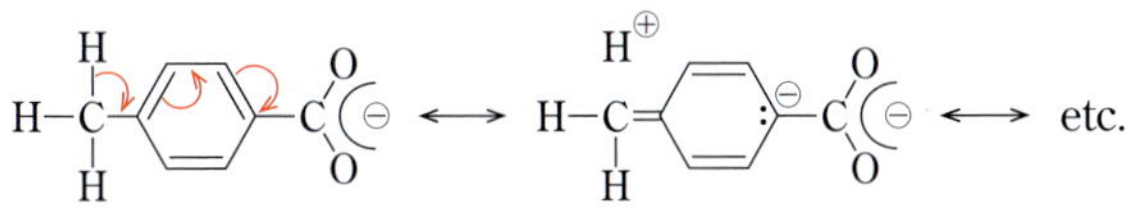

p-メチル安息香酸の共鳴構造において，メチル基のC−H結合（σ結合）が切断されていることに注意する必要がある．共鳴構造においては，**通常 σ 結合の切断は行わないが，例外的にアルキル基のC−H結合の切断を行った共鳴構造が使われている**．これは，超共役（hyperconjugation）とよばれているもので，sp^3 混成軌道をp軌道に準じて取り扱っている．超共役は，下記に示すような分子軌道で説明することもできる．炭素−水素結合の sp^3 混成軌道と隣接する二重結合の空のp軌道（反結合性軌道 π^*）が部分的に重なり合う現象と理解してもよい．超共役は，メチル基などのアルキル基が電子供与性を示す要因の1つである．

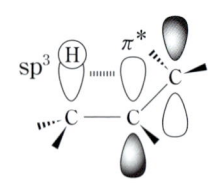

表4.3に共鳴効果における電子供与基と電子求引基を示した．誘起効果（表4.2）では，多くの置換基が電子求引基であったのに対して，共鳴効果では逆に，多くの置換基が電子供与基である．その理由は，ヘテロ原子やハロゲンが非共有電子対をもつことに起因する．これらはいずれも電気陰性度が炭素よりも大きいため，誘起効果においては電子求引性であるが，共鳴効果においては，非共有電子対をもつため，電子供与性となる．

表4.3 種々の置換基（原子）の共鳴効果

電子供与性			電子求引性
−O$^-$	−F	−OH, OR	−CO$_2$R
−CH$_3$	−Cl	−NH$_2$, NR$_2$	−CHO, COR
−CH$_2$CH$_3$	−Br	−SH, SR	−CN, NO$_2$
−CH(CH$_3$)$_2$	−I	−OCOR, NHCOR	−SO$_2$R

なお，アルキル基の共鳴効果は超共役によるものなので，原則として水素原子の存在が必須となる．もちろん，炭素−炭素結合による超共役の寄与も考えられるが，炭素−水素結合と比べて原子核に引きつけられている力が強いので動きにくく，その結果，超共役に対する寄与が小さい．また，ハロゲン原子の非共有電子対の供与性は，その原子軌道（p軌道）と炭素の原子軌道（2p）との重なりに左右される．すなわち，同じ周期の軌道どうしの相互作用が大きく，原子半径の大きい臭素，ヨウ素原子との共鳴効果は小さくなる．

したがって，アルキル基ならびにハロゲンの共鳴効果の序列は，低い方から順に下記のようになる．いずれも電子供与性である（次節 4.3 参照）．アルキル基における共鳴効果の序列は，誘起効果（4.2.1）とは逆の関係になる．したがって，総合的に考えると，CH_3 基と $C(CH_3)_3$ 基の電子供与性はほぼ同程度と考えられる．

（共鳴効果による電子供与性の序列）

$C(CH_3)_3 \; < \; -CH(CH_3)_2 \; < \; -CH_2CH_3 \; < \; -CH_3$

$I < Br < Cl < F$

（誘起効果による電子供与性の序列）

$-CH_3 \; < \; -CH_2CH_3 \; < \; -CH(CH_3)_2 \; < \; -C(CH_3)_3$

一般に，置換基の電子的効果は，誘起効果（表 4.2）と共鳴効果（表 4.3）の総和として現れる．両方の効果がともに電子求引性あるいは供与性であれば，総和もそれぞれ電子求引性，供与性となる．しかしながら，誘起効果と共鳴効果における電子的効果が逆になっているハロゲン，ヒドロキシ基，アミノ基などについては注意を要する．すなわち，2つの効果の総和として電子供与基であるか，あるいは電子求引基であるかということを判断しなければならない．具体的には，p-クロロ安息香酸や p-アミノ安息香酸は，安息香酸よりも酸性度が高いか低いかという問題である．これについては，次節（4.3）で述べる．

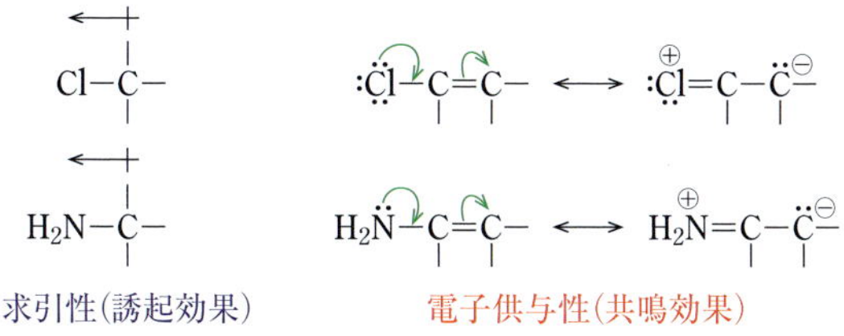

電子求引性（誘起効果）　　　　電子供与性（共鳴効果）

4.2.3　その他の効果

酸性度の強さに及ぼす効果として，誘起効果と共鳴効果を述べたが，それ以外に立体効果（水和による安定化効果）も考慮すべきである．気相での議論は，誘起効果と共鳴効果のみで成立するが，水溶液中の共役塩基の安定性に対する水和の寄与は無視できないほど大きい．

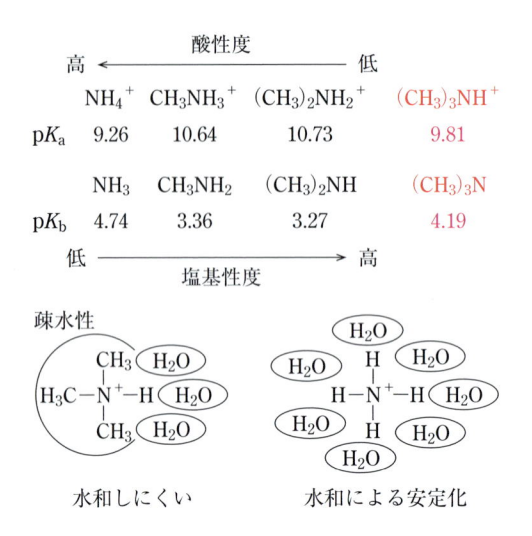

```
                    酸性度
            高 ←―――――――――→ 低
            NH₄⁺   CH₃NH₃⁺  (CH₃)₂NH₂⁺  (CH₃)₃NH⁺
    pKₐ     9.26    10.64    10.73        9.81

            NH₃    CH₃NH₂   (CH₃)₂NH    (CH₃)₃N
    pK_b    4.74    3.36     3.27         4.19
            低 ←―――――――――→ 高
                    塩基性度
```

疎水性

H₃C—N⁺—H （CH₃基、H₂O）　　H—N⁺—H （H₂O に囲まれる）

水和しにくい　　　　水和による安定化

　たとえば，アルキルアンモニウムイオンにおいては，メチル基が電子供与性なので，3級アミン（アルキル基が3つ結合しているアミン）のプロトン付加体がもっとも安定と考えられる．したがって，酸性度は，3級，2級，1級，アンモニアのプロトン付加体の順に高くなると予想される．逆に，共役塩基の塩基性度の強さはその逆の順番になるはずである．しかしながら，水中での pK_a はこの順序にはならない．もっとも酸性度が低いのは2級アミンのプロトン付加体である．3級アミンのプロトン付加体におけるメチル基による電子供与性効果は，2級アミンのプロトン付加体よりも確かに大きい．しかしながら，メチル基は疎水性であるため，**3級アミンのプロトン付加体の水和による安定化効果は，アンモニアのプロトン付加体と比べて非常に小さい**．よって，3級アミンのプロトン付加体の酸性度は比較的高い．

　もう1つの効果として混成軌道によって，酸性度を説明できる例がある．それはアセチレン，エチレン，エタンの酸性度の強さである．アセチレン，エチレン，エタンの共役塩基の負電荷は，それぞれ sp, sp², sp³ 混成軌道に存在している．それぞれの混成軌道における s 軌道の割合を単純に計算すると，50 %，33 %，25 % となり，この割合を s 性とよぶ．s 軌道は p 軌道よりも原子核に近いので，負電荷は，sp（s 性 50 %），sp²（s 性 33 %），sp³（s 性 25 %）混成の順に原子核から遠くなる．もっとも原子核に近い sp 混成軌道では，負電荷が原子核の正電荷に強く引きつけられるため，**安定化効果が大きい**．よって，アセチレン，エチレン，エタンの順に酸性度は低下する．

4.3　置換基効果の定量的な取り扱い

　上述したように，ハロゲン，ヒドロキシ基，アミノ基などにおいては，誘起効果と共鳴

効果における電子的効果が逆になっている．よって，これらの置換基はこの 2 つの効果の総和として電子供与性か，あるいは電子求引性かが決まる．

ハメット（Hammett）は，置換基の電子的性質を，置換基の立体障害がないパラ置換安息香酸の pK_a を実測することにより，パラメータ化することを提唱した．表 4.4 にパラ置換安息香酸の pK_a ならびにハメット定数 σ_p を示した．σ_p は，安息香酸の pK_a（4.19）から個々のパラ置換安息香酸の pK_a を引いたものと定義される．

$$\sigma_p = pK_H - pK_X = \log K_X/K_H$$

（K_H は安息香酸の解離定数を，K_X はパラ置換安息香酸の解離定数を示す）

$\sigma_p > 0$ の置換基の場合，安息香酸よりも小さな pK_a を示すので，総合的に**電子求引基**と判断できる．すなわち，水素原子と比べて共役塩基（カルボキシラートアニオン）の負電荷を非局在化させることにより安定化している．一方，$\sigma_p < 0$ の置換基の場合，安息香酸よりも高い pK_a を示すので，**電子供与基**と判断できる．さらに，これらの数値の絶対

表 4.4 パラ置換安息香酸の pK_a ならびにハメット定数 σ_p

X	pK_a	$\sigma_p = 4.19 - pK_a$
N(CH$_3$)$_2$	5.02	−0.83
NH$_2$	4.85	−0.66
OH	4.56	−0.37
OCH$_3$	4.46	−0.27
CH$_3$	4.36	−0.17
H	4.19	0.00
F	4.13	0.06
I	4.01	0.18
Cl	3.96	0.23
Br	3.96	0.23
CHO	3.77	0.42
COOH	3.74	0.45
COCH$_3$	3.69	0.50
COOR	3.67	0.52
CF$_3$	3.65	0.54
CN	3.53	0.68
NO$_2$	3.41	0.78
N$^+$(CH$_3$)$_3$	3.37	0.82

電子供与性 ↑ ↓ 電子求引性

ハメット定数は，『パイン有機化学・第 5 版（II）』廣川書店より一部引用

値が大きいほど電子的な効果が大きいといえる．

表 4.4 の値より，ハロゲンはいずれも電子求引基であることがわかる．一方で，**ヒドロキシ基およびアミノ基などは電子供与基**である．これより，前者においては誘起効果が共鳴効果を上回っており，後者においては逆に共鳴効果の寄与が誘起効果よりも大きいことがわかる．その理由は，主として軌道相互作用によって説明される．フッ素以外のハロゲンは，炭素原子よりも大きい軌道 (3p, 4p, 5p) に共鳴に関与する非共有電子対を有している．炭素原子の軌道は 2p なので，高い周期の 4p 軌道をもつ臭素，ならびに 5p 軌道をもつヨウ素の共鳴効果は小さくなる．よって，誘起効果による電子求引性が優先的に効いているものと考えられる．

一方，ヒドロキシ基やアミノ基の非共有電子対はいずれも 2p 軌道にあることから，2p–2p の相互作用により共鳴による電子供与性が増す．したがって，誘起効果よりも共鳴効果の寄与が大きくなり，その結果，これらの置換基は電子供与性となる．フッ素原子の場合は，他のハロゲンとは異なり 2p–2p の軌道相互作用により共鳴の寄与が大きいが，電気陰性度が全原子中最大 (4.0) であることから，誘起効果がやや上回り，結果として弱い電子求引基となっている．

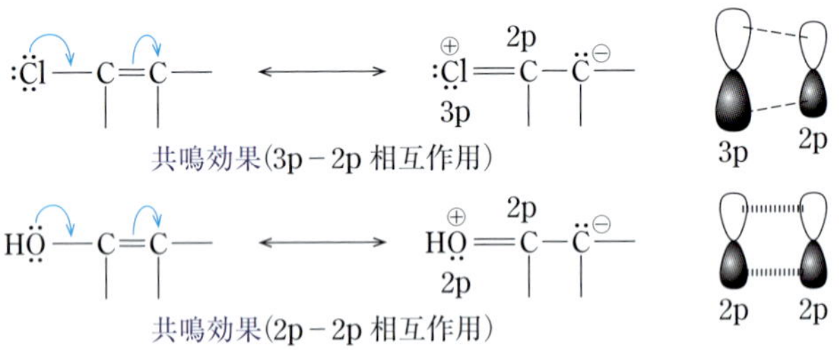

前述したように，**誘起効果は距離とともに急激に低下する**．したがって，メタ置換安息香酸の置換基定数 σ_m においては，誘起効果の寄与がパラ置換安息香酸と比べて大きくなる（章末問題 7 を参照）．オルト置換安息香酸の場合，置換基同士の立体障害が大きいので，電子的な効果のみをパラメータ化することはできない．

パラ置換安息香酸の酸性度から求められるハメット定数は，第 6 章で述べる**芳香環における求電子置換反応の反応性**を議論する上でもきわめて有効である．電子求引基は，芳香環の電子密度を低下させるので，求電子剤（カチオン性反応剤）に対する反応性は無置換体（ベンゼン）と比べて低下する．逆に，電子供与基は，芳香環の電子密度を増大させるので，求電子剤に対する反応性は無置換体よりも高くなる．化学反応の多くはイオン反応であることから，置換基（原子）の電子求引性ならびに供与性は，さまざまな化合物における反応の進行を予測する上で基礎となるものである．

4.4 ルイスの酸-塩基

前節までは，ブレンステッド-ローリーの定義による酸と塩基について概説したが，酸をプロトン以外に拡張したルイス酸について，最後に説明する．**ルイス酸は，電子対受容体，ルイス塩基は，電子対供与体**とそれぞれ定義される．プロトンは，ブレンステッド酸であると同時にルイス酸でもある．一方，すべてのブレンステッド塩基はルイス塩基であるが，ルイス塩基は，プロトンのみならず BF_3 や $AlCl_3$ のような最外殻が 8 つの電子で満たされていない電子不足の化合物に対しても電子対を供与する．BF_3 や $AlCl_3$ のような化合物は，ルイス酸ではあるが，ブレンステッド酸ではない．

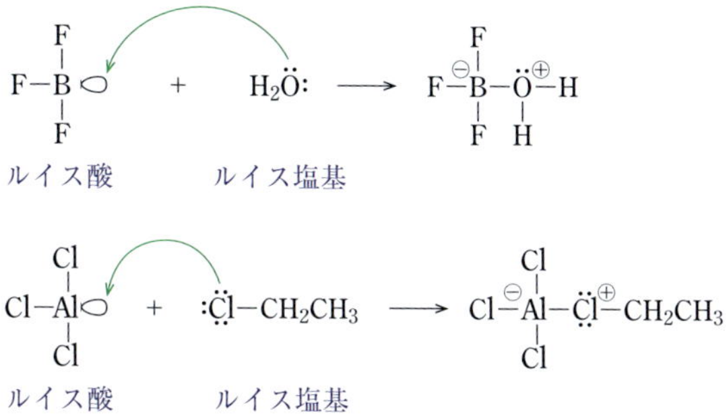

第 6 章に代表的な有機化学反応が述べられているが，その多くはイオン的な反応である．すなわち，一方の反応剤の電子対が，もう一方の反応剤の電気的に陽性の炭素に攻撃する一種のルイス酸-塩基反応と考えることができる．たとえば，二重結合への**求電子付加反応**は，ルイス塩基であるアルケンからルイス酸である塩化水素のプロトンに電子対が移動することによって起こる．また，メチルアニオン等価体である臭化メチルマグネシウムは，カルボニル基の電子不足炭素（電気陰性度の高い酸素によって隣接する炭素原子の電子密度が低下している）に対して，電子対が移動することによって求核付加する．

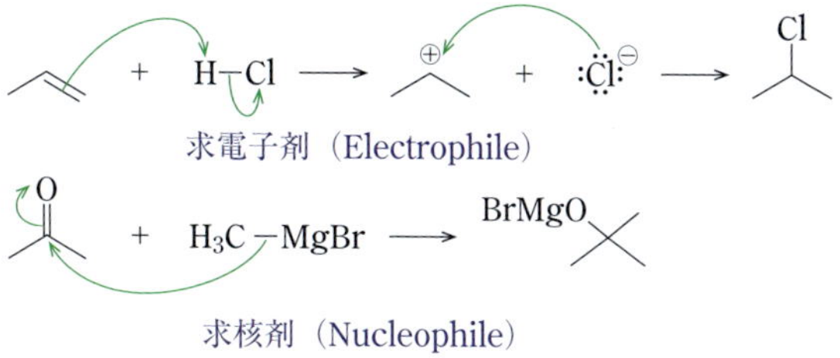

このように，ルイス酸が炭素原子に対して反応するときには，特に**求電子剤**（electrophile）とよばれる．一方，ルイス塩基が炭素原子に対して反応する時には，特に**求核剤**（nucleophile）とよばれる．

酸性（acidity）と塩基性（basicity），および求電子性（electrophilicity）と求核性（nucleophilicity）は互いによく似ている点もあるが，厳密に区別する必要がある．以下に塩基性と求核性を例にとり，相違をまとめた．

① 塩基性はプロトンに対する反応性を，求核性は炭素に対する反応性を意味する．
② 塩基性は，原則として水中において定義される性質であるのに対して，求核性は主として非水系溶媒中における反応性である．
③ 塩基性は，水中での平衡定数で定義されるのに対し，求核性は反応速度に関連して議論されることが多い．

一般に強塩基は強い求核剤であることが多いが，塩基性と求核性とは必ずしも相関しない．たとえば，HS$^-$ や I$^-$ のように原子半径が大きく分極しやすい原子の求核性は高く，塩基性は低い．一方で，F$^-$ や RO$^-$ のように電気陰性度の高いものは，負電荷が原子核に強く引きつけられており，プロトンに対する反応性が高く（高塩基性），逆に求核性は低い．

第4章のまとめ

酸-塩基反応は，有機化学反応の基本である．すべての有機化合物の酸性度を pK_a で示すことによって，化合物間での相対的な反応性を定量的に議論することが可能となる．代表的な有機化合物の pK_a は覚えることが望ましい．反応の進行を瞬時に判断できるだけでなく，実験を安全に行うために不可欠な知識となる．

pK_a は，ギブズエネルギー変化（$\Delta G°$）とも密接に関係している．25 °C，1気圧において，$\Delta G°$ (kcal/mol) $= 1.4$ pK_a と近似できるので，pK_a より容易に $\Delta G°$ が計算できる．これより，p$K_a < 0$ の酸は強酸，p$K_a > 0$ の酸は弱酸と判断できる．

あらゆる有機化合物の pK_a を入手することも，覚えることも不可能である．しかしながら，ある化合物の置換基（原子）の変化による pK_a の変化は，ある程度予測することが可能である．一般に，共役塩基の負電荷を非局在化するような電子求引基が，共役塩基を安定化させ，その結果，化合物の酸性度を高くする．置換基効果は，σ 結合を介した誘起効果と，π 電子や非共有電子対の非局在化による共鳴効果がある．それぞれの効果において，電子求引基，電子供与基が存在するが，これらの効果の総和として置換基の電子求引性あるいは供与性が決定される．ある置換基の電子的効果を定量的に議論するための指標の1つとして，ハメット定数 σ_p が便利である．ハメット定数 σ_p は，パラ置換安息香酸の pK_a から求められた実験値であり，ベンゼン環上での反応性や安息香酸，フェノールなどの酸性度を予測する上で役立つ．

章末問題

1. 酸-塩基反応の平衡定数 K は，左辺の酸の K_a (K_{a1}) と右辺の酸の K_a (K_{a2}) を用いて，$K = K_{a1}/K_{a2}$ と表される．HA + B$^-$ → A$^-$ + BH の反応式を用いて，このことを証明しなさい．

2. ヘンダーソン-ハッセルバルヒの式 (pH = pK_a + log [A$^-$]/[HA]) を導きなさい．

3. 水の pK_a は 15.7 である．この値はどのようにして導かれるかを示しなさい．

4. シアン化水素の pK_a は 9.1 である．シアン化水素が弱酸であることを，解離平衡のエネルギー図によって説明しなさい．なお，図中にギブズエネルギー差 ($\Delta G°$) を必ず示すこと．

5. フェノールの pK_a は 10 であるが，p-ニトロフェノールの pK_a は 7.2 であり，酸性度が顕著に増大している．その理由を，共役塩基の共鳴構造を明示して説明しなさい．

6. アニリンの塩基性 (pK_b = 9.4) は，アンモニア (pK_b = 4.75) よりもはるかに低い．その理由を 2 つ述べなさい．

7. p-メトキシ安息香酸の pK_a は 4.46 であり，安息香酸 (pK_a = 4.19) よりも弱い酸である．一方，m-メトキシ安息香酸の pK_a は 4.07 であり，安息香酸よりも強い酸である．この理由を，共鳴効果と誘起効果の観点から説明しなさい．また，m-メトキシ安息香酸のハメット定数 σ_m を求めなさい．

8. 以下の化合物を，ルイス酸とルイス塩基に分類しなさい．
   (1) BBr$_3$ (2) FeCl$_3$ (3) OH$^-$ (4) F$^-$ (5) Mg^{2+}
   (6) CH$_3$SCH$_3$ (7) Li$^+$

9. 以下の酸-塩基反応式を完成させなさい．また，それぞれの反応の平衡定数 K を，左右の酸の pK_a 値を用いて計算し，どちらに平衡が偏っているか判定しなさい．なお，pK_a 値は表 4.1 を参照すること．

   (1) CH$_3$COOH + NaCl $\underset{}{\overset{H_2O}{\rightleftarrows}}$

   (2) CH$_3$COOH + NaOH $\underset{}{\overset{H_2O}{\rightleftarrows}}$

   (3) CH$_3$COOH + NaHCO$_3$ $\underset{}{\overset{H_2O}{\rightleftarrows}}$

   (4) CH$_3$COOH + C$_6$H$_5$ONa $\underset{}{\overset{H_2O}{\rightleftarrows}}$

   (5) N(CH$_3$)$_3$ + H$_2$O $\rightleftarrows$

   (6) CH$_3$NH$_3^+$Cl$^-$ + NaOH $\underset{}{\overset{H_2O}{\rightleftarrows}}$

(7) $N(CH_3)_3$ + HCl $\underset{}{\overset{H_2O}{\rightleftarrows}}$

第 5 章

酸 化 と 還 元

　有機化学反応は主として，酸-塩基反応（第 4 章），酸化・還元反応（本章）と，それ以外（付加，脱離，置換，ラジカル，ペリ環状反応：第 6 章参照）の 3 つに大別できる．酸-塩基反応がプロトンの授受に関するものであったのに対して，**酸化・還元反応**は，反応の前後で炭素原子の電子密度が大きく変化するものである．本章では，有機化学における酸化と還元の概念を理解したうえで，有機化合物の代表的な酸化および還元反応について学ぶ．

5.1 有機化学における酸化・還元の定義

5.1.1 電気陰性度による酸化・還元の定義

　有機化合物の場合，無機化合物と比較して酸化数を厳密に議論することはできないが，酸化・還元の考え方は同じである．すなわち，炭素原子の電子密度の変化は，結合した他の原子の電気陰性度から見積もることができ，電子密度を減少させる反応が酸化，増加させる反応が還元と理解できる．

　通常，有機化学における**酸化**とは，有機化合物が**酸素原子を受け取ること**，もしくは**水素原子を失うこと**[†]，逆に**還元**は**酸素原子を失うこと**，もしくは**水素原子を受け取ること**と理解されている．一方，無機化学における酸化は電子を失うこと，還元は電子を得ることと定義されているが，この考え方を有機化合物にも適用することができる．たとえば炭素－水素結合を考えたとき，結合をつくる電子はより電気陰性度の高い炭素原子側に偏って存在している．この水素原子が，炭素原子よりも電気陰性度の高い酸素原子で置き換え

[†] この場合，電子をもった水素原子（ヒドリド）の移動を意味しており，電子をもたないプロトンの脱離とは異なる．

られると，炭素−酸素結合間の電子は酸素原子側に偏って存在することになり，炭素原子は幾分か電子を失った，すなわち酸化されたと見なすことができる．

水素を電気陰性度の高い酸素に置換 ⟶ 炭素の電子密度が下がる ⟶ 酸化

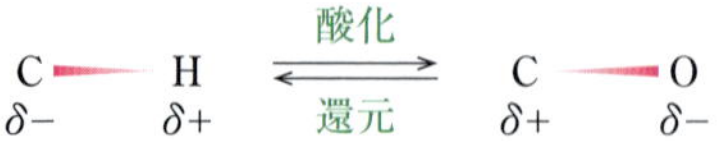

C—H ⇌(酸化/還元) C—O
δ− δ+   δ+ δ−

還元 ⟵ 炭素の電子密度が上がる ⟵ 酸素を電気陰性度の低い水素に置換

電気陰性度　H 2.1 < C 2.5 < N 3.0　O 3.5　F 4.0　Cl 3.0　Br 2.8

　このとき，水素原子と置き換わるのが酸素原子ではなく，炭素よりも電気陰性度の高い窒素原子やハロゲン原子であった場合でも，炭素原子は同様に酸化されたことになる．逆に，炭素原子と結合した，炭素より電気陰性度の高い原子が水素原子に置き換わった場合は，炭素原子は還元されたことになる．

5.1.2 酸化度による酸化・還元の定義

　金属などの無機物が電子の授受によってさまざまな酸化状態をとるのと同様に，有機化合物中の炭素原子もさまざまな酸化状態が存在する．たとえばメタンは，メタノールを経て，ホルムアルデヒド，ギ酸，最終的には二酸化炭素へと酸化される．このとき，炭素原子と置換している酸素原子との結合の数を便宜的に「酸化度（酸化数とは異なる）」とよび，酸化状態を表す指標とする．メタノールは炭素原子に酸素原子が単結合でつながっているため，酸化度は1となる．メタノールが酸化されてホルムアルデヒドとなると，酸素原子の数自体は変化しないが，炭素−酸素結合が2本となるため，酸化度は2となる．このように，電気陰性度の低い水素原子との結合が電気陰性度の高い酸素原子との結合に変わり，段階的に炭素原子上の電子が奪われて酸化されている様子が見て取れる．

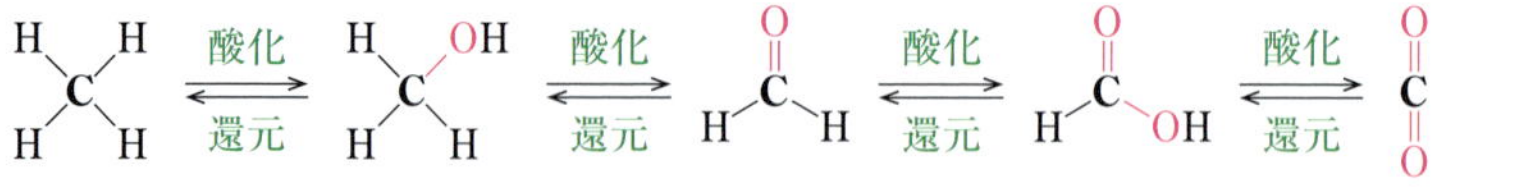

	メタン	メタノール	ホルムアルデヒド	ギ酸	二酸化炭素
酸化度	0	1	2	3	4

酸素原子以外の，炭素より電気陰性度の高い原子（電気陰性度の等しい炭素原子は含まない）でも同様の議論が可能であり，酸化度は炭素原子に結合したそれらの原子との結合の本数で決まる．たとえば，メタンの臭素化では酸化度が 0 から 1 へと増加するため，この反応が酸化反応であることがわかる．

$$\text{メタン} \xrightarrow{\text{臭素化}} \text{ブロモメタン}$$

酸化度　0　──── 酸化 ────▶　1

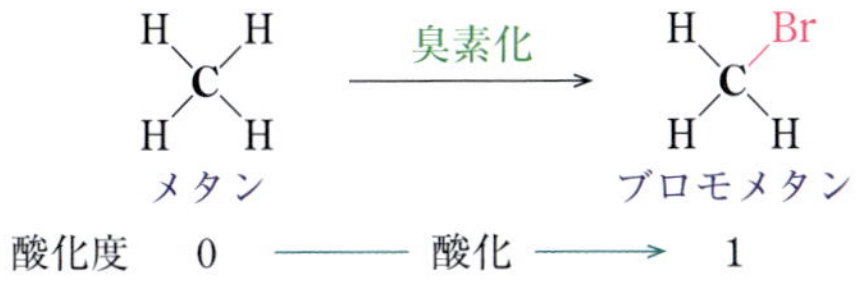

逆の反応であるブロモメタンの水素化は，酸化度が 1 から 0 へと減少する還元反応となる．

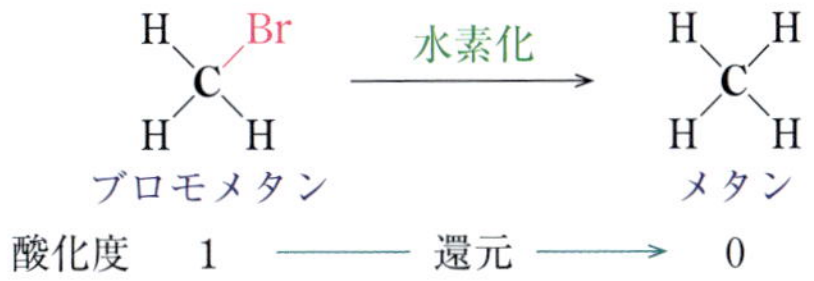

$$\text{ブロモメタン} \xrightarrow{\text{水素化}} \text{メタン}$$

酸化度　1　──── 還元 ────▶　0

R−X（R は有機基，X は塩素や臭素，ヨウ素などのハロゲン）で表されるハロゲン化物に金属マグネシウムを作用させると，炭素−ハロゲン結合の間にマグネシウムが挿入されて，**R−Mg−X** の一般式で表される Grignard（グリニャール）反応剤が得られる．たとえばブロモメタンが臭化メチルマグネシウムへと Grignard 反応剤に変換される反応は，臭素が炭素より電気陰性度の低いマグネシウムに置き換わり，酸化度が 1 から 0 へと減少することから，還元反応であることがわかる．一方，還元剤となっている 0 価の金属マグネシウムは，電子を 2 つ失って 2 価のマグネシウムへと酸化されている．この Grignard 反応剤については，第 6 章で詳しく説明する．

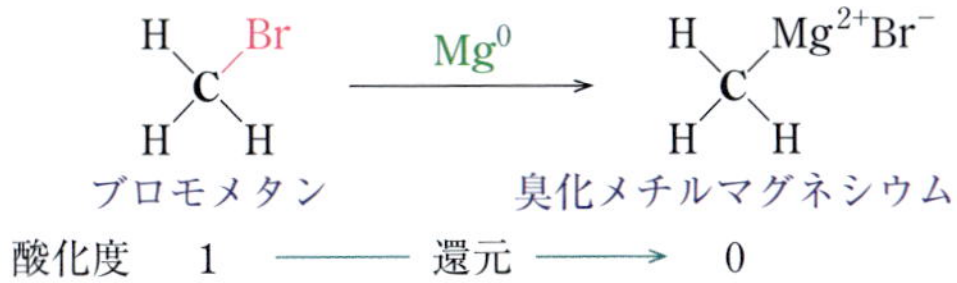

$$\text{ブロモメタン} \xrightarrow{\text{Mg}^0} \text{臭化メチルマグネシウム}$$

酸化度　1　──── 還元 ────▶　0

電気陰性度　$\mathrm{Mg}\ 1.0 < \mathrm{C}\ 2.5$

一方，ケトンに水を付加させた場合，炭素−酸素結合の本数は変化しておらず，酸化度も 2 のままであることから，この反応は酸化反応でも還元反応でもない．

$$\underset{\substack{\text{ケトン} \\ \text{酸化度 2}}}{\overset{\overset{\displaystyle O}{\|}}{R-C-R'}} \xrightarrow[\text{変化なし}]{\text{水の付加}} \underset{\substack{\text{水和物} \\ 2}}{\overset{HO\ \ OH}{\underset{R\ \ \ R'}{\diagdown C \diagup}}}$$

カルボン酸にアンモニアを脱水縮合させてアミドを合成する反応においても，炭素－酸素結合が炭素－窒素結合へと変化しているが，酸化度は3のまま変化しておらず，酸化も還元も起こっていない．

$$\underset{\substack{\text{カルボン酸} \\ \text{酸化度 3}}}{\overset{\overset{\displaystyle O}{\|}}{R-C-OH}} \xrightarrow[\text{変化なし}]{\substack{NH_3 \\ \text{求核付加-脱離} \\ \text{(脱水縮合)}}} \underset{\substack{\text{アミド} \\ 3}}{\overset{\overset{\displaystyle O}{\|}}{R-C-NH_2}}$$

アミドの脱水によるニトリルへの変換も，炭素－酸素結合が炭素－窒素結合に変化するものの，酸化度は3のままであり，酸化反応でも還元反応でもない．

$$\underset{\substack{\text{アミド} \\ \text{酸化度 3}}}{\overset{\overset{\displaystyle O}{\|}}{R-C-NH_2}} \xrightarrow[\text{変化なし}]{\text{脱水}} \underset{\substack{\text{ニトリル} \\ 3}}{R-C{\equiv}N}$$

前述のように，水の付加や脱離では酸化度が変化しないことから，アルケンの酸化度は水を付加させて得られるアルコールの酸化度と同様に1と見なすことができる．アルキンに水を付加させると，エノールを経て酸化度2のケトンまたはアルデヒドへと異性化するため，アルキンの酸化度は2となる．

$$\underset{\substack{\text{アルケン} \\ \text{酸化度 1}}}{\overset{H\ \ \ \ \ R'}{\underset{R\ \ \ \ \ H}{C=C}}} \xrightarrow[\text{変化なし}]{\text{水の付加}} \underset{\substack{\text{アルコール} \\ 1}}{\overset{HO\ \ H}{\underset{R\ \ \ H\ \ \ R'\ \ H}{C-C}}}$$

$$\underset{\substack{\text{アルキン} \\ \text{酸化度 2}}}{R-C{\equiv}C-R'} \xrightarrow[\text{変化なし}]{\text{水の付加}} \underset{\substack{\text{エノール} \\ 2}}{\overset{HO\ \ \ \ H}{\underset{R\ \ \ \ R'}{C=C}}} \xrightarrow[\text{変化なし}]{} \underset{\substack{\text{ケトンまたはアルデヒド} \\ 2}}{\overset{\overset{\displaystyle O}{\|}\ \ H}{\underset{R\ \ \ \ R'}{C-C-H}}}$$

アルカンやアルケン，アルキンの酸化度から，それぞれの化合物の相関関係が理解できる．酸化度が0のアルカンが酸化されると酸化度1のアルケンを経て，酸化度2のアルキンとなる．逆にアルキンがアルケンを経てアルカンまで還元されると，酸化度は2から0へと変化する．

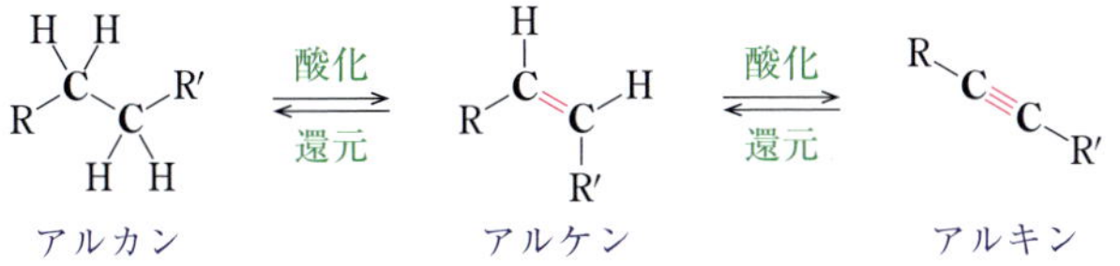

アルカン　　　　　　アルケン　　　　　　アルキン
酸化度　　0　　　　　　　1　　　　　　　　2

アルケンやアルキンの2つの炭素で酸化度が変化する場合は，それぞれの炭素の酸化度の総和で考える．アルケンをエポキシ化（5.2.2参照）すると，2つの炭素の酸化度がそれぞれ1となることからエポキシドの酸化度は2となり，アルケンが酸化されていることがわかる．

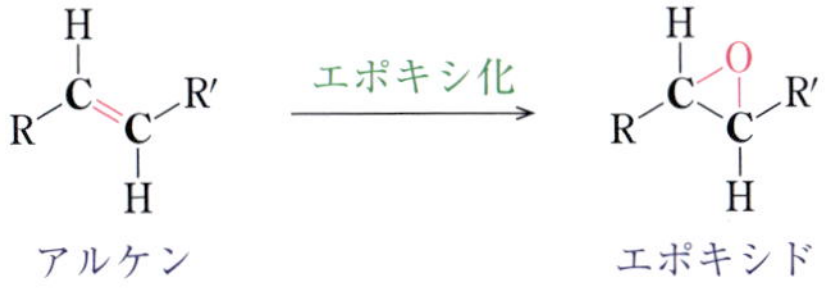

アルケン　　　　　　　エポキシド
酸化度　　1　────酸化────▶　2 (1+1)

アルケンをオゾン分解（5.2.2参照）してアルデヒドを得る反応では，酸化度2のアルデヒドが2分子得られていることから，この反応もアルケンの酸化と見なされる．

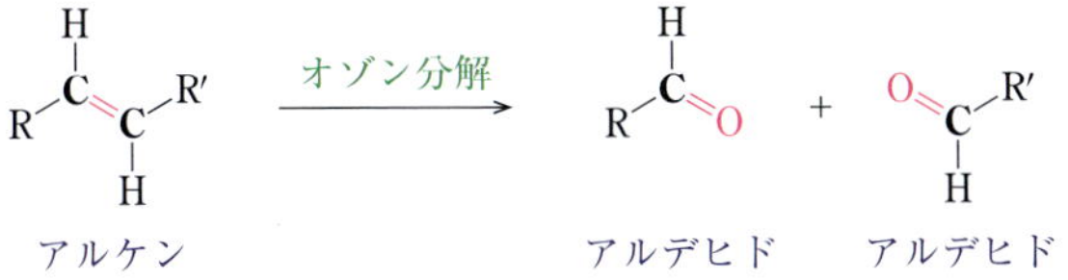

アルケン　　　　　アルデヒド　アルデヒド
酸化度　　1　───酸化───▶　　2　　＋　　2

アルケンの臭素化では，2つの炭素の酸化度はそれぞれ1で総計2と増加しているため，この反応も酸化反応の一種といえる．

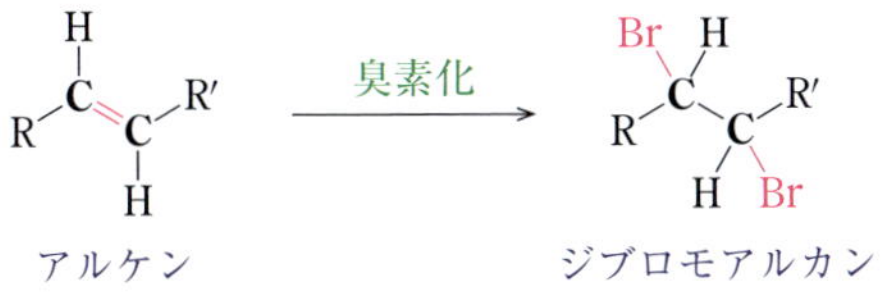

アルケン　　　　　　ジブロモアルカン
酸化度　　1　────酸化────▶　2 (1+1)

5.1　有機化学における酸化・還元の定義

一方，アルケンの臭化水素化は，酸化度が1のまま変化していないことから，酸化でも還元でもない．

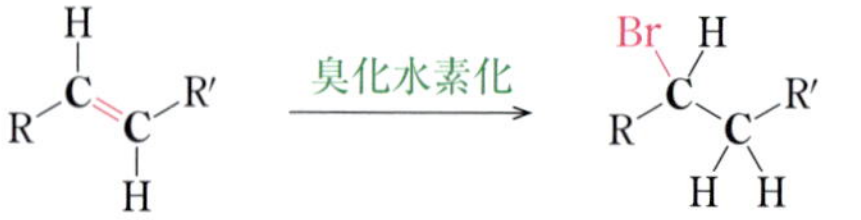

$$\text{アルケン} \xrightarrow{\text{臭化水素化}} \text{ブロモアルカン}$$

酸化度　　1　──変化なし──→　1

酸化度ごとに代表的な有機化合物を表5.1に示した．酸化度の変化しない有機化学反応は穏やかなものが多く，相互変換が比較的容易であるため，有機合成においては等価体と

表 5.1　さまざまな有機化合物の酸化度

酸化度（炭素より電気陰性度の高い原子との結合数）

酸化度	化合物
4	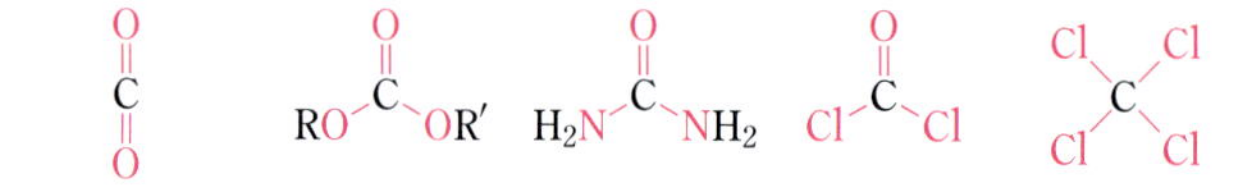 二酸化炭素，炭酸エステル，尿素，ホスゲン，四塩化炭素
3	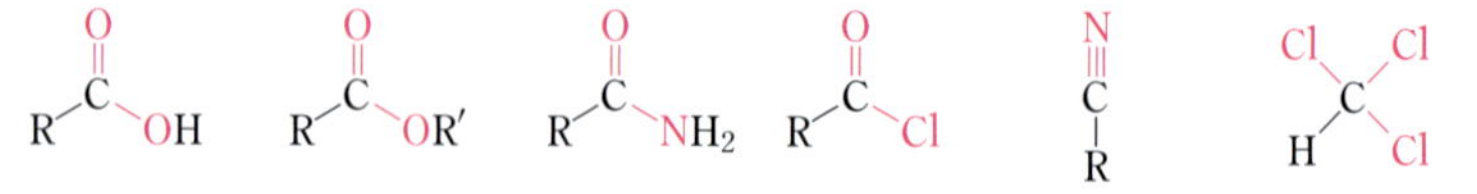 カルボン酸，エステル，アミド，酸塩化物，ニトリル，クロロホルム
2	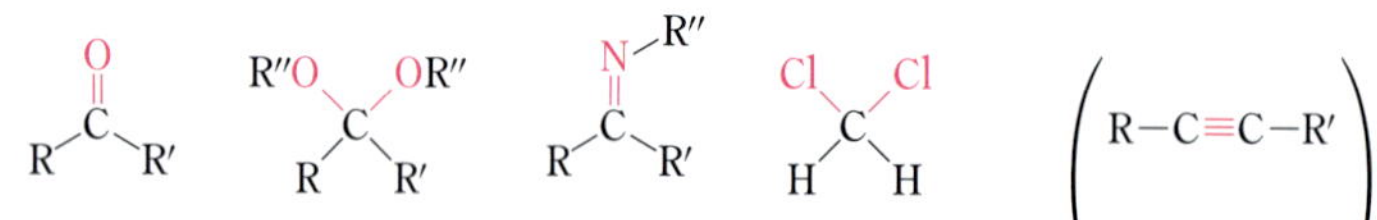 アルデヒド・ケトン，アセタール，イミン，ジクロロメタン，（アルキン）
1	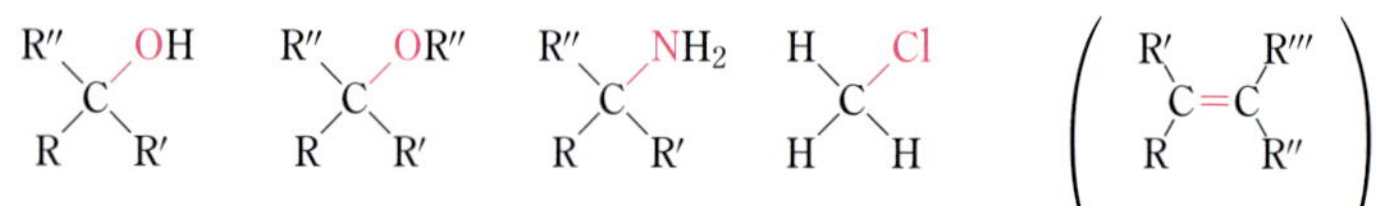 アルコール，エーテル，アミン，クロロメタン，（アルケン）
0	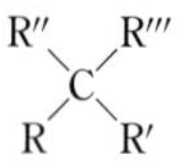 アルカン

94　第5章　酸化と還元

みなせる．一方，酸化度が変化する反応，すなわち酸化および還元反応は，高反応性の反応剤や厳しい反応条件を必要とする場合が多く，多くの場合非可逆的である．

5.2 酸化反応

有機化学における酸化にはさまざまな反応様式が知られているが，代表的な反応であるアルコールの酸化とアルケンの酸化について説明する．

5.2.1 アルコールの酸化

低い酸化状態にあるアルコールは，アルコールの置換様式や用いる酸化剤に応じて，アルデヒドやケトン，カルボン酸，二酸化炭素へと酸化される．このとき，酸化が進行するためには，炭素と酸素原子上にそれぞれ水素原子が存在する必要がある．すなわちアルコールの酸化とは，それら2つの水素が酸化剤によって失われることである．炭素原子が2つの水素原子とヒドロキシ基で置換された**第一級アルコール**は，炭素と酸素原子上の水素原子をそれぞれ失って**アルデヒド**へと酸化される．このとき水が存在すると，わずかではあるが**アルデヒドとの水和物**が形成される．このわずかに生じた水和物も一種のアルコールであり，再び炭素と酸素原子上の水素原子を失って，**カルボン酸**にまで酸化される．

炭素原子が1つの水素原子とヒドロキシ基で置換された**第二級アルコール**は，同様に水素原子2つを失うことにより**ケトンへと酸化される**．アルデヒドとは異なり，その後水和物を形成しても炭素原子上に水素原子が存在しないため，それ以上の酸化は進行しない．炭素原子上に1つも水素原子をもたない**第三級アルコール**は，一般的な酸化剤ではそれ以上**酸化されない**．

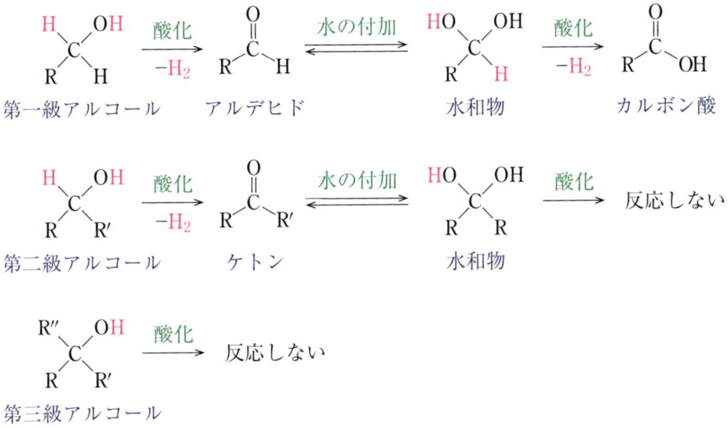

第一級アルコールであるエタノールを希硫酸中に溶かした三酸化クロムで酸化すると，アセトアルデヒドを経て酢酸まで酸化される．

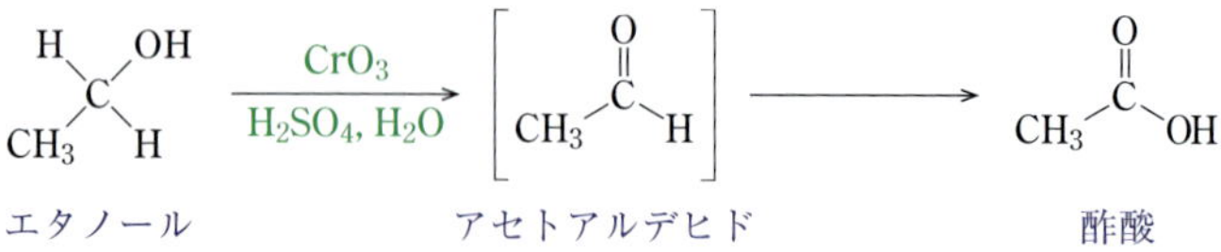

$$\underset{\text{エタノール}}{\text{CH}_3\text{-CH(OH)H}} \xrightarrow[\text{H}_2\text{SO}_4, \text{H}_2\text{O}]{\text{CrO}_3} \left[\underset{\text{アセトアルデヒド}}{\text{CH}_3\text{-CHO}}\right] \longrightarrow \underset{\text{酢酸}}{\text{CH}_3\text{-COOH}}$$

ジョーンズ酸化(Jones oxidation)とよばれるこの反応は，まず酸性条件下で6価の三酸化クロムへの水の付加によって生じた**クロム酸**(6価)のヒドロキシ基がエタノールと置き換わり，酸素の隣の炭素上の水素が4価のクロムと共に脱離してアセトアルデヒドが得られる．次にアセトアルデヒドが系中に存在する水と水和物を形成し，先ほどと同様にクロム酸のヒドロキシ基が水和物と置き換わり，水素と4価のクロムが脱離して酢酸へと酸化される．

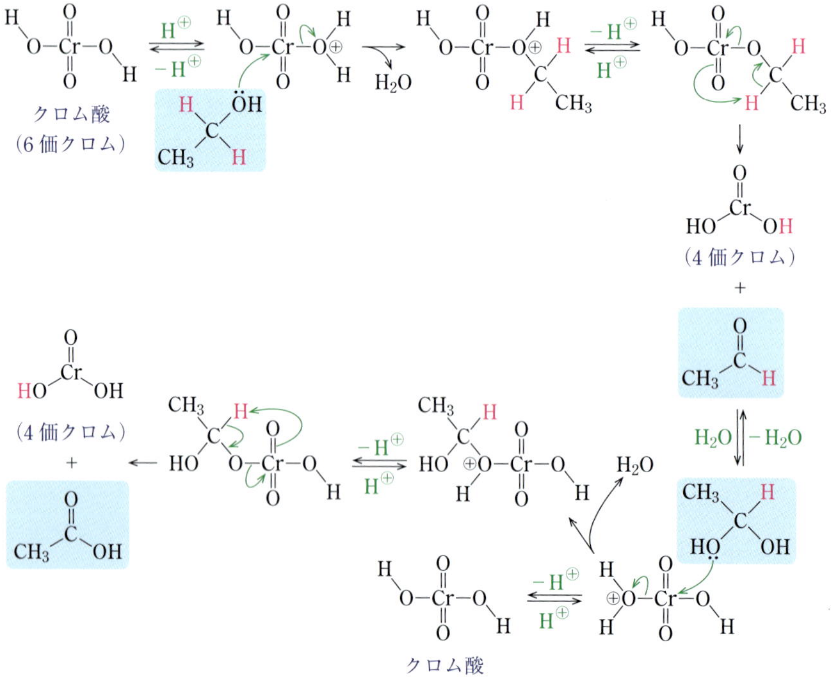

酸化剤として有機溶媒に溶ける PCC (クロロクロム酸ピリジニウム) を用いると，系中に水が存在しないため，酸化をアセトアルデヒドで止めることができる．

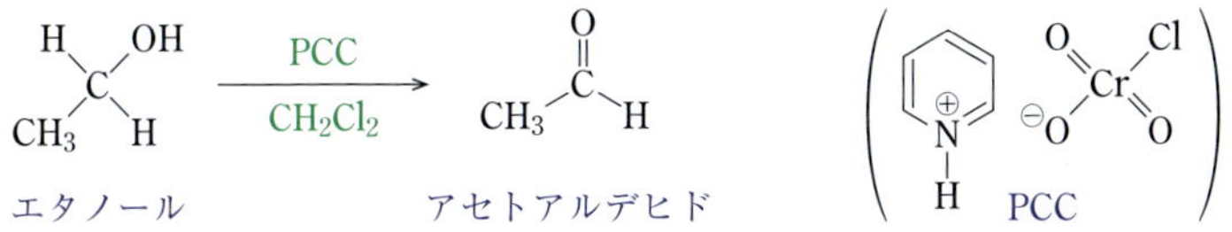

エタノール → アセトアルデヒド (PCC, CH₂Cl₂)

第二級アルコールである 2-プロパノールを三酸化クロムで酸化すると，ケトンであるアセトンが得られる．

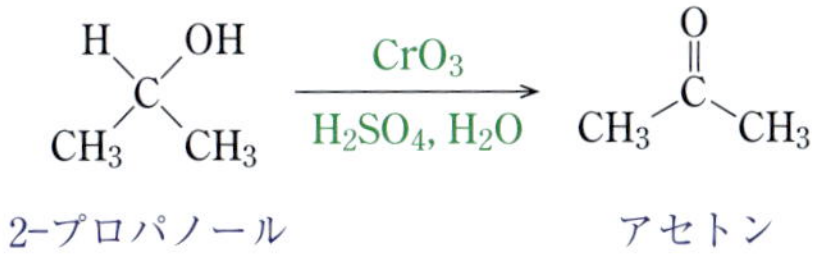

2-プロパノール → アセトン (CrO₃, H₂SO₄, H₂O)

5.2.2 アルケンの酸化

アルケンの二重結合は酸化されやすく，反応条件に応じてエポキシドや二重結合の開裂したアルデヒドやケトンが得られる．エポキシドは酸素原子を含む 3 員環の環状エーテルであり，アルケンの過酸酸化により合成される（エポキシ化）．このとき，アルケンの炭素−炭素結合が 2 組の炭素−酸素結合へと変化しており，それぞれの炭素原子の酸化度が上がっている．

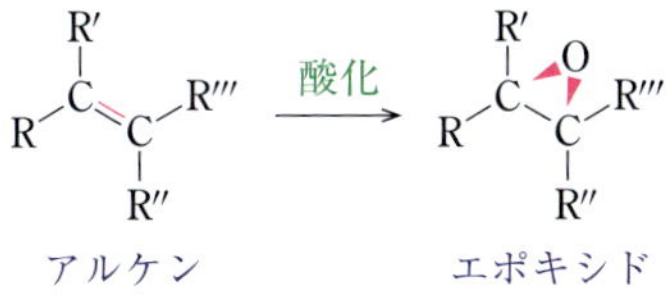

アルケン → エポキシド（酸化）

酸化に用いられる**過酸**は強い酸化力をもつが，爆発の危険性も有している．有機合成において，低濃度では比較的爆発性が低い過酢酸や，固体で扱いやすい **m-CPBA**（メタクロロ過安息香酸）が汎用されている．

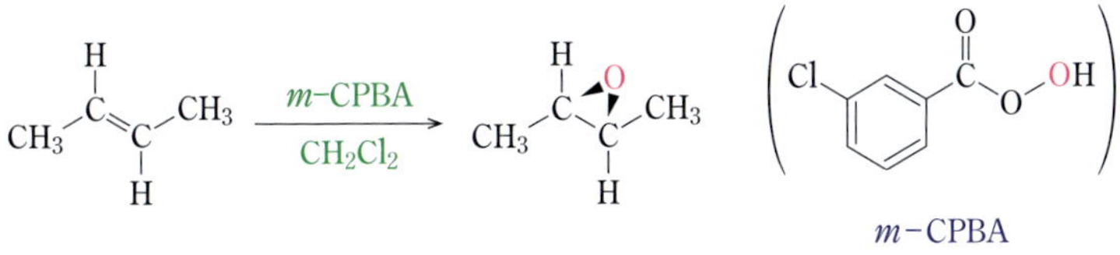

プロペン → エポキシド (m-CPBA, CH₂Cl₂)，m-CPBA

アルケンを強い条件で酸化すると，炭素−炭素二重結合が開裂し，アルケンの置換基数に応じて，アルデヒドまたはケトンが得られる．このとき，アルケンの二重結合の炭

5.2 酸化反応 | 97

素−炭素結合はすべて炭素−酸素結合へと変化しており，それぞれの炭素原子の酸化度が上がっている．

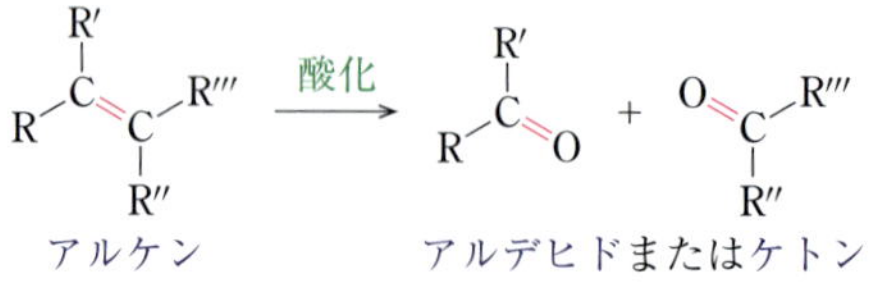

このような酸化的開裂は，**過マンガン酸カリウム**のような強い酸化剤によって進行するが，その強すぎる酸化力のためにさまざまな副生成物を伴う．有機合成においては，酸化剤として**オゾン**を用いるのが一般的であり，中間体として生じる5員環構造をもつ**オゾニド**を亜鉛やジメチルスルフィドなどの還元剤で処理することによって，アルデヒドやケトンが得られる（オゾン分解）．

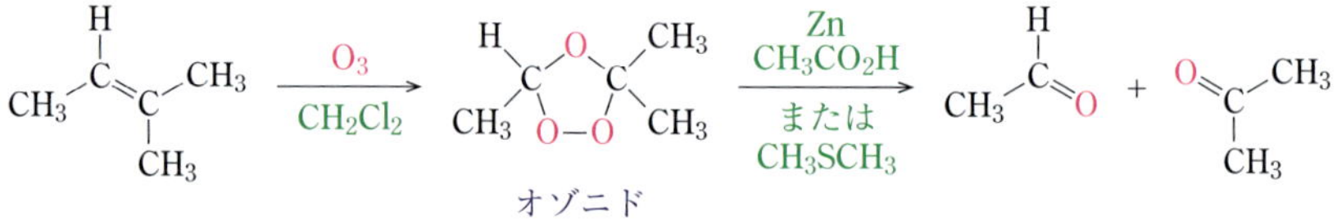

5.3 還元反応

有機化学における代表的な還元反応として，アルケンやアルキンなどの炭素−炭素多重結合をもった化合物の還元およびカルボン酸やエステル，ケトン，アルデヒドといったカルボニル化合物の還元について説明する．

5.3.1 炭素−炭素多重結合の還元

アルキンやアルケンなどの炭素−炭素多重結合を有する化合物は，水素の付加によって，それぞれアルケンやアルカンへと還元される．このとき，アルキンやアルケンの炭素−炭素結合は2組の炭素−水素結合へと変化しており，いずれも酸化度が下がっている．

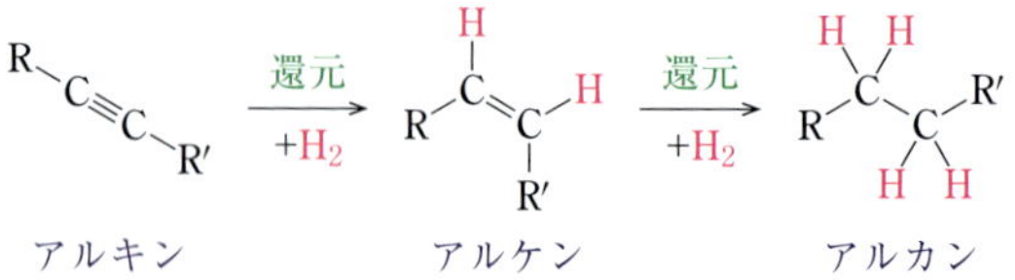

98 | 第5章 酸化と還元

有機合成におけるアルケンの還元では，触媒として Pd/C（活性炭上に担持させたパラジウム）を利用して水素ガスを添加する手法が汎用されている．同様の方法でアルキンを還元すると，アルケンを経て多重結合がすべて水素化されたアルカンが得られる．途中のアルケンで反応を止めることは困難であるが，リンドラー触媒（Lindlar catalyst：炭酸カルシウムに担持したパラジウムに触媒毒となる酢酸鉛(II)を添加して，触媒活性を落としたもの）を用いると，シス体のアルケンを選択的に得ることができる．

水素によるアルケンの還元は活性化エネルギーが高いため，反応の進行には触媒を必要とするが，エンタルピー変化は $\Delta H° < 0$ で大きな発熱を伴う．たとえば 1-ブテン，cis-2-ブテン，trans-2-ブテンにそれぞれ水素を付加すると，いずれの場合もブタンが生成物

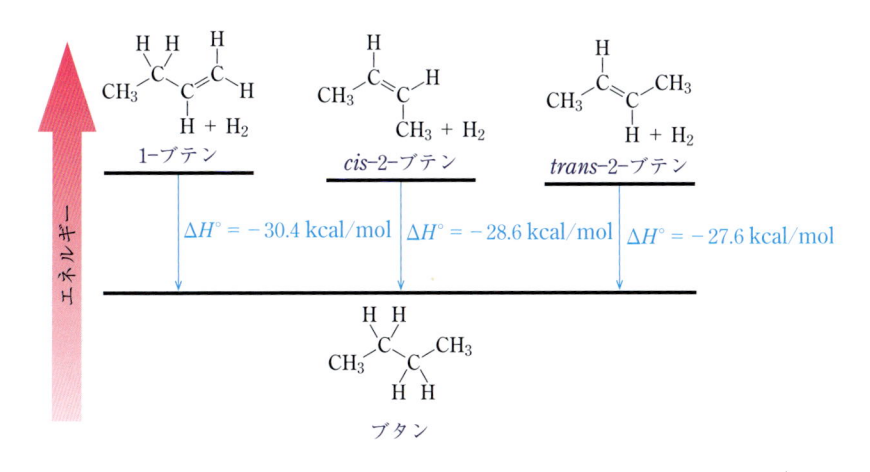

5.3 還元反応

として得られる．このときの発熱量（水素化熱，ΔH°）はアルケンの構造によって異なり，また，それぞれ同じ生成物（ブタン）を与えるため，この値によってアルケンの安定性を比較することができる．二重結合部位が一置換の 1-ブテンは，他の二置換のブテンと比べてもっとも発熱量が多い．したがって，エネルギー的にはもっとも不安定と考えられる．その理由は，**アルキル基の**超共役**による共鳴安定化効果（第 4 章参照）によって説明できる．二置換のブテンでは，シス型のほうがトランス型よりも発熱量が多いが，これは置換基どうしの立体反発によってシス型のほうが不安定化しているためである．

5.3.2 カルボニル化合物の還元

カルボン酸やエステルは，さまざまな還元剤によりアルデヒドを経て第一級アルコールまで還元される．アルデヒドはカルボン酸やエステルと比較して反応性が高く，より還元されやすいため，アルデヒドで還元を止めることは困難である．このとき炭素－酸素結合はアルデヒドの炭素－水素結合やアルコールの炭素－水素結合へと変化しており，いずれも酸化度が下がっている．ケトンも同様に還元されて，第二級アルコールを与える．

カルボン酸またはエステル　　アルデヒド　　第一級アルコール

ケトン　　第二級アルコール

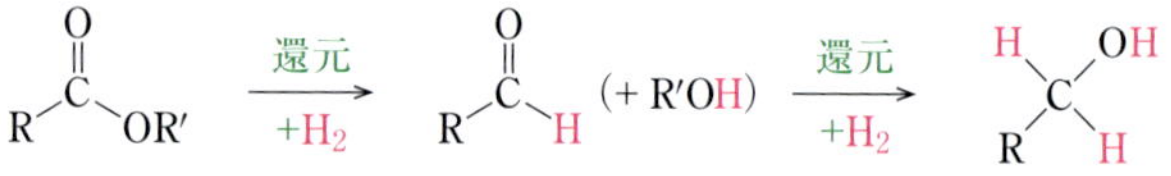

たとえば，安定な環状エーテルである THF（テトラヒドロフラン）中でカルボン酸やエステルに **$LiAlH_4$（水素化アルミニウムリチウム）を作用させると，カルボニル基へのヒドリドの付加**によって還元が進行する（第 6 章参照）．得られた生成物を酸で中和して後処理すると，第一級アルコールが得られる．途中で生じるアルデヒドは第一級アルコールまで還元されてしまうため，アルデヒドを得ることはできない．

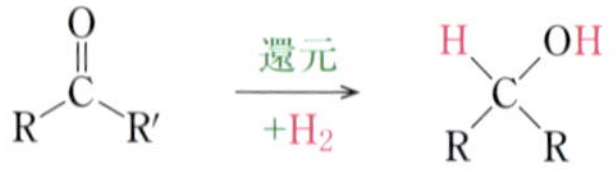

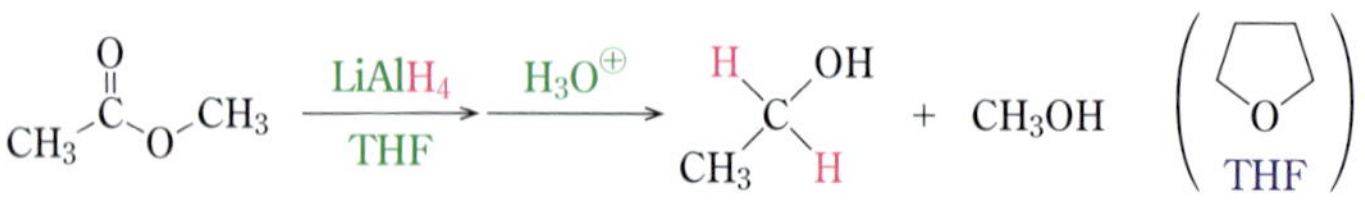

一方，低温で 1 当量の **DIBAL（水素化ジイソブチルアルミニウム）**を用いてエステルを還元すると，アルデヒドが選択的に得られる．

$$\text{CH}_3\text{COOCH}_3 \xrightarrow[-78\,°C]{\text{DIBAL, THF}} \xrightarrow{\text{H}_3\text{O}^{\oplus}} \text{CH}_3\text{CHO} + \text{CH}_3\text{OH} \quad \left(\text{H–Al}\begin{array}{l}\text{CH}_2\text{CH(CH}_3)_2 \\ \text{CH}_2\text{CH(CH}_3)_2\end{array}\ \text{DIBAL}\right)$$

ケトンやアルデヒドは反応性が高いため，LiAlH$_4$ と比べて反応性の低い NaBH$_4$（水素化ホウ素ナトリウム）でも還元が進行し，第二級アルコールや第一級アルコールが得られる．

$$\text{CH}_3\text{COCH}_3 \xrightarrow{\text{NaBH}_4 / \text{MeOH}} \text{CH}_3\text{CH(OH)CH}_3$$

第一級アルコールが得られるエステルの還元とは異なり，アミドを LiAlH$_4$ で還元すると，炭素－酸素結合がすべて炭素－水素結合に置き換わったアミンが得られる．

$$\text{CH}_3\text{CONH}_2 \xrightarrow{\text{LiAlH}_4 / \text{THF}} \xrightarrow{\text{H}_2\text{O}} \text{CH}_3\text{CH}_2\text{NH}_2$$

BH$_3$（ボラン）は LiAlH$_4$ とは異なり，エステルやアミドが存在していても，それらの官能基を還元することなく，カルボン酸のみを選択的にアルコールまで還元する．加熱還流条件であればエステルやアミドを還元することもできる．

$$\text{CH}_3\text{COOH} \xrightarrow{\text{BH}_3 / \text{THF}} \xrightarrow{\text{H}_3\text{O}^{\oplus}} \text{CH}_3\text{CH}_2\text{OH}$$

代表的な還元剤によるカルボニル化合物の還元を表 5.2 に示した．カルボニル化合物に対するそれぞれの還元剤の反応性が異なるため，目的に応じて適切な還元剤を選ぶことが重要である．

表5.2 代表的な還元剤によるカルボニル化合物の還元

	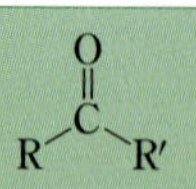 アルデヒド・ケトン (R-CO-R')	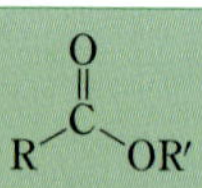 エステル (R-CO-OR')	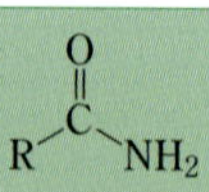 アミド (R-CO-NH₂)	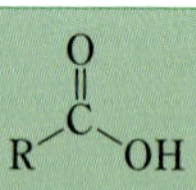 カルボン酸 (R-CO-OH)
LiAlH₄	R-CH(OH)-R'	R-CH₂-OH	R-CH₂-NH₂	R-CH₂-OH
LiBH₄	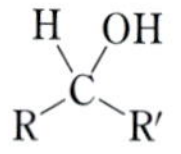 R-CH(OH)-R'	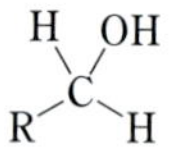 R-CH₂-OH	反応しない	反応しない
NaBH₄	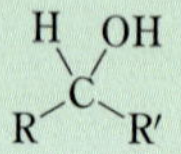 R-CH(OH)-R'	反応しない	反応しない	反応しない
BH₃	R-CH(OH)-R'	R-CH₂-OH*	R-CH₂-NH₂*	R-CH₂-OH

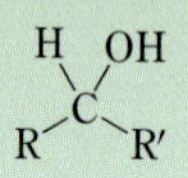

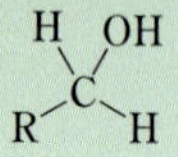

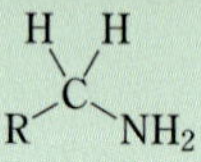

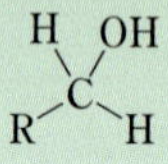

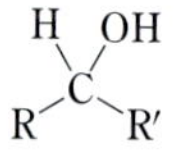

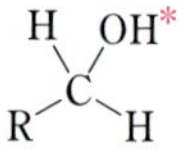

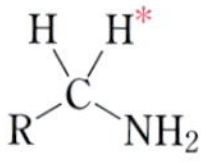

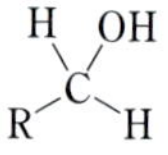

*加熱条件下のみ

第5章のまとめ

　酸化・還元反応は，有機化学において重要な反応の1つである．対象となる有機化合物の酸化度を知ることにより，化合物の性質や酸化・還元反応におけるそれぞれの挙動を理解することが可能となる．酸化度は炭素原子上のより電気陰性度の高い原子との結合数で表され，酸化度が増加する反応は酸化，減少する反応は還元となる．

　アルコールが酸化されると，その構造によってアルデヒドかケトンが得られる．水が存在するとアルデヒドは水和物を形成し，さらに酸化されてカルボン酸となる．アルケンの二重結合は酸化されやすく，エポキシドや二重結合の開裂したアルデヒドやケトンが得られる．

　触媒存在下ではアルキンやアルケンなどの炭素－炭素多重結合に水素が付加して，アルケンやアルカンへと還元される．その水素化熱（$\Delta H°$）の測定により，多くのアルキル基が結合したアルケンが安定であることが明らかになっている．カルボニル化合物を適切な還元剤と反応させると，アルコールやアミンが得られる．カルボン酸やエステルはアルデヒドへと還元されるが，さらに還元されて第一級アルコールが得られる．

章末問題

1. アセトンに m-CPBA を作用させると，酢酸メチルが得られる（バイヤー・ビリガー酸化）．この反応における酸化度の変化を説明しなさい．
2. 1,2-ジブロモエタンにマグネシウムを加えると，エチレンが生じる．この反応における酸化度の変化を説明しなさい．
3. メタノールを希硫酸中で三酸化クロムと作用させたときの生成物を示しなさい．
4. シクロヘキセンにオゾンと亜鉛を順に作用させたときの生成物を示しなさい．
5. 酢酸エチルに $LiAlH_4$ を作用させたときの生成物を示しなさい．
6. 1,2-ジメチルシクロヘキセンに Pd/C 触媒と水素を作用させたときの生成物を示しなさい．

第6章
有機化学反応の種類と反応機構

本章では有機化学反応を，主として，イオン反応とラジカル反応・ペリ環状反応に分類し，それぞれの反応機構を系統的に学ぶ．イオン反応はさらに，付加反応，置換反応，脱離反応に分けて概説する．

6.1 有機化学反応の種類

有機化学において他の分野の化学と際立って異なる点は，分子の構築，すなわち合成を行えることである．分子の構築には，結合の形成と切断を望むように行うことが必要である．有機分子における結合は共有結合であるので，電子のやり取りが結合の形成と切断を意味する．この電子のやりとりを表現するのが矢印であり，次の3つの様式がある．最初の式は，典型的な中和反応式であるが，2番目の式では，**両羽根矢印**を用いて，**2電子の移動**を示している．酸素上の負電荷（2電子）がプロトンの方に移動し，結果として2電子を酸素および水素の2原子で「共有」することにより結合ができる．共有するので，2電子の割り振りは，酸素，水素に1個ずつとなるので，形式電荷はなくなる．一般の有機反応もこの矢印で記述することになる．たとえば，「シアン化物イオンがホルムアルデヒドに付加した」という反応を図示すると，3番目の式のようになる．

中和反応   HO$^{\ominus}$ + H$^{\oplus}$ ⟶ H$_2$O

電子の動きを示した中和反応   HÖ:$^{\ominus}$ + H$^{\oplus}$ ⟶ H$_2$O

電子の動きを示した有機反応   N≡C:$^{\ominus}$ + H$_2$C=O ⟶ N≡C–CH$_2$–O$^{\ominus}$

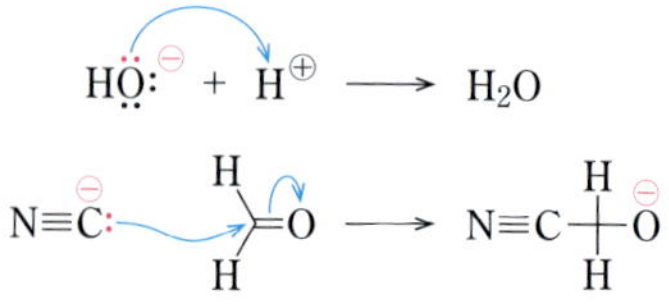

2種の化合物間での結合生成を矢印で記述する場合，どちらが矢印の始まりで，どちらが矢印の受け手であるかということが重要になる．上式でも水酸化物イオンからプロトンへ向けて矢印を書く必要があり，逆向きに書くのは不適切である．有機化学反応では，矢印の始点，すなわち電子の移動元の化合物を**求核剤**（nucleophile）とよび，受け手を**求電子剤**（electrophile）とよぶ．先の例では，シアン化物イオンは，求核剤であり，ホルムアルデヒドは，求電子剤である．求核剤はプロトンに攻撃する場合は塩基でもあり，求電子剤は酸でもある．つまり有機化合物をこの2種類に分類することができれば，両者間で反応が起こることが期待できる．もちろん，有機化学反応は，単純に分類できるものではないが，この考え方が基礎となる．

　ここで求核剤は塩基でもあるという意味は，少し説明が必要である．有機化合物は，第4章で述べたように，炭素にプロトンが置換した有機酸であると考えられる．したがって，負電荷をもつ化学種が，求電子性の炭素原子と反応する求核剤であるのか，あるいはプロトンを引き抜く塩基であるのか，混乱することがある．反応の予測は困難な仕事であり，むしろ以後の反応例を求電子剤，求核剤，酸，塩基に分類し，電子の動きを矢印で記述できるようにすることが本章の目的である．

6.1.1　有機反応の記述方法―矢印について

　有機反応における結合の組み替えは，共有結合の生成・切断を意味するので，先に述べたような電子のやりとりを示す必要がある．これは矢印で示すが，有機反応の記述における**矢印**は5種類ある．

両羽根釣り針：2電子が動く．C−X結合のヘテロリシスを次図の例に示した．C−Xという結合をルイス構造式で表すと，C:Xとなるが，このC−X間の2電子は，本来Cが1個，Xが1個所有するものを「出し合っている」と考える．その2電子が片方の原子に「所有」されるため，本来の1個から2個に増え，形式電荷が−1になる．この両羽根釣り針矢印は，2電子とともに原子や有機基が移動するときにも用いる．次図の例では，ベンゼン中のπ結合から2電子がBr^+に移動し，炭素−臭素間で新たな結合を形成している．
片羽根釣り針：1電子が動く．C−Xという結合において，CとXにそれぞれ電子を戻すようなときに用いる．後述のラジカル反応の項で詳しく述べる．
直線矢印：反応が進行する向きの時系列を表す．
平衡矢印：反応が可逆な平衡状態であることを表す．右向き，左向きの矢印の大きさを変えて反応がどちらに偏っているかを示すこともできる．ベンゼンの臭素化の例を次図に示す．
共鳴矢印：反応の進行とは関係ない．その化合物に共鳴寄与があり，共鳴安定化が存在することを示す（第4章参照）．次のベンゼンの臭素化の例において，ベンゼン中のπ結合から2電子がBr^+に移動し，2電子の移動で生じたアレニウムイオンは，それぞれの極限構造であり，それらの間に共鳴があって安定化を得ていることを示している．

| 電子対の移動 | 不対電子の移動 | 反応の進行 | 反応の平衡 | 共鳴 |

例：両羽根釣り針(C–X 結合のヘテロリシス)

両羽根釣り針, 平衡(ベンゼンの臭素化)

両羽根釣り針, 共鳴(アレニウムイオンの共鳴)

　以上の矢印による記述は，定量的にはあまり意味がない．しかし，矢印による電子の動きが不合理でないかどうかを考えながら記述することが重要である．特に，形式電荷についても正しく記述せねばならないが，次項の求電子・求核剤を学んだ後，もう一度考えることとする．

6.1.2　求電子剤, 求核剤

　有機反応は，電子の動きで考え，記述は矢印で示す．矢印は前項で説明したが，その矢印の向き，つまり電子の動く方向を考えないといけない．電子を出す起点が求核剤で，電子を受ける方が求電子剤と記したが，電子の授受という意味で分類すると，**ルイスの酸–塩基の概念と重なる**．プロトンを出す酸，プロトンを受け取る塩基という意味での酸–塩基の概念は，**ブレンステッド–ローリーの定義**で定められたものであるが，より拡大したものがルイスの酸–塩基である(第 4 章参照)．求電子剤は電子対を受け取るものであるから，ルイス酸に分類される．一方，求核剤は，電子対を与え，結合を形成するので，ルイス塩基に分類される．このルイス酸–塩基がそれぞれ，求電子性，求核性をもつと考えるのは一面では正しいが，実際は複雑である．

たとえばアセトンはケトンに分類されるが，この構造を見ただけでは，求電子剤か求核剤かを判断するのは困難である．カルボニル酸素は，酸素なのでルイス塩基である．しかし，カルボニル炭素は求核剤ではなく，求電子剤に分類されている．これは，カルボニル基が**分極**していることに基づいている．電気陰性度の比較から，酸素原子の方が電子を引きつけ，炭素の方が電子不足になる．ここに求核剤が攻撃する，というように考える．有機反応における電子のやりとりは，酸-塩基反応と同様にあくまで相手あってのことなので，有機反応を考える際に，どちらが電子を与えるのか（求核剤），どちらが電子を受け取るのか（求電子剤）をまず考えるべきである．また，カルボニル基はルイス塩基でもあり，有機金属反応剤との反応では，重要な性質になる．

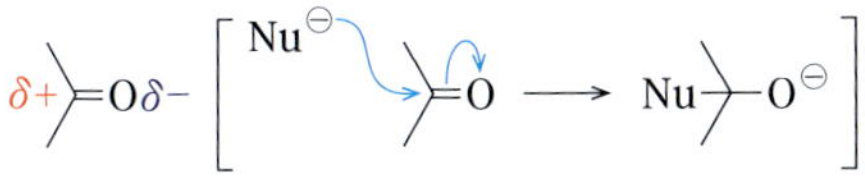

6.1.3 反応の種類

反応は電子のやりとりと述べたが，結合の生成，切断にはパターンがある．これに基づいて反応は，**付加反応**，**置換反応**，**脱離反応**の3種類に分類することがある．

炭素は4価であり，安定な化合物は，必ず炭素のまわりに結合を4本有している．この結合の数は変わらないが，結合の種類，置換しているものがどのようになるかによって分類されている．この3種の反応は，基質（変換しようとする有機分子そのもの）がどのように変化しているかで区分する．下の例では，アルケンに対し水素と臭素が付加しているので付加反応であり，ブロモエタンの臭素がメトキシ基に置き換わるので置換反応であり，最後の例では，結果として水素と臭素が離れていくので脱離反応という．付加反応および脱離反応では，基質の炭素の混成が変化しており，置換反応では変化していない．

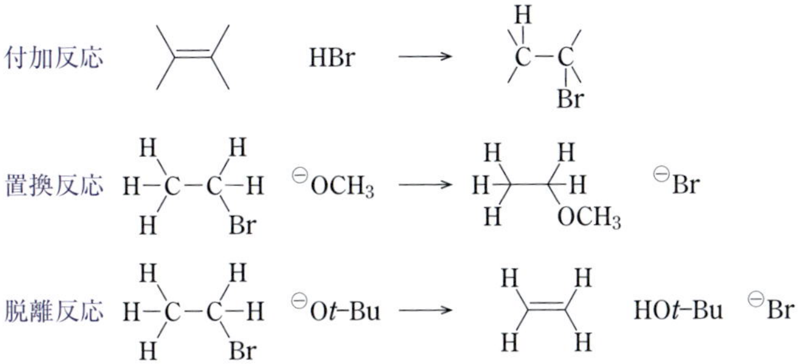

反応は，このような分類以外に，反応の活性種により，イオン反応，ラジカル反応というように分類されることもある．また，環状化合物をつくる場合は，環化反応ということもある．要するに，基質の変化，活性種の種類により反応は分類されている．

6.2 求電子付加反応（アルケン，アルキンに対する付加反応）

6.2.1 アルケンへの求電子付加反応（マルコフニコフ則）

アルケンの構造は，σ結合とπ結合からなる二重結合である．炭素間のπ結合は炭素間のσ結合より弱く，π-σ間の結合変換は有機反応の典型的なものである．また，π結合は2つの炭素にまたがる2電子のかたまり，つまりルイス塩基と考えることができる．このような電子のかたまりと反応するのは，求電子剤あるいはルイス酸である．先に記した酸-塩基中和反応の式をエテンとプロトンとの反応に置き換え，エテンと臭化水素との反応の矢印を記すと次式のようになる．π結合から酸（H^+）に電子対が移動し，一方の炭素上に正電荷が残る状況，つまり炭素陽イオン（C^+）の生成となる．反応系に残っているBr^-は，炭素上の正電荷と結合をつくることになる．このようにルイス酸-塩基の概念さえあればアルケンと臭化水素の反応を理解することが可能になる．

ここに専門的な用語と知識を入れてみよう．エテンに対して等モル量の臭化水素が結合している．このような反応は，先の分類に従えば**付加反応**である．一般的な名称でいうと，反応がプロトンの求電子的な作用から始まるのでアルケンに対するハロゲン化水素の**求電子付加反応**ということになる．この反応における基質がエテンではなく，プロペンだと事態は少し難しくなる．酸-塩基の反応という点では同じであるが，最初にプロトンが反応した後，生成する可能性のある炭素陽イオンが2種類になる．この2種類の炭素陽イオンは構造が異なるので，同じエネルギー準位になく，相対的に安定なものは二級炭素陽イオンである．そうすると，安定な二級炭素陽イオン経由の反応が主反応となり，生成するものは2-ブロモプロパンとなる．第5章でアルケンの置換による安定化では，アルキル置換基の多い方がπ*に対する超共役が重要な役割を果たしていると述べた．炭素陽イオンの場合も同様であり，アルキル置換基による誘起効果ならびに空の2p軌道に対する超共役により正電荷が中和されることで多置換の炭素陽イオンの方が安定である．したがって，三級，二級，一級そしてメチル基の炭素陽イオンの順に安定性が減少する．

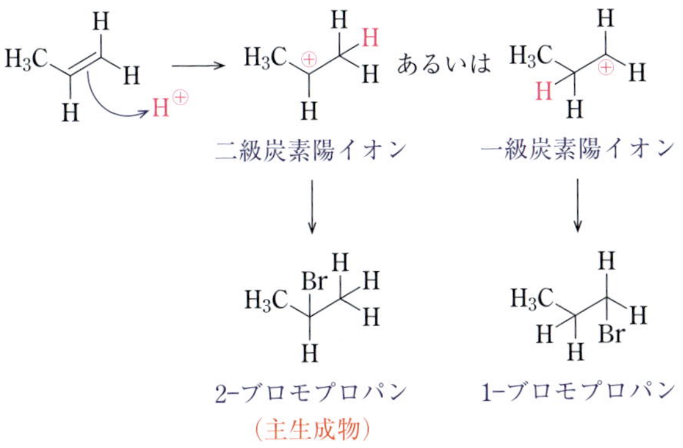

[反応スキーム図: プロペンへのH⁺付加により二級炭素陽イオン（主経路）または一級炭素陽イオンが生成し、それぞれ2-ブロモプロパン（主生成物）、1-ブロモプロパンとなる]

このように考えて，次の式の生成物を自分で説明してみよう．すべてアルケンとルイス酸との反応であり，「安定な炭素陽イオン」を経て反応が進行する．このアルケンへのハロゲン化水素の付加は，「非対称アルケンにHXが付加するときは，Hはアルキル置換基のより少ない炭素に結合し，Xはアルキル置換基の多い方に結合する」と言い換えることもできる．これは，1869年にロシアのMarkovnikov（マルコフニコフ）が実験結果の経験則として発表したものであり，**マルコフニコフ則**とよばれている．

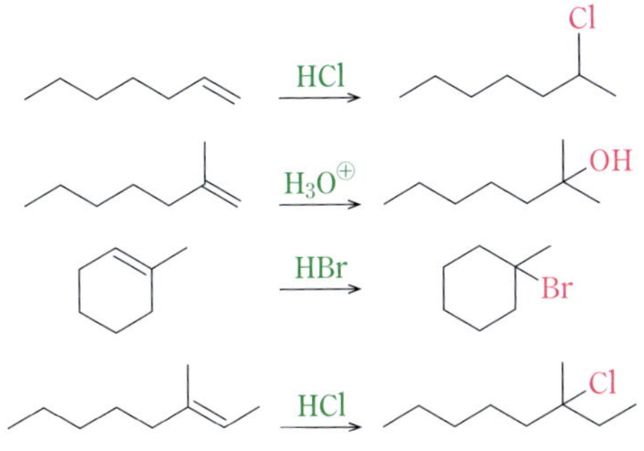

[反応例: 4種のアルケンにHCl, H₃O⁺, HBr, HClが付加する反応式]

6.2.2 アルケンへのヒドロホウ素化（反マルコフニコフ型付加）

アルケンに相互作用するのはプロトン酸だけではない．BH₃の構造式をもつボランは気体であるが，これをテトラヒドロフランに溶かしたもの（BH₃·THF）は，使いやすい反応剤である．このBH₃·THFとプロペンの反応において，BH₃は強いルイス酸であることと，B−H結合においては，電気陰性度の関係からHは正電荷ではなく，負電荷をもつと考える．つまり，BH₃·THFはルイス酸Bと求核剤ヒドリドH⁻として反応する．またホウ素原子上の3つのヒドリドすべてが反応する．

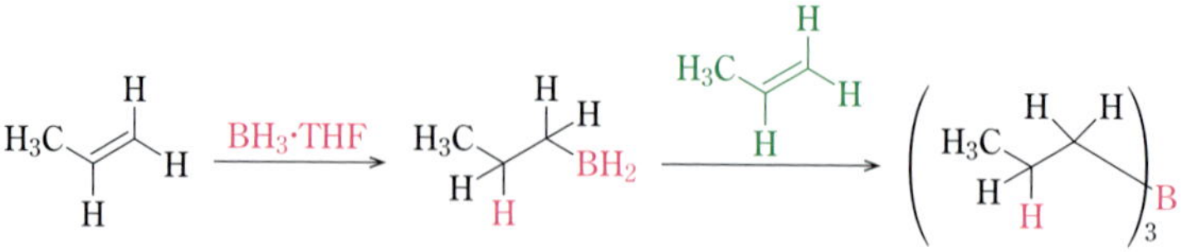

先ほどの HX (X=Cl, Br, I) の求電子付加においては，プロトン (H$^+$) がまず求電子剤として反応するので，マルコフニコフ則に従う生成物が得られた．このボランでは B が求電子剤として先に反応するのでヒドリドである H は，HX の付加とは反対の位置に結合する．また，続く反応で塩基性過酸化水素水で処理すると，炭素-ホウ素結合が酸化され，次の反応式のようになる．この反応はヒドロホウ素化（hydroboration）とよばれ，先に述べたマルコフニコフ型生成物とは反対の位置選択性をもつ付加の形式となり，**反マルコフニコフ型付加生成物**とよばれる．ヒドロホウ素化においては，酸化処理後，生成物のアルコールは，反マルコフニコフ型付加となるが，反応機構の本質は同一である点に注意すべきである．すなわち，求電子剤は，より安定な炭素陽イオンを生成する方向で，よりアルキル置換基の少ない sp^2 炭素に結合し，その結果，求核剤は，よりアルキル置換基の多い sp^2 炭素に結合することになるという原則は変わらない．HX の付加とは異なり，ヒドロホウ素化では，求電子剤が B，求核剤が H となるので，H はよりアルキル置換基の多い sp^2 炭素に結合し，結果として反マルコフニコフ型付加生成物を与えることになる．

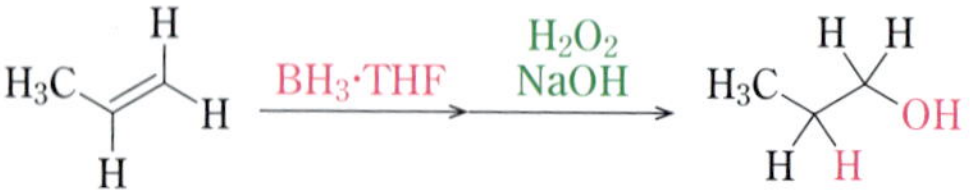

ヒドロホウ素化反応において，ヒドリドとホウ素はシン付加するという立体化学上の特徴がある．次の 1-メチルシクロヘキセンを基質とした場合に，その特徴が現れる．付加の方向は，先に述べたように反マルコフニコフ型になり，**シン付加**を行うので生成物は，*trans*-2-メチルシクロヘキサノールになる．シン付加となる理由は，ヒドロホウ素化において，ホウ素に置換している水素（ヒドリド）が段階的ではなく協奏的に入るからである．

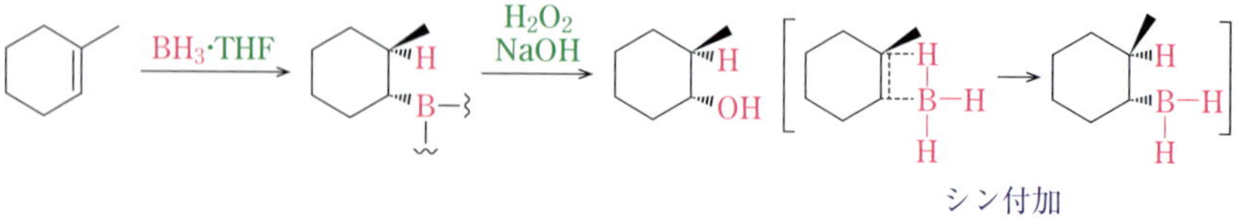

6.2.3 隣接基関与を伴う臭素の付加

次に臭素の付加を示す．ここまで，アルケンとの反応においては，アルケンのπ結合をルイス塩基と考えて，HXではプロトン酸が，ヒドロホウ素化ではBH₃というルイス酸が最初に酸-塩基相互作用すると考えた．臭素は，原子半径が大きいので，アルケンが近づくとBr^+とBr^-に分極して反応すると考える．最初にアルケンと作用するのは，Br^+であり，生じた炭素陽イオンにBr^-が反応する形式である．しかし，この際，臭素原子による隣接する炭素陽イオンの安定化，すなわち**隣接基関与**（neighboring group participation）が起こる．下記に1-メチルシクロヘキセンと臭素の反応を示すが，生成した炭素陽イオンは，隣接する炭素に結合した臭素原子の最外殻電子と相互作用することによって正電荷を非局在化して，2個の炭素と1個の臭素からなる三員環状のブロモニウムイオンとなり安定化する．この陽イオン種に対して残った臭化物イオンは，三員環の裏側から結合を形成することになり，結果として臭素が**アンチ付加**することになる．このアンチ付加は塩素の付加においても同様の傾向がある．

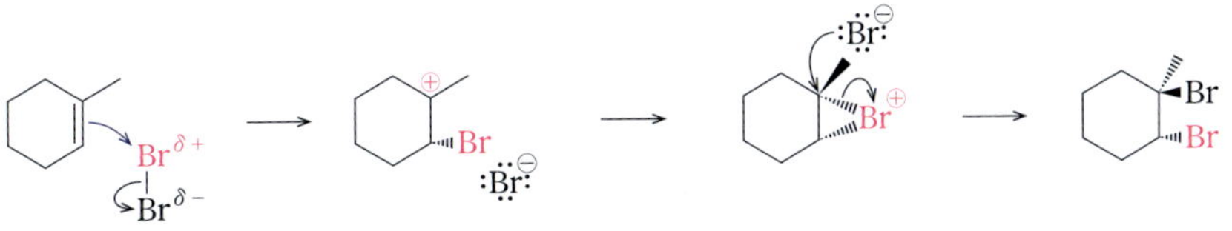

| アルケンとBr^+との反応による炭素陽イオン生成 | Brの最外殻電子による炭素陽イオンの安定化 ブロモニウムイオンの生成 (隣接基関与) | 臭素のアンチ付加 (ラセミ体) |

6.2.4 炭素骨格の転位を伴うHXの付加

アルケンに対するHXの付加は，プロトンとアルケンとの反応によって生じる炭素陽イオンの安定性で反応形式を理解することができた．もし，その炭素陽イオン自体が骨格を変化させ，より安定な「炭素陽イオン」を形成する場合，反応はかなり複雑なものとなる．次式に示すように，プロトンとアルケンの反応により生じた二級炭素陽イオンに対し，隣接するメチル基が転位し，より安定な三級炭素陽イオンが生成する．そこに臭化物イオンが付加することにより付加反応が完結するが，炭素陽イオンが介在する反応ではこのように**炭素骨格転位**（ワーグナー-メーヤワイン転位：Wagner-Meerwein rearrangement）を伴い，生成物が多様となる．この骨格転位は，ステロイドやテルペノイドなどの生合成経路でも重要な位置を占めている．

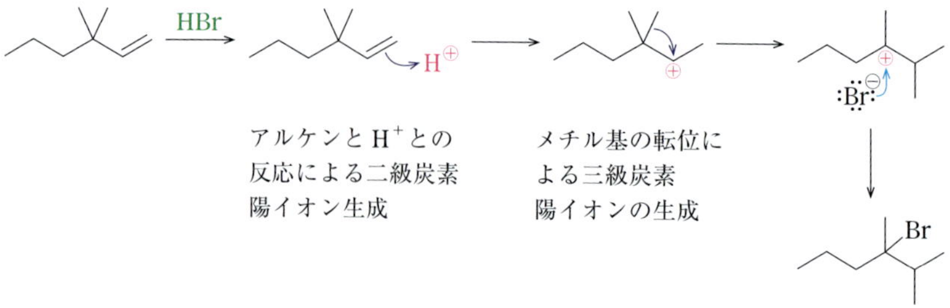

6.2.5 アルキンへの付加

アルキンへの付加反応は，アルケンと同様にπ電子に対するルイス酸の反応から始まる．ただし，同じπ結合であっても，アルキンはsp混成（s性50%），アルケンはsp^2混成（s性33%）の2炭素間のπ結合である（第4章参照）．アルキンの方がs性は強く，電子を強く引きつけるので付加反応の反応性はアルケンより低い．また，生じる炭素陽イオンを考えた場合も，アルケンが反応して生成する陽イオンは，sp^2炭素上のπ軌道が空であるアルキルカチオンであるのに対し，アルキンがプロトンと反応して生成するカルボカチオンは非常に不安定となる．このことからもアルキンのほうが求電子剤との反応性が低いと考えられる．また，臭化水素との反応においては，位置および立体選択性を示す．1-ペンチンに1分子の臭化水素が付加する際，反応は速やかに**アンチ付加**でマルコフニコフ型生成物を与える．3-ヘキシンのような内部アルキンでは，*Z*体が主生成物となる．

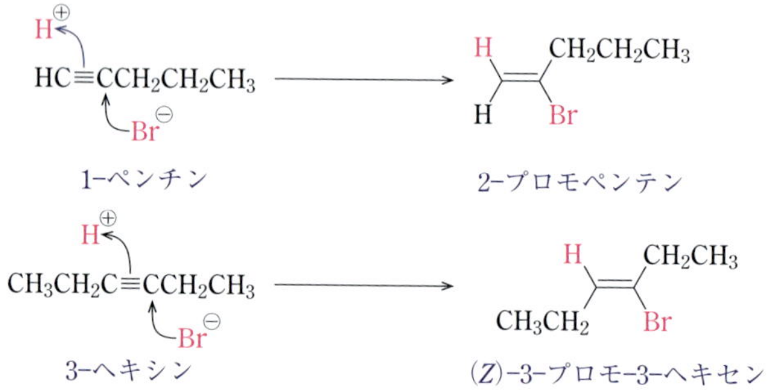

さらにアルキンは直交するπ結合を2本もっている．下式に示すように2モル当量の臭化水素を作用させると同一炭素に2個の臭素が入った生成物となる．

$$CH_3CH_2CH_2C \equiv CH \xrightarrow{2\ HBr} CH_3CH_2CH_2CBr_2CH_3$$

内部アルキンの場合，2モル当量の臭化水素の付加は下式のように進行する．1分子目の臭化水素の付加はアンチ付加で進行するので，モノブロモ体を立体選択的に与える．2分子目の臭化水素の付加は，同一炭素に2個の臭素が結合した生成物を与える．これは，2分子目の臭化水素が付加する際に経由する炭素陽イオンが臭素の共鳴効果により安定化するためである．

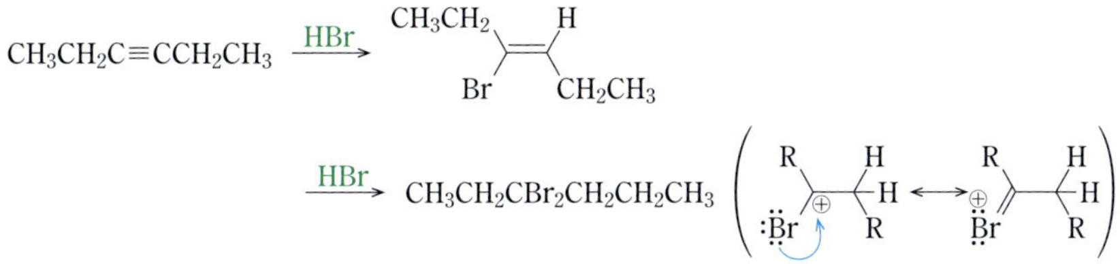

$$CH_3CH_2C{\equiv}CCH_2CH_3 \xrightarrow{HBr} \text{(CH}_3\text{CH}_2\text{, Br, H, CH}_2\text{CH}_3\text{ alkene)} \xrightarrow{HBr} CH_3CH_2CBr_2CH_2CH_3$$

同様に，アルキンに対して臭素分子を1モル当量付加させると，E体のジブロモアルケンが得られ，2モル当量付加すると，テトラブロモアルカンとなる．

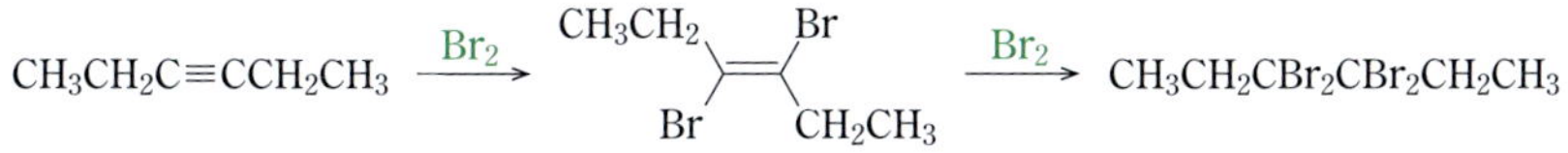

$$CH_3CH_2C{\equiv}CCH_2CH_3 \xrightarrow{Br_2} \text{(E-dibromoalkene)} \xrightarrow{Br_2} CH_3CH_2CBr_2CBr_2CH_2CH_3$$

6.3 求核付加反応（カルボニル基に対する付加反応）

カルボニル基は，C=O で表される二重結合であり，酸素原子に電子の偏った π 結合をもつ．したがって，求核剤は，炭素原子の方に付加する一方で，求核剤の対カチオンは，酸素原子に付加する．ただし，C=O の π 結合は，比較的安定で，たとえば C=C 結合に対して進行する HBr の付加反応も，C=O に対しては逆反応が優勢となり，進行しない．本項では，カルボニル基と各種求核剤との反応を概説する．

6.3.1 有機マグネシウムハライド，有機リチウムとの反応

有機ハロゲン化物（ただしフッ素化物を除く）に金属リチウムを作用させると，**有機リチウム**が，金属マグネシウムを作用させると有機マグネシウムハライド，すなわち **Grignard（グリニャール）反応剤**が生成する．これらの化合物は，炭素－金属結合を有する有機金属化合物であるが，リチウムとマグネシウム原子は，炭素原子より電気的に陽性なので，これらの化合物は**炭素陰イオン等価体**と考えることができる．

$$\text{R-X} + 2\text{Li} \longrightarrow \text{R-Li} + \text{LiX} \qquad \text{R-Li} \ (\text{R}^{\ominus}\text{Li}^{\oplus})$$
有機リチウム

$$\text{R-X} + \text{Mg} \longrightarrow \text{R-Mg-X} \qquad \text{R-MgX} \ (\text{R}^{\ominus}\overset{\oplus}{\text{MgX}})$$
Grignard 反応剤

　これらの有機金属化合物は，カルボニル基に対して求核付加して炭素−炭素結合を生成する有用な反応剤である．有機リチウムと Grignard 反応剤を比較すると，リチウムとマグネシウムの電気陰性度の差から有機リチウムの方が炭素陰イオン性は強い．しかし，カルボニル基との反応においては，有機リチウムはしばしば強塩基として働くので，マグネシウムのルイス酸性が有効に働く Grignard 反応剤の方が求核剤としての有用性が高い．有機ハロゲン化物にマグネシウムをテトラヒドロフラン (THF) などのエーテル性溶媒中で作用させて調製した Grignard 反応剤は，アルデヒドに付加して二級アルコール，ケトンに付加して三級アルコール，エステルには 2 度の求核付加を通して三級アルコールを与える．たとえば下記に示すように，ブロモベンゼンに対してマグネシウムを THF 中で作用させると臭化フェニルマグネシウム（フェニルグリニャール）溶液が生成する．エチルメチルケトンを作用させると，付加反応が起こり，酸性水溶液で処理後，2-フェニル-2-ブタノールが得られる．アセトアルデヒドを作用させると，1-フェニルエタノールが得られる．酢酸エチルに対しては，エステルのアルコキシ部分が脱離基となるので，臭化フェニルマグネシウムが 2 倍モル量反応し，1,1-ジフェニルエタノールを与える．

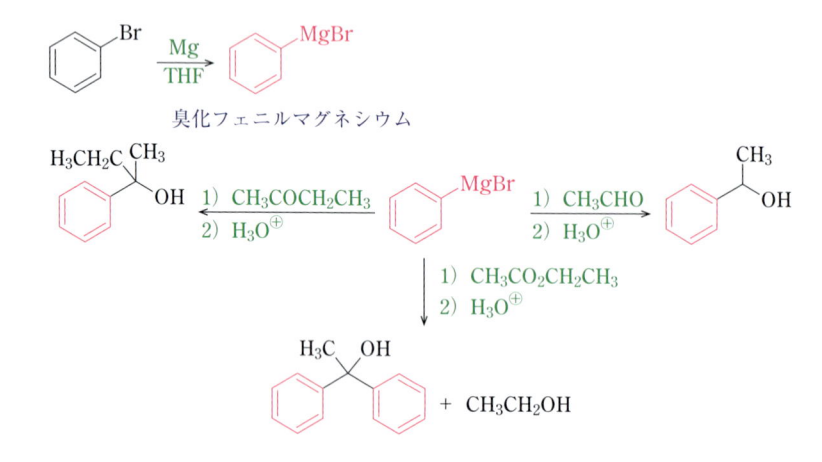

6.3.2 アルコールとの反応

　アルコールは，ヒドロキシ基の酸素部分が弱い求核性を有している．しかし，ヒドロキシ基の求核性は，カルボニル基を攻撃するほど強くはない．そこで酸を触媒として加える

と，カルボニル基が活性化され，結果的にアルコールの付加が起こる．反応は可逆な平衡反応である．ケトン・アルデヒドにアルコールが1分子付加したヘミアセタール型の化合物は不安定であり，糖に見られるようなエントロピー的に有利な環状ヘミアセタール化合物等の特徴のある構造をとらない限り単離されない．ヘミアセタールからさらにアルコールとの反応が進行すると，2分子目のアルコールの付加，脱水が進行し，アセタールとなり，安定な構造になる．脱水を促せば，平衡はアセタール側に傾き，アセタールを定量的に得ることができる．逆に酸性条件で水を加えれば，アセタールをもとのケトン・アルデヒドとアルコール2分子に戻すことができる．

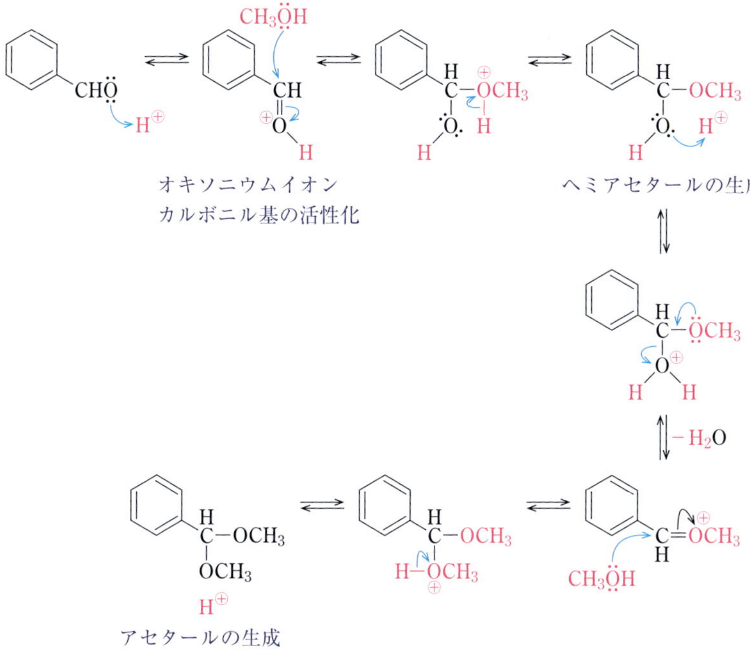

アセタールは，塩基性条件では比較的安定である．次式に示すように，酸性条件でエチレングリコールを作用させるという穏やかな条件で反応を行うと，エステル部位は影響を受けず，ケトン部分のみをアセタールとすることができる．その後，エステル部分を臭化エチルマグネシウムと反応させると，アセタールはまったく反応しない．その後，酸性条件で加水分解を行うと，ケトンを復元できる．全体で反応を見ると，反応性の高いケトン部位を保持したまま，反応性の低いエステルのみを Grignard 反応剤と反応させたことになる．このように特定の官能基を一時的に避難させる手法を**官能基の保護**とよぶ．

6.3 求核付加反応（カルボニル基に対する付加反応） | *115*

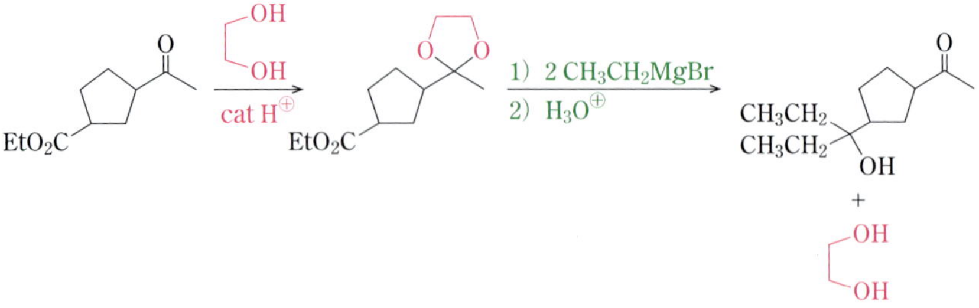

6.3.3 アミンとの反応

アミンは，アルコールより求核性が強い．たとえば，アルデヒドと一級アミンは，アルコールの場合と異なり，酸触媒の非存在下で付加反応が進行する．この時点で付加体のヘミアミナールが生成するが，ヘミアミナールから脱水を経てイミンを生成するには酸触媒が必要である．イミンは，ケトンと一級アミンからも生成する．

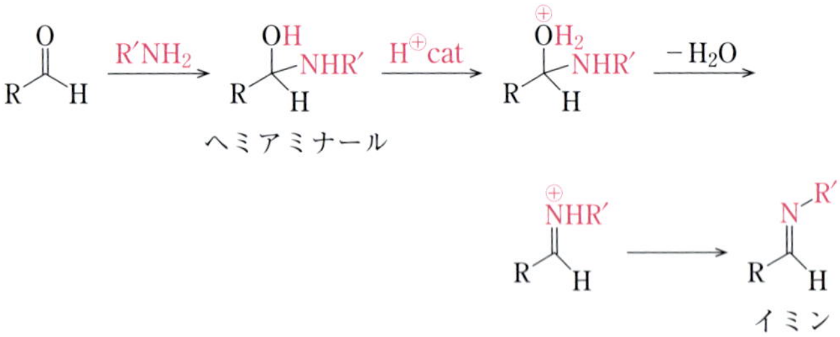

アルデヒド・ケトンと二級アミンとの反応でも炭素−窒素二重結合を有する化学種が酸触媒の存在下で生成するものの，二級アミンなのでイミニウムイオンとなる．このイミニウムイオンは，一番 pK_a の小さな α 位のプロトンを放出し，中性種のエナミンとなる．エナミンは，求核性に富む二重結合を有しており，臭化アリルなどと反応する．

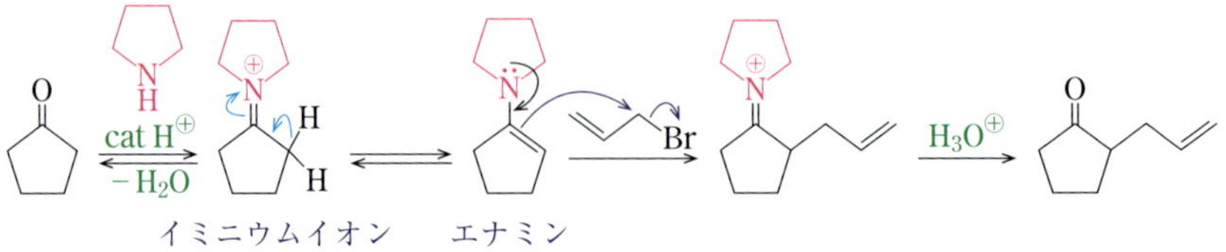

第6章 有機化学反応の種類と反応機構

6.3.4　官能基を含む有機金属化合物との反応

　有機化合物に塩基を作用させ，プロトンを引き抜くと，炭素陰イオンが発生し，「求核剤」を調製することができる．アルキルリチウムは，アルキル陰イオン等価体であり，求核剤としてだけでなく強塩基としての性質もある．アルカンの pK_a は 50 を越える値なので，pK_a が 30 を越えないアセチレン水素やベンゼン環に置換した炭素上（ベンジル位）のプロトンを引き抜き，新たなリチウム種を与える．アルキルリチウムは，強塩基であるとともに強い求核剤でもあるので，基質によっては，求核剤としての働きを抑えた強塩基として，ブチルリチウムとジイソプロピルアミンをあらかじめ反応させた**リチウムジイソプロピルアミド（LDA）**を強塩基として使用する．ジイソプロピルアミンの N–H の pK_a は 40 程度であり，ブチルリチウムを作用させると LDA を与える．この LDA は立体的な嵩高さにより，カルボニル基への求核性がほとんどなく，強い塩基として脱プロトン化に優先的に働くので，後に述べるアルドール反応の際，ケトンのカルボニル基に隣接する炭素上（α 位という）の脱プロトン化により，リチウムエノラートを発生させるのに使用する．このように脱プロトン化により種々の求核剤を調製することができる．

$$H_3C-\!\!\equiv\!\!-H \xrightarrow[\text{THF}]{n\text{-}C_4H_9Li} H_3C-\!\!\equiv\!\!-Li \xrightarrow[\text{2) } H_3O^{\oplus}]{\text{1) PhCHO}} \underset{OH}{\overset{H_3C}{\underset{}{}}}\!\!-\!\!\equiv\!\!-Ph$$

6.3.4.1　リンイリドとの反応（ウィティヒ反応）

　ハロゲン化アルキルとトリフェニルホスフィンから生じるホスホニウム塩に塩基を作用させ，リン上の正電荷によって pK_a が低下した隣接する炭素上のプロトンを引き抜くと，隣接する原子であるリンと炭素のそれぞれが正電荷と負電荷になる．このような共有結合した隣接する原子上に正負電荷を有するような分子をイリドとよぶ．このリンイリドは 5 価リンであるホスホランと共鳴構造をもつ．ここにケトンもしくはアルデヒドを作用すると炭素–酸素二重結合が炭素–炭素二重結合に変換される．この反応は**ウィティヒ反応**（Wittig reaction）とよばれる．特にアルデヒドに対してウィティヒ反応を行う際，用いる塩基やホスホニウム塩の種類によっては，二置換アルケンの Z 体は，E 体に比べて熱力学的に不安定であるにも関わらず，Z 選択的合成が可能である（速度論的支配）．

　反応例を挙げる．トリフェニルホスフィンとブロモエタンを混ぜ合わせると，ホスホニウム塩が生じる．このホスホニウム塩に対してナトリウムアミドと触媒量の *t*-BuOK を組み合わせた塩基を作用し得られるリンイリドにペンタナールを作用させると，付加後リン原子，酸素原子を含む四員環化合物オキサホスフェタンを経て (Z)-2-ヘプテンが得られる．このとき，Z 体を与えるオキサホスフェタンが速度論的に優先して生成し，Z 体を

与える．反応全体を見ると，ハロゲン化アルキルをホスホニウム塩にした後，塩基の作用でリン原子が置換した炭素陰イオンであるイリド（ホスホラン型と共鳴）を形成し，イリドによってアルデヒドのアルキリデン化を行っている．

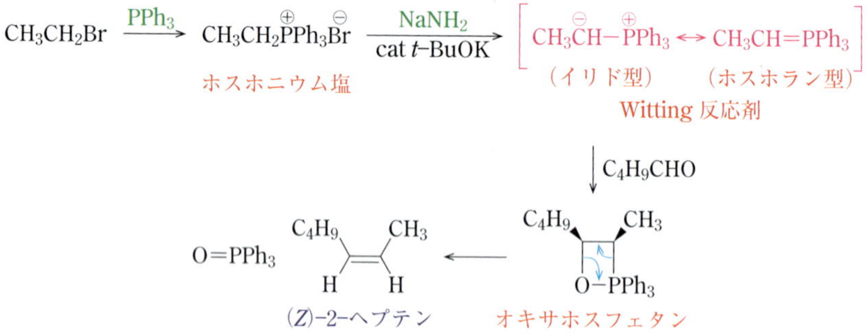

$$CH_3CH_2Br \xrightarrow{PPh_3} CH_3CH_2\overset{+}{P}Ph_3\overset{-}{Br} \xrightarrow[\text{cat }t\text{-BuOK}]{NaNH_2} \left[\underset{(イリド型)}{\overset{-}{CH_3CH}-\overset{+}{PPh_3}} \leftrightarrow \underset{(ホスホラン型)}{CH_3CH=PPh_3} \right]$$

ホスホニウム塩　　　　　　　　　　　　　　　　Witting 反応剤

C_4H_9CHO ↓

オキサホスフェタン → (Z)-2-ヘプテン + O=PPh_3

6.3.4.2　エノラートとの反応（アルドール反応）

アセトンの pK_a はおよそ 20 であり，酸性度が比較的高い．これは，生じた共役塩基が，カルボニル基によって共鳴安定化されることで説明できる．また，その共役塩基は主としてエノラート型の共鳴構造をとる．メチルフェニルケトンに水酸化ナトリウム水溶液を加えて加熱すると，塩基によるカルボニル α 位の脱プロトン化によりエノラートが生じ，もう 1 分子のメチルフェニルケトンと反応して付加体を与える．この反応をアルドール（aldol）反応という．このアルドール反応は可逆性があり，この水酸化ナトリウムを作用させる条件では，反応がもう一段階進んで，エノンの形になったものが単離される．すなわち，カルボニル基の α 位が脱プロトン化された後，隣接する水酸化物イオンが脱離することによってエノンとなる（E1cB 脱離という）．E1cB 脱離とは，Elimination Unimolecular via Conjugate Base を意味するが，次図に示すように，ナトリウムアルコキシドが脱離するのではなく，一度ケトンの共役塩基である α-炭素陰イオンとなってから，ヒドロキシ基が脱離するような反応機構である．

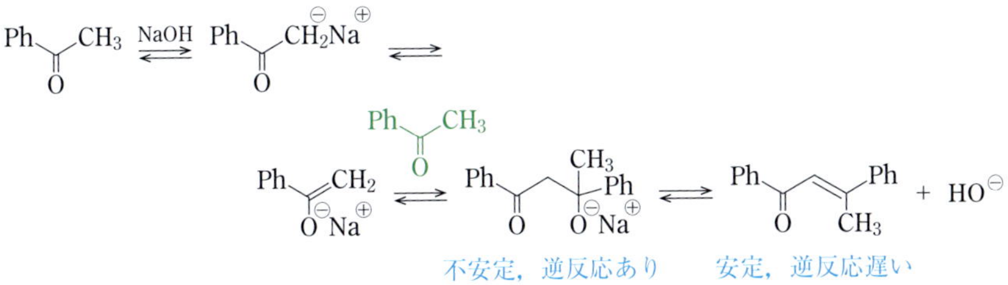

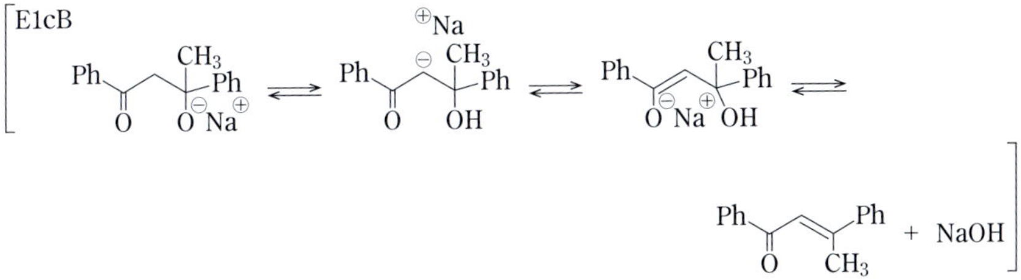

アルドール型の反応で，もっと有用なものは，2種の異なるケトン・アルデヒドの間で行う交差アルドール反応である．この交差型の反応では一方のカルボニル化合物に先に述べたリチウムジイソプロピルアミド（LDA）を作用させ，**リチウムエノラート**に変換し，もう一方のカルボニル化合物を加える．付加体はリチウムによりキレートを形成するので，可逆性がなくなり，交差アルドール付加体として単離することができる．

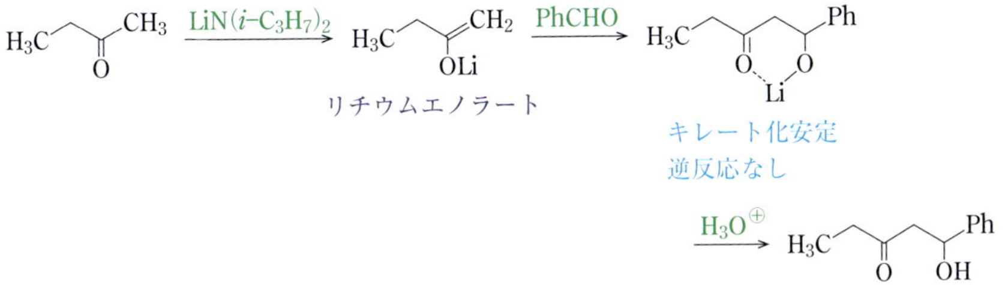

6.3.5　カルボン酸とその誘導体

酢酸などのカルボン酸は，同じ酸化度の誘導体として，カルボン酸クロリド，カルボン酸無水物，カルボン酸エステル，カルボン酸アミドがある．エステル，アミドは，生体関連物質として重要な化合物群である．カルボン酸クロリド > カルボン酸無水物 > カルボン酸エステル > カルボン酸アミドの順に求核剤との反応性が高く，たとえばカルボン酸クロリドにアルコールを塩基存在下で作用させると，アルコールが求核付加し，塩素が脱

6.3　求核付加反応（カルボニル基に対する付加反応）　|　**119**

離反応を起こしカルボン酸エステルとなる．この求核剤に対する反応性は，置換している原子がカルボニル基からどれだけ電子を求引するかにより理解することができる．そして，カルボン酸エステルにアミンを加えると，アミドが得られる．しかし，カルボン酸クロリドは，カルボン酸に塩化チオニルを作用させると容易に得られるので，カルボン酸からこれらの誘導体を合成するときは，カルボン酸クロリドを経由すればよい．

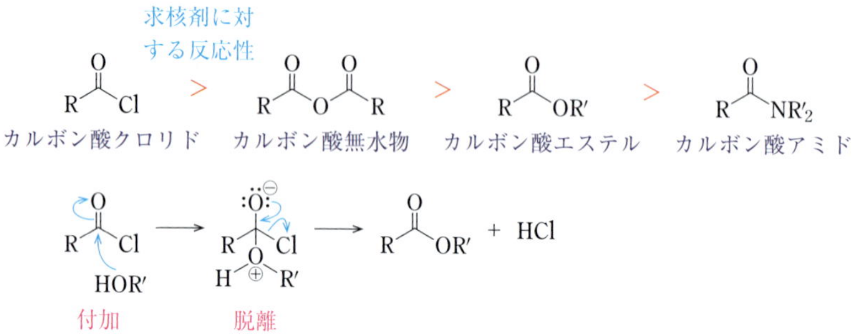

カルボン酸エステルは，カルボン酸とアルコールの酸触媒による脱水縮合を介しても合成できる（Fischer 法）．この反応は可逆であり，カルボン酸エステルに酸触媒で加水分解を行うと，カルボン酸とアルコールに分解できる．

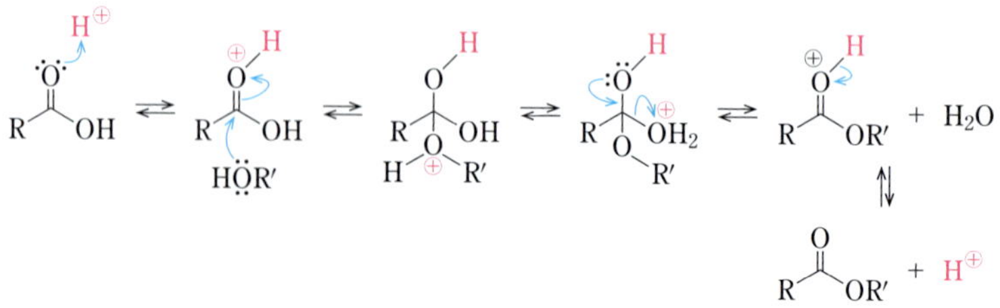

カルボン酸エステルを加水分解する際，水酸化ナトリウムのような塩基を等モル量作用させてもよい．エステルへの付加，アルコキシドの脱離を考えれば機構を次図のように考えることができる．生じたカルボン酸がアルコキシドイオンによって脱プロトン化されてカルボキシラートイオンが生じるために，反応は実質的に不可逆となる．カルボキシラートイオンは，ナトリウム塩の形となる．この加水分解反応はケン化反応とよばれてきた．炭素鎖の長いカルボン酸のエステルを主成分とする食用油を水酸化ナトリウムで加水分解し，それらのカルボン酸ナトリウムを石けんとして利用することでなじみ深い．

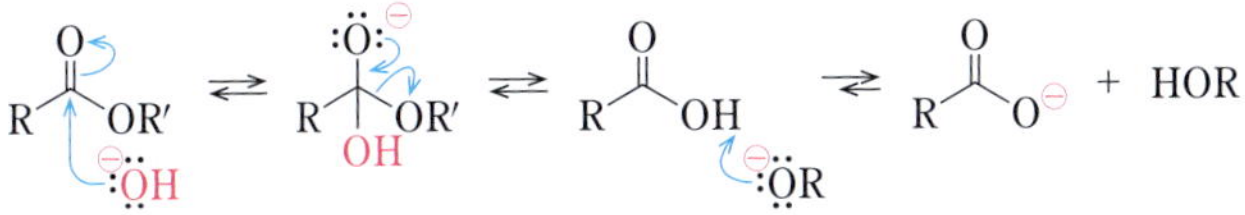

[反応機構図: エステルの加水分解中間体]

6.4 求電子置換反応（芳香族化合物に対する置換反応）

　芳香族化合物は炭素−炭素π結合を有しているので，最初に述べた求電子付加反応がまず起こると考えられる．しかしながら，シクロヘキセンは臭素分子と反応して，*trans*-1,2-ジブロモシクロヘキサンを与えるのに対して，ベンゼンはまったく反応しない．これは，ベンゼン中のπ結合が共鳴により非局在化して安定化されているため，付加反応により芳香族性を失うことが熱力学的に不利だからである．一方，臭素を三臭化アルミニウム触媒共存下で作用すると，ブロモベンゼンが生成する．

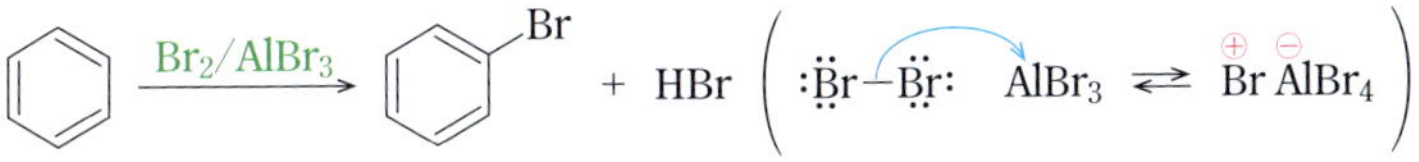

[反応式: ベンゼン + Br₂/AlBr₃ → ブロモベンゼン + HBr]

　三臭化アルミニウムは，臭素分子に対してルイス酸触媒として働き，強い求電子剤である Br^+ を発生させるためである．この反応は**芳香族求電子置換反応**とよばれている．一般式を記すと，下図のようになる．まず，求電子剤 E^+ がベンゼンのπ結合と反応し，炭素陽イオンを与える．この陽イオンは共鳴構造を有しており**アレニウムイオン**とよばれる．このイオンは，芳香族求電子置換反応における共通の中間体である．シクロヘキセンなどの通常のアルケンの場合は，生じた炭素陽イオンに Br^- などの求核剤が作用し，付加反応となった．この際，炭素間のπ結合がより安定なσ結合に変換されるというエネルギー的に有利な点もあった．しかしながらアレニウムイオンの場合，プロトンを放出し，芳香環を再構築することによって，付加により失われた芳香環の共鳴エネルギーを取り戻す．

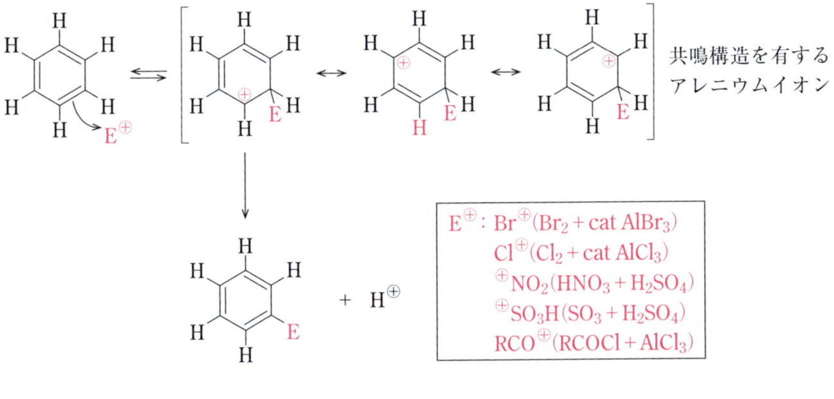

[反応機構図: アレニウムイオンの共鳴構造と生成物]

共鳴構造を有するアレニウムイオン

$E^{\oplus}$: $Br^{\oplus}$ (Br_2 + cat $AlBr_3$)
$Cl^{\oplus}$ (Cl_2 + cat $AlCl_3$)
$NO_2^{\oplus}$ (HNO_3 + H_2SO_4)
$SO_3H^{\oplus}$ (SO_3 + H_2SO_4)
$RCO^{\oplus}$ ($RCOCl$ + $AlCl_3$)

芳香族求電子置換反応において，E$^+$の発生機構が特に重要である．たとえば濃硫酸と濃硝酸を作用させるとニトロニウムイオン（$^+$NO$_2$）が生じ，これによりニトロ化が進行する．カルボン酸クロリドと三塩化アルミニウムを作用させるとアシリウムイオン（RC≡O$^+$）が発生し，アシル化が可能である．このアシル化はフリーデル–クラフツアシル化（Friedel–Crafts acylation）とよばれる．

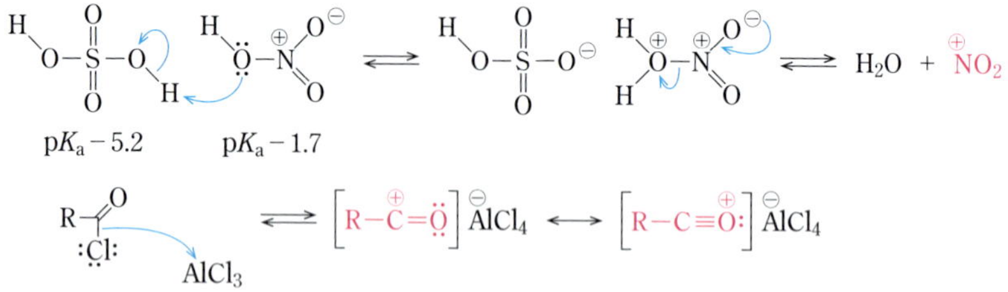

一方，炭素陽イオンを作用させるとアルキル化が進行する（フリーデル–クラフツアルキル化）．一般的な反応条件として塩化アルキルに三塩化アルミニウムを触媒量作用させた後ベンゼンと反応させるが，不安定な一級炭素陽イオンはより安定な二級炭素陽イオンに転位してから反応する．それゆえ，2-クロロプロパン，1-クロロプロパンいずれを用いても，同一のイソプロピルベンゼンが生成する．炭素陽イオンの発生は，塩化アルキルと塩化アルミニウムからだけでなく，別の方法でも行える．たとえば，プロペンとプロトン酸触媒存在下にベンゼンを作用させると，イソプロピルベンゼンが得られるし，2-プロパノールとプロトン酸触媒存在下にベンゼンを作用させてもイソプロピルベンゼンが得られる．

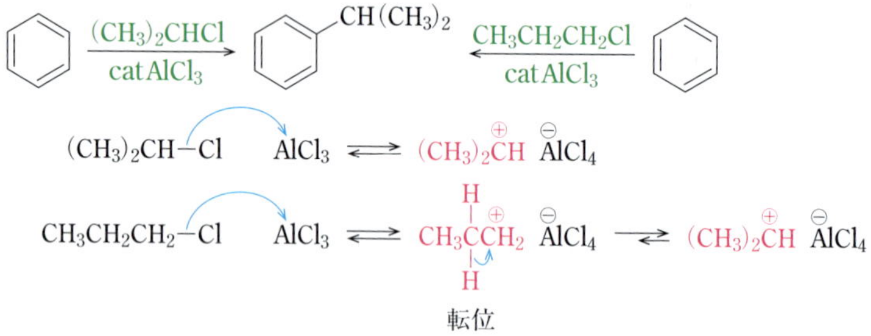

芳香族求電子置換反応において，置換ベンゼン誘導体を基質とした場合どの位置に反応が起こるのかという**配向性**が問題となる．電子供与基（アルキル基，ヒドロキシ基，アミノ基，アルコキシ基など）が置換したモノ置換ベンゼンでは，電子供与性の共鳴効果によりオルト位とパラ位の電子密度が上がる．次図に示すように共鳴構造を考えると理解できる．したがって，オルト位とパラ位に求電子剤が反応してアレニウムイオンを形成する

が，アルキル基の場合は誘起効果が電子供与性であることから，また，アルコキシ基やアミノ基の場合は，弱い電子求引性の誘起効果があるものの共鳴効果による強い電子供与性により安定化され，置換反応自体も加速される．したがって，**電子供与基は，加速されたオルト，パラ配向性**を示す．

誘起効果
Rの場合は ↓
その他は ↑

共鳴効果 ↓ D
$\delta-$ $\delta-$
$\delta-$

電子供与基 D
（R, OR, OH, NR$_2$, etc）
オルト位，パラ位に電荷が増大

⇩

反応を加速した上で，オルト，パラ配向性

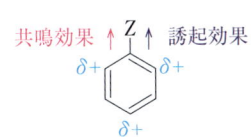

共鳴効果 ↑ Z ↑ 誘起効果
$\delta+$ $\delta+$
$\delta+$

電子求引基 Z
（RCO, ROCO, CX$_3$, NO$_2$, SO$_3$H, etc）オルト位，パラ位に電荷が不足

⇩

反応を減速した上で，メタ配向性

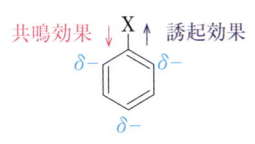

共鳴効果 ↓ X ↑ 誘起効果
$\delta-$ $\delta-$
$\delta-$

ハロゲン X
電子を強く引く一方で共鳴効果によりオルト位，パラ位に電荷が増大

⇩

反応を減速した上で，オルト，パラ配向性

アルコキシ基（電子供与性），ブロモ基，ニトロ基（電子求引性）置換ベンゼンの共鳴式

アルコキシベンゼンの共鳴構造式（オルト，パラ位に負電荷）

ブロモベンゼンの共鳴構造式（オルト，パラ位に負電荷）

ニトロベンゼンの共鳴構造式（オルト，パラ位に正電荷）

6.4 求電子置換反応（芳香族化合物に対する置換反応） | *123*

一方，誘起効果および共鳴効果ともに**電子求引性の置換基**（RCO, ROCO, CX$_3$, NO$_2$, SO$_3$H など）では，オルト位とパラ位の電子密度が下がり，結果として**メタ位での置換生成物を与え，反応は減速される**．**ハロゲン基**は，電子求引性の誘起効果により，ベンゼン環全体の電子密度を下げながらも，孤立電子対による電子供与性の共鳴効果によりオルト位とパラ位の電子密度を上げるので，**減速されたオルト，パラ配向性**となる．ニトロ化に対する反応性を比較すると，ベンゼンとの反応速度を1とすると，電子供与性のメチル基の置換したトルエンは，オルト，パラ配向性で24.5倍の相対速度でニトロ化が進行するのに対して，クロロベンゼンは，オルト，パラ配向性のニトロ化ではあるが減速されて0.033倍となり，電子求引基であるニトロ基の置換したニトロベンゼンのニトロ化では，大幅に減速されて（1.0×10^{-7}倍）メタ配向性ニトロ化が進行する．

6.5　求核置換反応

6.5.1　S$_N$2反応

　本項では求核剤による置換反応について概説する．以下の反応は求核置換反応，特にS$_N$2反応とよばれるものである．全体を見ると，炭素－塩素結合の反対側から，シアン化物イオンが求核攻撃し，塩化物イオンが脱離してClとCNが入れ替わる反応である．基質のC-Cl結合間には，2電子が存在するので，求核攻撃は，C-Cl結合の裏側からシアン化物イオンが電子を送り込むように起こる．その結果，ClとCNが反応の起こる炭素の立体化学を反転しながら入れ替わる．遷移状態は括弧内に示したような，基質と反応剤の2分子が関わる構造と考えられる．この求核置換反応は，2分子が遷移状態で関わる求核置換反応ということで，Substitution Nucleophlic Bimolecular という意味を表し，**S$_N$2反応**と呼ぶ．また，このS$_N$2反応において起こる立体反転を発見者に因み**ワルデン反転**（Walden inversion）とよぶ．

　このS$_N$2反応が起こるには，1）よい**脱離基**をもつ基質に対し，2）脱離基の反対側の**立体障害が少なく**，3）**強い求核剤**を**非プロトン性極性溶媒**で用いるという条件が必要である．よい脱離基とは，「脱離後，安定なもの」である．1つの目安として共役塩基として安定なもの，つまりその共役酸が強い酸であるもの（pK_a値が低いもの：第4章参照）がよい脱離基ということができる．脱離基の反対側の立体障害が少ないという点で，脱離基の置換している炭素に一番小さな原子である水素がいくつ置換しているか，ということ

が重要になる．水素が3つのメチル基，水素が2つの一級炭素に脱離基が置換した基質はS_N2反応が起こりやすく，水素が1つの二級炭素に脱離基が置換した基質でもS_N2反応が起こる可能性があるが，水素がなく，アルキル基が3つ結合した三級炭素上でのS_N2反応は，立体障害のため進行しない．また，求核剤の求核性を充分に発揮するために非プロトン性溶媒を用いる．

$$
\begin{array}{c}
CH_3-LG \\
RCH_2-LG \\
R-CH-LG \\
\quad | \\
\quad R'
\end{array}
\xrightarrow[\text{非プロトン性}\atop\text{極性溶媒}]{Nu^{\ominus}}
\begin{array}{c}
Nu-CH_3 \\
Nu-CH_2R \\
Nu-CH-R \\
\quad | \\
\quad R'
\end{array}
$$

LG（脱離基：Leaving Group）
　$Br^{\ominus}$, $Cl^{\ominus}$, $I^{\ominus}$, $RSO_3^{\ominus}$, $RCO_2^{\ominus}$ など

Nu（求核剤：Nucleophile）
　$Br^{\ominus}$, $Cl^{\ominus}$, $I^{\ominus}$, $N\equiv C^{\ominus}$, $RO^{\ominus}$, $RS^{\ominus}$, $HS^{\ominus}$, $N_3^{\ominus}$, $RCO_2^{\ominus}$ など

非プロトン性極性溶媒（polar aprotic solvent）
　アセトニトリル，ジメチルスルホキシド（DMSO），
　ヘキサメチルリン酸トリアミド（HMPA），ジメチルホルムアミド（DMF）など

たとえば，次のような変換式が成り立つ．(S)-2-ブタノールを出発物として，塩化p-トルエンスルホニルを作用させ，p-トルエンスルホン酸エステルとした後，スルホン酸を脱離基としてナトリウムメトキシドを作用させると，S_N2反応により立体反転を伴いながらメトキシ基が置換し，(R)-2-メトキシブタンとなる．これに対して，まず，(S)-2-ブタノールをナトリウム塩として求核種とし，ヨードメタンを作用させると，(S)-2-メトキシブタンが得られる．

塩化アルキルならびに臭化アルキルは，置換反応を行う際，重要な基質であるが，アルコールを出発物として容易に合成できる．三臭化リンおよび塩化チオニルは，アルコールを立体特異的に，それぞれ臭化物ならびに塩化物に変換する．三臭化リンとの反応では，ヒドロキシ基は立体反転を伴い，臭化物に変換される．塩化チオニルとの反応において

6.5 求核置換反応

は，ピリジンとともに作用させると立体反転，塩化チオニル単独では立体保持で塩素化が起こることが観測されている．立体反転は S_N2 反応の特徴であり，塩化チオニルによる立体保持の塩素化の機構は，S_Ni（分子内求核置換反応）に分類されている．アルコール（ROH）と塩化チオニル（$SOCl_2$）が反応すると，塩酸の発生を伴いながらクロロスルフィン酸アルキル（RO-SO-Cl）が生成するが，これが緊密なイオン対（$[R^+][SO_2Cl^-]$）を形成し Cl^- が移動するので，立体保持で進行すると説明されている．一方，ピリジン存在下で行うと，発生した塩酸がピリジン塩として系内にとどまるので，緊密なイオン対を形成するより早く置換反応が進行し，立体は反転する．

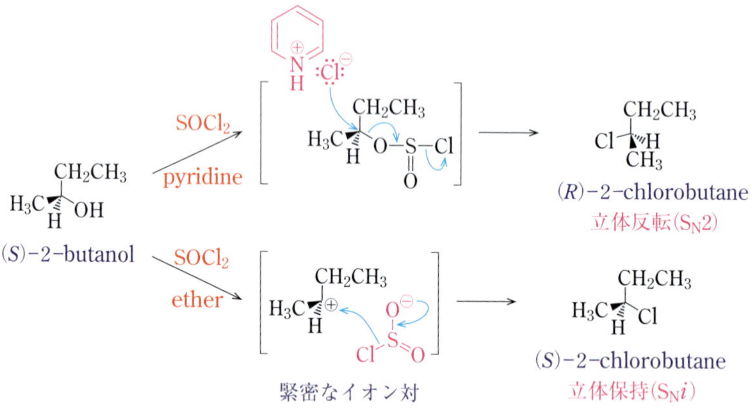

6.5.2 S_N1 反応

S_N2 反応において，「脱離基の反対側の立体障害が少ない」ことを反応進行の条件としたが，三級炭素の基質において置換反応を進行させる場合には，S_N1 反応の条件を用いる．S_N1 反応では，最初の律速段階で生じる炭素陽イオンが中間体となり，そこにメタノールが付加する．その際，平面構造をとる炭素陽イオンは，基質の立体化学情報を失うので，生成物はラセミ混合物になることが多い．遷移状態は炭素陽イオンが生成する直前にあるので，遷移状態では基質分子しか関与しない．したがって，1分子が遷移状態で関わる求核置換反応ということで，Substitution Nucleophlic Unimolecular という意味を表し，S_N1 反応とよぶ．なお，二級炭素の陽イオンは三級炭素と比べて安定性がはるかに低いので，S_N1 反応が進行することはほとんどない．

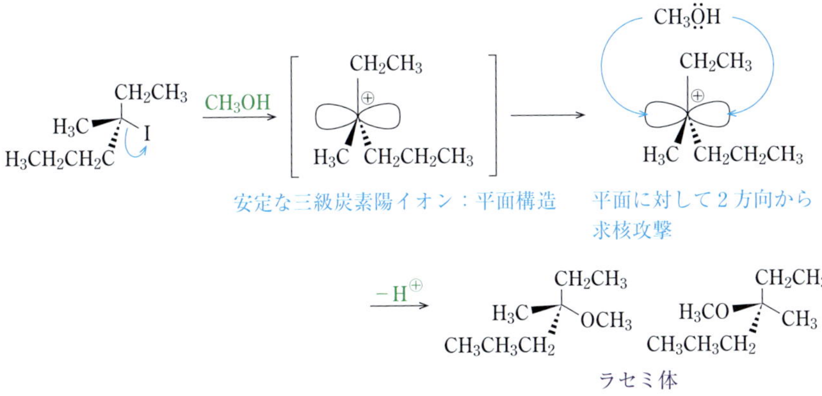

CH₃OH
CH₂CH₃
H₃C
I
H₃CH₂CH₂C
H₃C
CH₂CH₂CH₃
安定な三級炭素陽イオン：平面構造
CH₃ÖH
平面に対して 2 方向から
求核攻撃
−H⊕
OCH₃
H₃CO
CH₃
CH₃CH₃CH₂
ラセミ体

このS$_N$1反応が起こるには，1）よい脱離基，もしくは酸性条件下でヒドロキシ基をもつ基質に対し，2）生成する炭素陽イオンが安定なもの，つまり脱離基が三級炭素に置換しているもの（希に二級炭素に置換しているもの），3）弱い求核剤（Nu）をプロトン性極性溶媒中で用いるという条件が必要である．酸性条件下では脱離基のヒドロキシ基は，プロトン化されてオキソニウムとなり，よい脱離基となる．下記の例はすべてS$_N$1反応である．

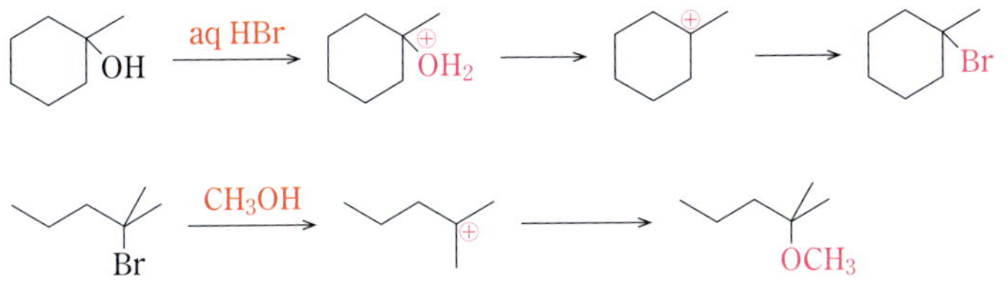

OH
aq HBr
OH₂
Br
CH₃OH
Br
OCH₃

6.6 脱離反応

S$_N$2反応において1）よい脱離基をもつ基質に対し，2）脱離基の反対側の立体障害が少なく，3）よい求核剤を非プロトン性極性溶媒で用いるという条件が必要としたが，S$_N$2反応の2）の条件が「脱離基の反対側の**立体障害が大きく**」，3）の条件が，求核剤が**強い塩基**として作用する場合は，**E2反応**とよばれる脱離反応が進行する．

三級ハロゲン化物である2-ブロモ-2-メチルブタンに対して，ナトリウムエトキシドを作用させると，求核剤ではなく塩基として働き，臭素が結合した炭素に隣接した炭素からプロトンを引き抜くので，同時に臭化物イオンが脱離してアルケンとなる．臭素原子の置換した炭素に隣接する炭素上には合計8個の水素原子があるが，生成する可能性のあるア

ルケンのうち，一番安定な 2-メチル-2-ブテンが主生成物となる．その際，脱離するプロトンと臭素原子が下図のように配置する**アンチペリプラナー脱離**であることが立体電子効果の見地から必要となる．すなわち，塩基と脱離基が立体反発を避けるためにアンチに位置すること，ならびに二重結合が生成しやすいように同一平面上に位置することが有利に働くからである．同じ基質にカリウム *t*-ブトキシドを作用させると，主生成物は，2-メチル-1-ブテンとなる．これは，カリウム *t*-ブトキシドが立体的に大きく，アンチペリプラナー機構で E2 反応を行う場合，混み合ったメチレン炭素上のプロトンではなく，末端のメチル基からプロトンを引き抜くからである．

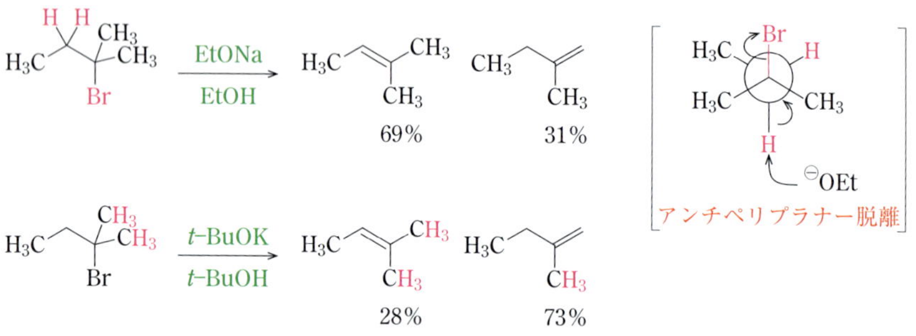

この E2 反応のアンチペリプラナー脱離の特徴が顕著に現れるのが次に示すシクロヘキサン環上での脱離反応である．(1*R*,2*R*)-1-ブロモ-1,2-ジメチルシクロヘキサンに対してナトリウムエキシドを塩基として作用させ，E2 反応を行うと，アンチペリプラナーに臭素原子と水素原子を配置するためには，両原子をアキシアル位に配置する必要がある．赤色で示した水素のみがそれに対応し，(*R*)-1,6-ジメチルシクロヘキセンが主生成物になる．

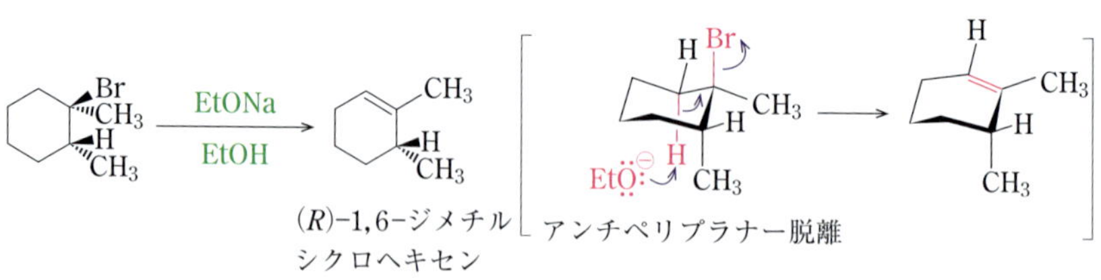

S_N1 反応は，安定な三級炭素陽イオンを経て進行する．この際，陽イオンから置換反応ではなく脱離反応に傾く経路が存在する．もしこの条件で，反応温度を上昇させると，脱離反応を伴う．この脱離を **E1 反応**という．温度を上げると，ギブズエネルギー変化におけるエントロピー項の影響が大きくなって，2 分子が生成する脱離反応が有利になるから

である．たとえば，2-クロロ-2-メチルプロパンは，下図に示すように 65 °C では，64 %
の S_N1 反応生成物と 36 % の E1 反応生成物が生じ，25 °C では E1 反応生成物は 17 % に
留まる．

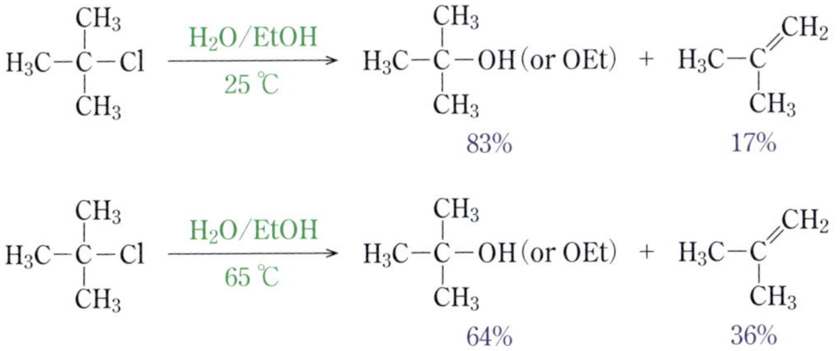

$$\underset{\text{2-クロロ-2-メチルプロパン}}{\underset{CH_3}{\overset{CH_3}{H_3C-\underset{|}{\overset{|}{C}}-Cl}}} \xrightarrow[25\,°C]{H_2O/EtOH} \underset{S_N1\text{反応生成物}}{\underset{CH_3}{\overset{CH_3}{H_3C-\underset{|}{\overset{|}{C}}-OH(\text{or OEt})}}}_{83\%} + \underset{17\%}{\underset{CH_3}{\overset{CH_2}{H_3C-C\!\!=\!\!}}}$$

$$\underset{CH_3}{\overset{CH_3}{H_3C-\underset{|}{\overset{|}{C}}-Cl}} \xrightarrow[65\,°C]{H_2O/EtOH} \underset{64\%}{\underset{CH_3}{\overset{CH_3}{H_3C-\underset{|}{\overset{|}{C}}-OH(\text{or OEt})}}} + \underset{\underset{E1\text{反応生成物}}{36\%}}{\underset{CH_3}{\overset{CH_2}{H_3C-C\!\!=\!\!}}}$$

6.7 極性中間体を通らない反応

　ここまで学んだ反応は，求核剤，求電子剤に分類して説明することができた．言い換えると，炭素陽イオン，炭素陰イオン，プロトン，ヒドリドを中心とする各種元素の陽陰両イオンが中間に生成する反応であった．有機反応には，これ以外に電気的に中性なラジカルが反応に寄与するもの，そして分子軌道の重なりによって反応を説明できるペリ環状反応などがある．

6.7.1 ラジカル反応

　有機化学において一番重要な結合である C−H 結合は，炭素と水素の電気陰性度 (2.5 > 2.1) から考えて H 原子はプロトンと考えることができる．したがって C−H 結合に十分強い塩基を作用させると，C−H 間の共有結合で共有されている 2 電子がすべて炭素の方に所有され，水素はプロトンとして離脱する．これは，酸–塩基反応であるが，生じた炭素陰イオンは先に示したようにカルボニル基への付加などに用いることができる．一方，強い酸化剤を作用させると水素原子を通して C−H 結合間の 2 電子を奪い，炭素原子が陽イオンに酸化される．これらの電子の動きは，C−H 結合間の共有されている 2 電子を C, H どちらの原子に振り分けるかということでもあり，結合はヘテロリティックに開裂すると表現する．このとき，電子の動きを示す釣り針型矢印は，**両羽根矢印で書く**，ということが決められている（**ヘテロリティック開裂**）．ところが，この 2 電子を何らかの条件で，炭素と水素に 1 電子ずつ分配した場合，それぞれの原子が本来もっている電子を返却してもらったということになり，形式電荷の正負はなくなり，「形式的中性種」となる．このように共有結合の 2 電子の分配は，1 電子ずつの動きになり，**片羽根矢印で記**

6.7　極性中間体を通らない反応 | *129*

述する（ホモリティック開裂）．このようにして生じた，不対電子を有する化学種をラジカルとよぶ．原子間に 2 電子を共有することにより，安定な結合を生成しやすいというのが有機反応の基本的な考え方なので，ラジカル状態は非常に不安定で反応性に富んでいる．

ヘテロリティック開裂①（H 原子はプロトンとして挙動）

$$-\overset{|}{\underset{|}{C}}:H \longrightarrow -\overset{|}{\underset{|}{C}}{}^{\ominus} \quad H^{\oplus} \qquad \text{プロトン引き抜き（酸塩基反応）}$$

ヘテロリティック開裂②（H 原子はヒドリドとして挙動）

$$-\overset{|}{\underset{|}{C}}:H \longrightarrow -\overset{|}{\underset{|}{C}}{}^{\oplus} \quad :H^{\ominus} \qquad \text{ヒドリド脱離（酸化反応）}$$

ホモリティック開裂（H 原子はラジカルとして挙動）

$$-\overset{|}{\underset{|}{C}}:H \longrightarrow -\overset{|}{\underset{|}{C}}\cdot \quad \cdot H \qquad \text{ラジカル引き抜き（ラジカル反応）}$$

　典型的なラジカル反応は，気相中でのメタンの塩素化である．塩素分子に光をあてるとわずかな量ではあるが，ホモリティック開裂が起こり，塩素ラジカルが発生する．このステップが開始反応となる．ここにメタンが共存すれば，次図に示すような段階的な反応が進行し，クロロメタンが得られる．以下の式に示すように，ごく少量発生する塩素ラジカルでも系内に大量にメタンがあれば，水素原子を引き抜く．その結果，新たなメチルラジカルが生じ，これが塩素分子から塩素原子を引き抜き，クロロメタンと塩素ラジカルが生じる．これらの 2 段階の反応は，塩素分子とメタンが供給され続ける限り停止することはない（成長反応）．両者の濃度が低くなると，ラジカル種どうしの結合により，ラジカル種が消え去り，反応は停止する（停止反応）．ラジカル種は電気的に中性なので，溶媒効果などの影響を受けない．ラジカル反応は，このように反応基質濃度が低下しない限り停止しない．換言すると，反応が暴走する恐れさえある．オゾン層の分解とフロンガスとの関係は，太陽光に誘発されるラジカル反応で説明されている．

1. 開始反応

$$Cl-Cl \xrightarrow{光照射} 2\ :\ddot{Cl}\cdot$$

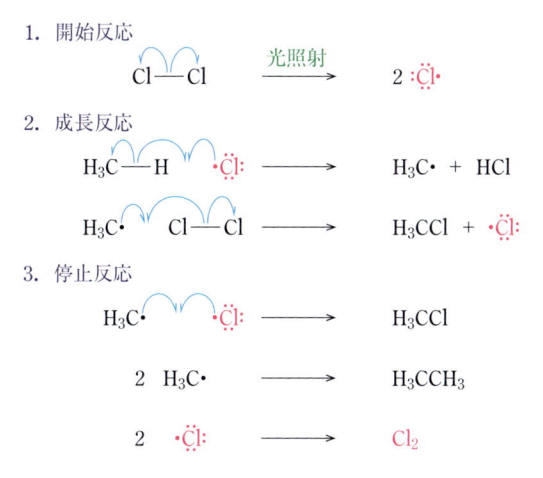

2. 成長反応

$$H_3C-H \quad \cdot\ddot{Cl}: \longrightarrow H_3C\cdot + HCl$$

$$H_3C\cdot \quad Cl-Cl \longrightarrow H_3CCl + \cdot\ddot{Cl}:$$

3. 停止反応

$$H_3C\cdot \quad \cdot\ddot{Cl}: \longrightarrow H_3CCl$$

$$2\ H_3C\cdot \longrightarrow H_3CCH_3$$

$$2\ \cdot\ddot{Cl}: \longrightarrow Cl_2$$

　さらに，アルケンに対する付加反応においても，ラジカル反応として進行する場合がある．t-ブチルペルオキシド共存下で1-ペンテンに臭化水素を作用させて，加熱すると，t-ブチルペルオキシドから発生するラジカルが臭化水素から水素を引き抜き，臭素ラジカルを発生する．臭素ラジカルは1-ペンテンのπ結合と反応し，炭素ラジカルが発生する．炭素ラジカルは，電気的に中性であるが，オクテットを満たさないため電子不足種であり，一級炭素ラジカルよりも二級炭素ラジカルの方が安定である（超共役による）．それゆえ臭素原子は炭素鎖の末端に導入され二級炭素ラジカルが生成し，それが再び臭化水素から水素原子を引き抜くという過程で反応が進行するので，結果的に反マルコフニコフ型付加物が生成する．

$$t\text{-BuOO}t\text{-Bu} \xrightarrow{熱} 2\ t\text{-BuO}\cdot$$

$$t\text{-BuO}\cdot \quad H-Br \longrightarrow t\text{-BuOH} + \cdot\ddot{Br}:$$

6.7 極性中間体を通らない反応

6.7.2 ディールス-アルダー反応

ブタジエンとメチルビニルケトンに熱を加えると，3-シクロヘキセニルメチルケトンが定量的に生じる．この反応は，**ディールス-アルダー反応**（Diels–Alder reaction）とよばれる．福井謙一によるフロンティア軌道理論では，ブタジエンとメチルビニルケトンのHOMO-LUMO 相互作用で進行していると説明され，両基質の 2 カ所が結合する際，協奏的（concerted）に結合が生成する．このようにジエンとアルケン（ジエノフィルという）が協奏的に反応するので，生成物の 6 員環の置換基の立体化学が特異的に決まる．

下記の反応では，ブタジエンの π 結合と，メチルビニルケトンの π 結合が反応し，新たな σ 結合を形成している．1.3.2 で分子軌道法を説明したが，この反応では，それぞれの π 電子の分子軌道の相互作用を考えればよい．そして，その相互作用は，2 つの基質の最高被占軌道（HOMO）と最低空軌道（LUMO）の間のものを考えればよい．他の軌道の相互作用は，結合性軌道形成の安定化が乏しく重要ではない．この説明で，注意すべき点は，2 つの軌道が相互作用し，結合性軌道をつくるためには軌道の位相が一致しなければならないという点である．

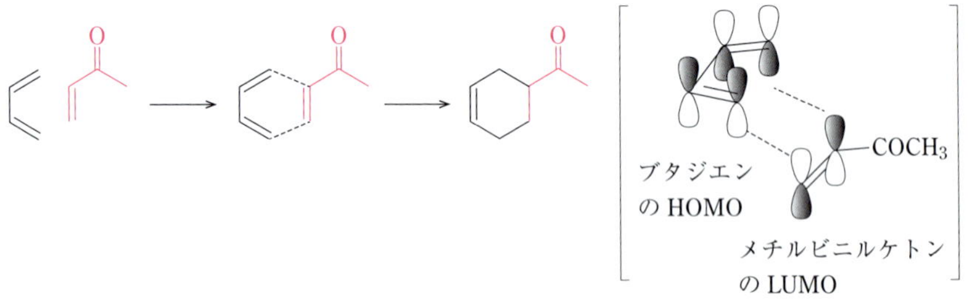

ディールス-アルダー反応を $(2E, 4E)$-2,4-ヘキサジエンと (E)-3-ペンテン-2-オンを用いて行うと，生成物となるシクロヘキセン化合物は，4 つのキラル中心を有する．この 4 つの炭素の相対的な立体化学は，ジエンの立体配置と，ジエノフィルの立体配置が E, Z いずれかであるということと，2 つの基質がどのような向きで相互作用するのかで一義的に決まる．次図に示すようにジエンに対し，ジエノフィルはカルボニル基がジエンの π 結合と重なるように接近するのが速度論的に有利とされており，8 種類あるジアステレオマーの中で，次図に示す 1 種類が選択的に生成する．ここで，ジエンとジエノフィルの重なりが，この図とは異なり，ジエノフィルが上から，ジエンが下からというように接近すればこのジアステレオマーのエナンチオマーが生成するが，その制御を行うことができれば，4 つのキラル中心の立体配置が完全に決定される．このようにシクロヘキセン化合物の立体選択的合成のもっとも有用な反応である．

D：電子供与基　　Z：電子求引基

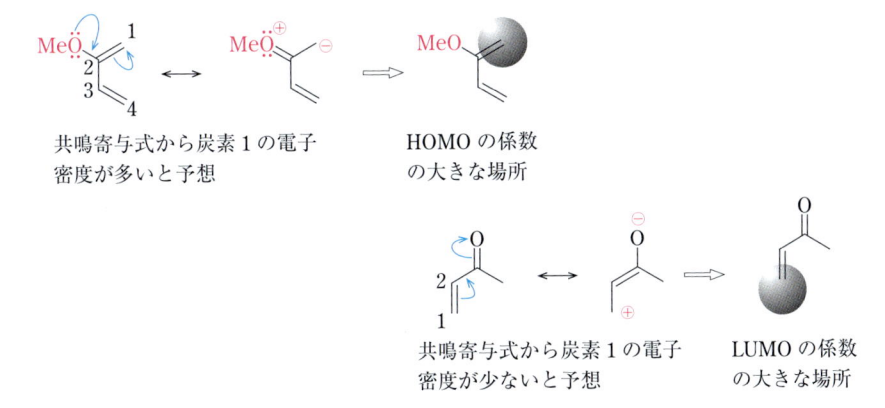

共鳴寄与式から炭素1の電子密度が多いと予想

HOMOの係数の大きな場所

共鳴寄与式から炭素1の電子密度が少ないと予想

LUMOの係数の大きな場所

HOMOの係数の大きな場所　　LUMOの係数の大きな場所

選択的に生成

6.7　極性中間体を通らない反応　133

ディールス-アルダー反応は，ジエンとジエノフィルとの協奏的反応によりシクロヘキセン環を合成するよい方法である．ジエノフィルは電子求引基が置換したものが反応に適しているが，ジエンの方は電子供与基が置換したものが好ましい．これらの基質が非対称である場合，生成物の位置異性体が2種類できる可能性がある．ジエンに置換した電子供与基は，ジエンのHOMOの係数を非対称化し，式に示した場所の係数を大きくする．ジエノフィルに置換した電子求引基は，式に示した場所のLUMOの係数を大きくする．これらが相互作用する際，係数の大きいもの同士が相互作用する方が有利であるので，生成する可能性のある位置異性体のうち1種類のみが選択的に生成する．この係数が大きいということは，HOMOにおいては，電子の存在確率が大きいということを示す．したがって，HOMOにおいて係数が大きいということは，下記の電子供与基が置換したジエンで，その供与基の寄与を考えれば容易に想像がつく．また，逆にLUMOにおいて係数が大きいということは，そこが大きく電子不足であるということを意味する．図に2-メトキシ-1,3-ブタジエンとメチルビニルケトンの例を示した．共鳴寄与式で電子の偏りを予想すると，それがそのままHOMO, LUMOの係数の大きさになる．

6.7.3 電子環状反応

ディールス-アルダー反応は，先に述べたように，ジエンとジエノフィル間でπ結合，σ結合が交換・再構築したと考えることもできる（**σ-π異性化反応**）．同様のσ-π異性化反応が，直鎖共役ポリエンでも進行し，環状化合物に「異性化」する．この反応も協奏的に進行するので，原料の立体化学が生成物の立体化学に一義的に対応する立体特異的な反応である．

$(2E, 4Z, 6E)$-2,4,6-オクタトリエンを加熱すると電子環状反応によりcis-5,6-ジメチル-1,3-シクロヘキサジエンとなり，光反応で電子環状反応を行うと，$trans$-5,6-ジメチル-1,3-シクロヘキサジエンとなる．これは反応がπ結合の重なりによって進行するため，分子軌道の位相の一致が必須になるからである．熱反応では，HOMOの両端の位相が一致するようにσ結合をつくるには両端が逆回り（逆旋）しなければならず，光反応では，LUMOの両端の位相が一致するようにσ結合をつくるので同旋過程で反応が進行する．そのため，生成物は，熱反応ではシス体，光反応ではトランス体が得られる．また，可逆反応であり，シクロヘキサン-1,3-ジエンを開環し，トリエンとする過程でも熱反応の場合は，逆旋過程であり，光反応の場合は同旋過程となる．

この共役ポリエンの電子環状反応，そして開環による共役ポリエンの生成は，共役ポリエンのHOMO, LUMOの両端の位相の一致により逆旋，同旋が決まるものであり，$(4n+2)$個のπ電子が関わるものは，熱的には逆旋，光反応では同旋となる．一方，$(4n)$個のπ電子が関わるものは，熱的には同旋，光反応では逆旋となる．

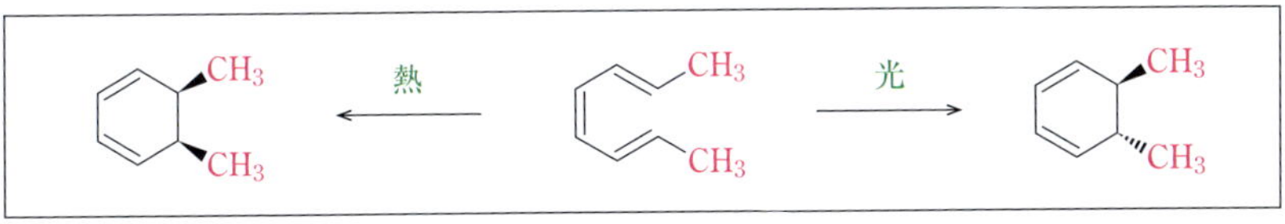

CH3
熱
光

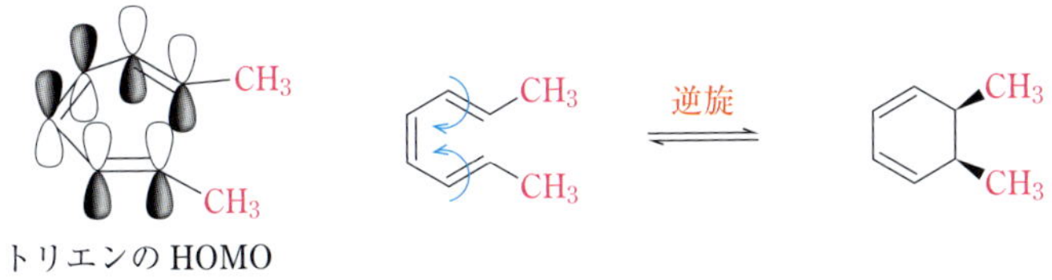

CH3
逆旋
トリエンの HOMO

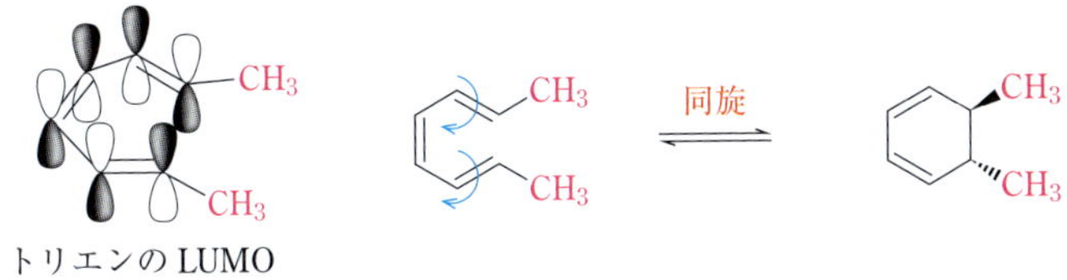

CH3
同旋
トリエンの LUMO

第6章のまとめ

本章では，有機化学反応の考え方の基本を学んだ．反応を記述することは，有機化学のもっとも重要な部分であり，また物質の合成という点でも興味深い．単純に，電子の移動を考えれば，反応が起こるのかどうかを予想はできるが，現在においても，正確に反応を予測することは，一部の基質間では可能ではあるが，完全には行えない．そのため，反応を開発するためには，実際に実験を行うことになるが，起こった反応を本章で学んだような手法で記述ができるということが一番重要である．このような記述ができれば，類縁の反応の予測，あるいは反応の効率の上昇などの対策をとれるようになる．

章末問題

1. 求電子付加反応．次の式の生成物を電子対の動きを示す矢印を用いた反応機構とともに記しなさい．

(1) 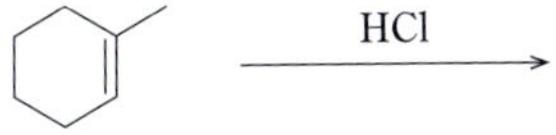

HCl

(2) 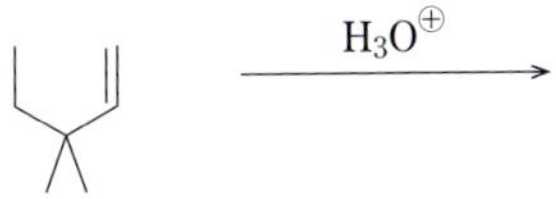

H3O⊕

(3) 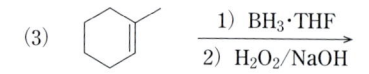 [methylcyclohexene] $\xrightarrow{\text{1) BH}_3\cdot\text{THF} \quad \text{2) H}_2\text{O}_2/\text{NaOH}}$

2. 以下の枠内に適切な化合物の構造式を記しなさい．

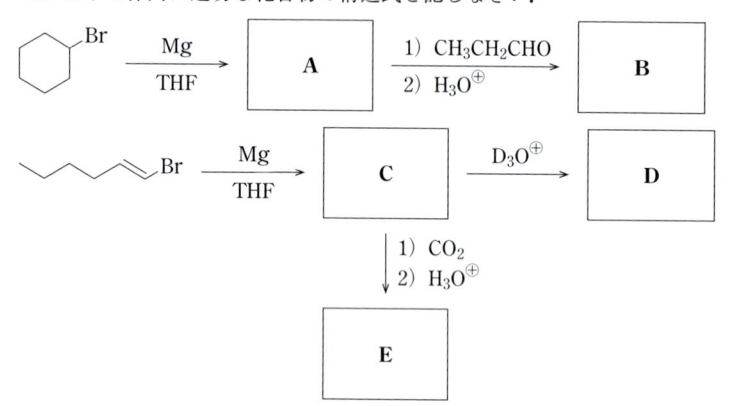

[cyclohexyl-Br] $\xrightarrow{\text{Mg, THF}}$ **A** $\xrightarrow{\text{1) CH}_3\text{CH}_2\text{CHO} \quad \text{2) H}_3\text{O}^{\oplus}}$ **B**

[CH₃CH₂CH₂CH=CH-Br] $\xrightarrow{\text{Mg, THF}}$ **C** $\xrightarrow{\text{D}_3\text{O}^{\oplus}}$ **D**

C $\xrightarrow{\text{1) CO}_2 \quad \text{2) H}_3\text{O}^{\oplus}}$ **E**

3. 以下の枠内に適切な化合物の構造式を記し，それぞれの反応機構を書きなさい．

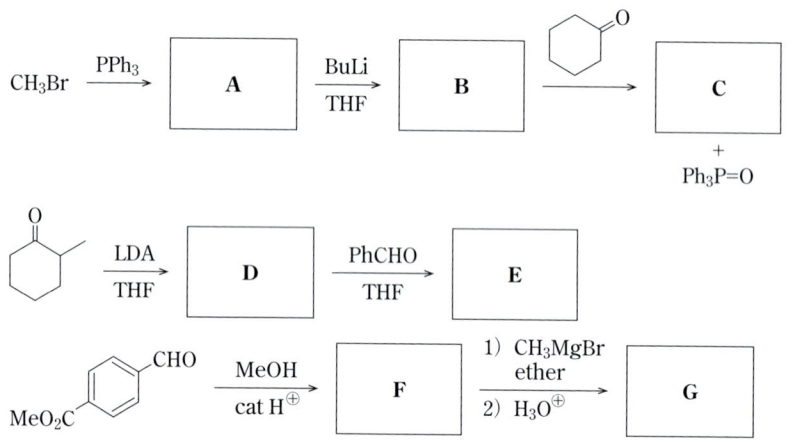

$CH_3Br \xrightarrow{PPh_3}$ **A** $\xrightarrow{\text{BuLi, THF}}$ **B** $\xrightarrow{\text{cyclohexanone}}$ **C** + Ph₃P=O

[2-methylcyclohexanone] $\xrightarrow{\text{LDA, THF}}$ **D** $\xrightarrow{\text{PhCHO, THF}}$ **E**

[MeO₂C-C₆H₄-CHO] $\xrightarrow{\text{MeOH, cat H}^{\oplus}}$ **F** $\xrightarrow{\text{1) CH}_3\text{MgBr, ether} \quad \text{2) H}_3\text{O}^{\oplus}}$ **G**

4. 芳香族求電子置換反応．次の式の生成物を電子対の動きを矢印で示した反応機構とともに記しなさい．

(1)  [PhCO₂Me] $\xrightarrow{\text{Br}_2/\text{AlBr}_3}$

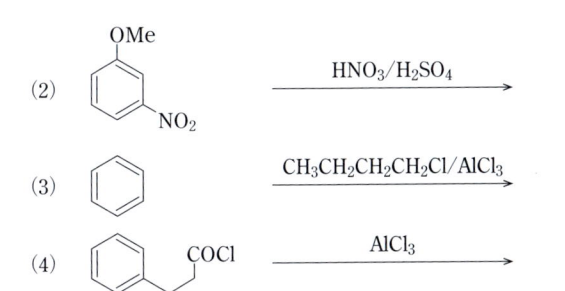

(2) 3-メトキシ-ニトロベンゼン + HNO₃/H₂SO₄ →

(3) ベンゼン + CH₃CH₂CH₂CH₂Cl/AlCl₃ →

(4) PhCH₂CH₂COCl + AlCl₃ →

5. 置換・脱離反応．次の式の生成物を電子対の動きを矢印で示した反応機構とともに記しなさい．また，その反応の種類（S_N1, S_N2 など）を記しなさい．

(1) (S)-2-ブロモブタン (Me, Br) + MeOH → （置換反応）

(2) (1R,2R)-1,2-ジフェニル-1-ブロモプロパン + t-BuOK / t-BuOH → （脱離反応）

(3) (S)-2-ブロモ-1-フェニルプロパン + KCN / MeCN → （置換反応）

(4) trans-1-メチル-2-ブロモシクロヘキサン + t-BuOK / t-BuOH → （脱離反応）

(5) (S)-2-ヘキサノール + 1) TsCl/pyridine 2) KCN/MeCN → （置換反応）

6. 以下の枠内に適切な化合物の構造式を記しなさい．

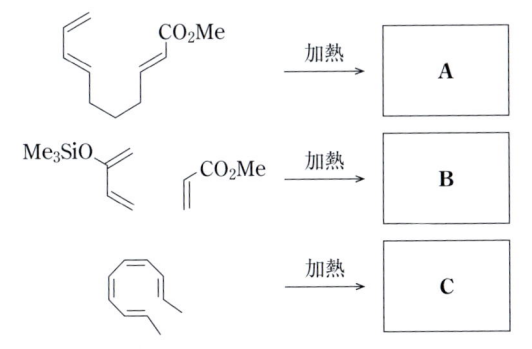

ジエン（CO₂Me 置換）+ 加熱 → **A**

Me₃SiO-ジエン + CH₂=CH-CO₂Me + 加熱 → **B**

メチル置換トリエン + 加熱 → **C**

章末問題 | *137*

第7章

生命関連の化学

本章では，生体を構成する重要な物質である糖，核酸，タンパク質の構造と機能について理解し，有機化学の視点から生命関連の化学について学ぶ．

7.1 糖　類

7.1.1 単糖類の化学構造

糖の中でまず理解すべきものは，グルコース（glucose：分子式 $C_6H_{12}O_6$）の化学構造である．フィッシャー投影式により鎖状に示される場合も，六員環の環状構造で示される場合も同じグルコースである．鎖状構造内にアルデヒド（−CHO）をもつことから，アルドース（aldose）とよばれる糖に分類される．

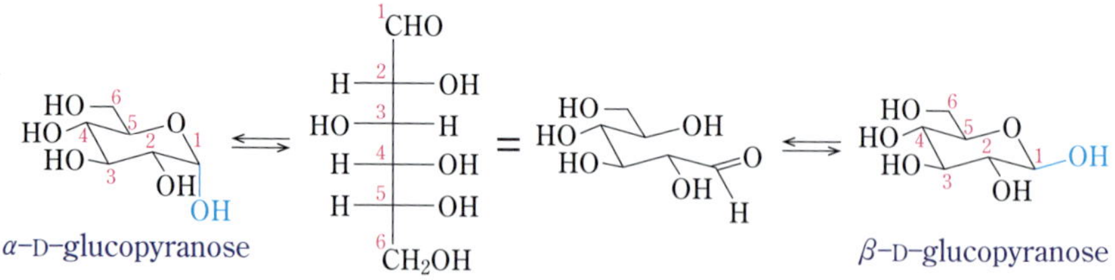

構造上の重要な特徴は，水溶液中で1位のアルデヒドと5位のヒドロキシ基の間でヘミアセタール（hemiacetal）の閉環と開環が平衡状態で存在することである．そのため，2種類の異性体が形成することになる．一般にそれらを，α（アルファ），β（ベータ）アノマーとして区別してよぶ．また，糖は D と L で表記するエナンチオマーが存在している．一

一般的に，生体内で利用されているのは，D-グルコースである．D, L 表記は，グリセルアルデヒドのフィッシャー投影式を基準に規定している表示法であり，糖やアミノ酸において使用されている（2 章参照）．

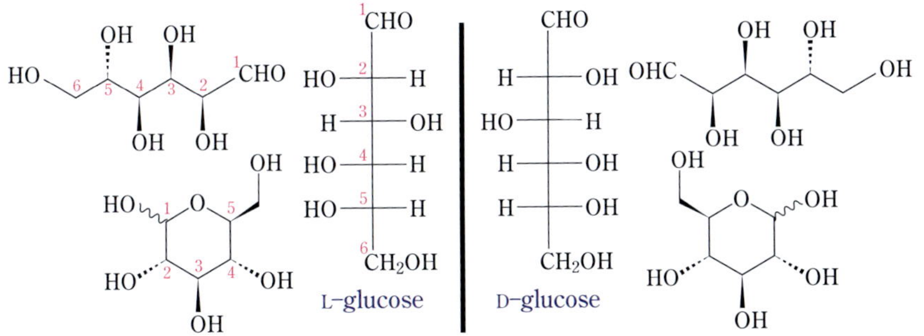

ガラクトース（galactose）は，4 位のヒドロキシ基の立体配置がグルコースと異なっているため，グルコースとジアステレオマーの関係にある．1 カ所のキラル中心の配置が異なる立体異性体を特にエピマー（epimer）という．この立体構造の相違により，ヒトはガラクトースを直接エネルギー源として利用できない．ガラクトースはガラクトキナーゼ（galactokinase）によって 1 位のリン酸化を受けた後，最終的には**グルコース-6-リン酸**（G6P）まで変換され，エネルギー源となる．

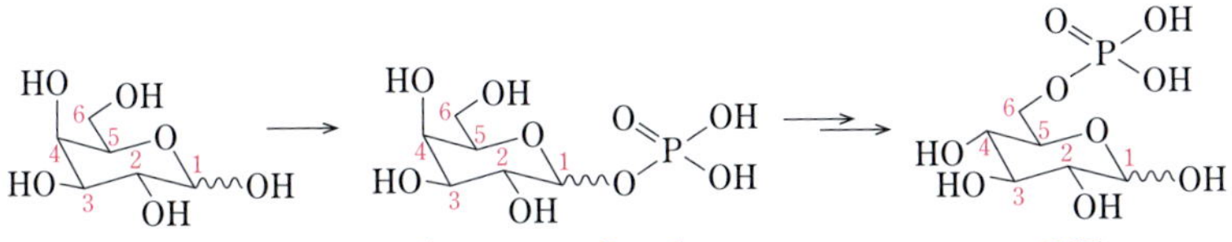

一般に，単糖が六員環を形成した場合，ピラノース（pyranose），五員環を形成した場合，フラノース（furanose）の名称をつける．名称は，ピラン（pyran）とフラン（furan）の環構造名に由来する．フラノースの一例として，**フルクトース**（fructose）の化学構造を示す．これもグルコースと同じ組成式を有する構造異性体であり，鎖状構造内にケトン（C=O）をもつことから，アルドースに対してケトース（ketose）とよばれる糖に分類される．フルクトースは水溶液中では，フルクトフラノースやフルクトピラノースの**ヘミケタール**（hemiketal）環構造と平衡状態で存在する．

7.1 糖類 | 139

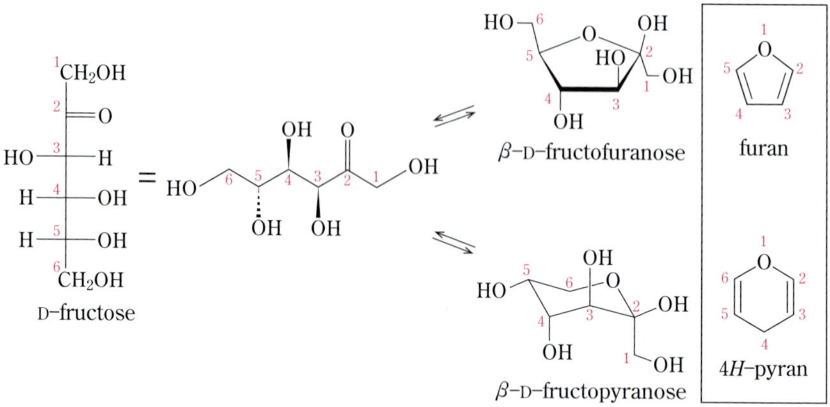

7.1.2 二糖類の化学構造

2つの糖が連結して二糖類を形成する．その結合の様式によって多様な二糖類が存在している．いくつかの二糖類の化学構造から各々の特徴的な結合様式を説明する．

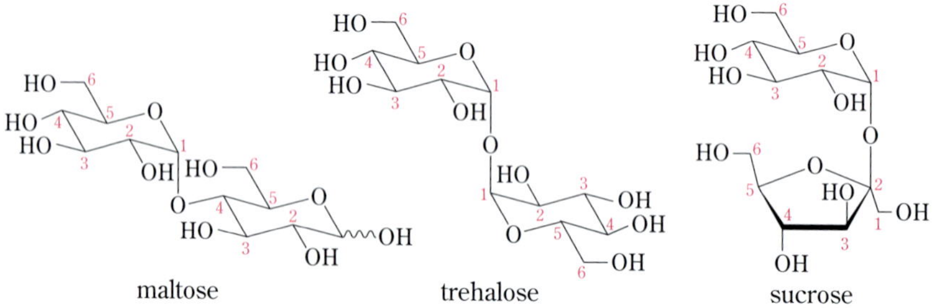

たとえば，**マルトース**（maltose）は，2分子のグルコースが α-1, 4-グリコシド（glycoside）結合した二糖である．**トレハロース**（trehalose）は，2分子のグルコースが α, α-1, 1-グリコシド結合した二糖である．**スクロース**（sucrose）は，α-グルコースの1位と β-フルクトースの2位との間でグリコシド結合した二糖である．これら3種の二糖は同じ分子式，$C_{12}H_{22}O_{11}$ であるものの，マルトースのみ C1 位のヘミアセタールの開環が可能であるため，還元性を有している．

7.1.3 多糖類の化学構造

多くの糖がグリコシド結合して多糖類を形成する．その結合様式は多種多様であり，一義的に定義することは難しいが，ここでは代表的な3種の糖の化学構造を紹介する．

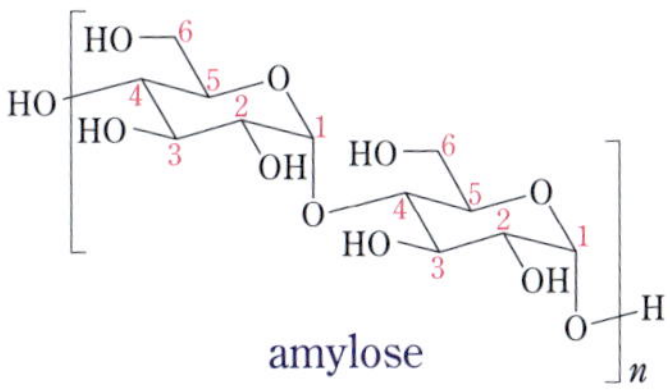

amylose

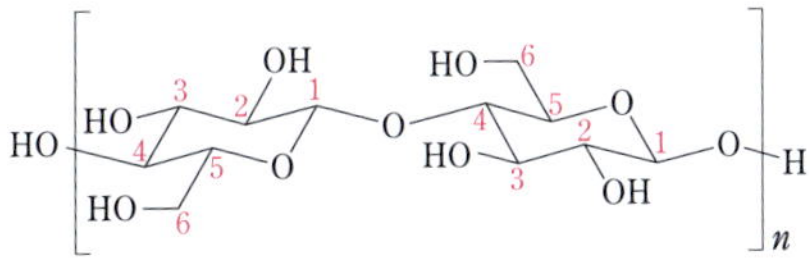

cellulose

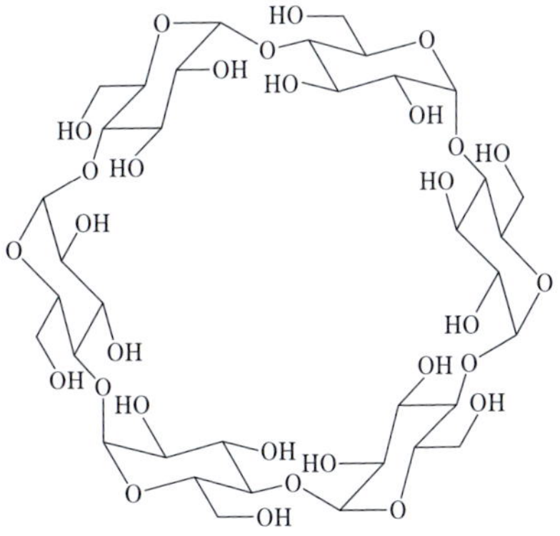

α-cyclodextrin

　アミロース（amylose）は，デンプンの構成成分の一種であり，D-グルコピラノースがα-1,4-グリコシド結合したらせん状の高分子である．セルロース（cellulose）は植物の細胞壁の構成物質であり，D-グルコピラノースが β-1,4-グリコシド結合した直鎖状の高分子である．これらの多糖は同じ分子式，$(C_6H_{10}O_5)_n$ で示される．

　また，シクロデキストリン（cyclodextrin）は，一般的に 6〜8 個の α-グルコースが α-1,4-グリコシド結合により環構造を形成したものである．近年，ホスト-ゲスト分子を利用する分子認識の研究分野において，シクロデキストリンは水素結合に富む特徴的なキラルな場を提供することができるため，有用な包接分子して利用されている．

7.1.4　糖の合成化学

　糖は，一般に天然の植物資源から単離，精製されている．たとえば，スクロースは，主にサトウキビから製造される．また，原料を化学的，酵素化学的に処理することにより，目的の糖へ変換することも多い．たとえば，グルコースは，ジャガ芋やトウモロコシのデンプンから化学的，酵素化学的に加水分解して製造される．トレハロースも，1990 年代に日本の企業が開発した特殊な酵素反応を活用した分解法によって，デンプンからの合成法が確立され，多くの食品に利用されるようになった．

　糖の化学合成を考える場合，もっとも重要な課題となるのは糖鎖間を連結しているグリコシド結合を位置選択的，立体選択的に制御しつつ効率よく構築する点である．一般に，糖は多くのヒドロキシ基を有しており，水に溶けやすい．反応の位置選択性を確保するために，連結反応に関与しないヒドロキシ基に対して，適切な保護基を比較的容易に導入することが可能である．一方で，グリコシド結合形成において，α と β の立体異性体を立体選択的に制御する手法の開発は困難を伴うものであり，これまでに数多くの研究者によって研究されている．

たとえば，1901 年に報告されたもっとも古典的なグリコシド合成法として知られているKoenigs-Knorr 法がその原点となる．この方法は，ブロモ化糖を銀塩の存在下，オキソニウム中間体を経由して，アルコールとグリコシド結合を形成させる反応である．

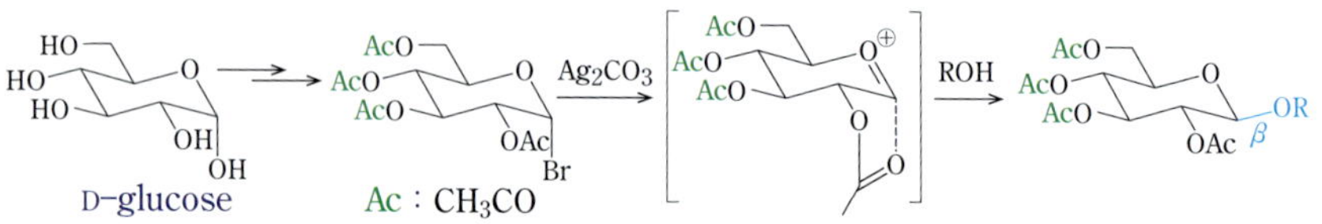

重要な点は，2 位のアシル基からの隣接基関与により 1,2-*trans* 付加が進行し，β-グリコシドが立体選択的に得られる点である．近年，ブロモ化糖は不安定すぎるため，非常に安定で取り扱いやすいフッ化糖が用いられることが多い．その最初の例として，1981 年に向山らによって，フッ化糖に $SnCl_2$-$AgClO_4$ を用いることで，α-グリコシドが立体選択的に得られる向山グリコシル化反応が報告されている．

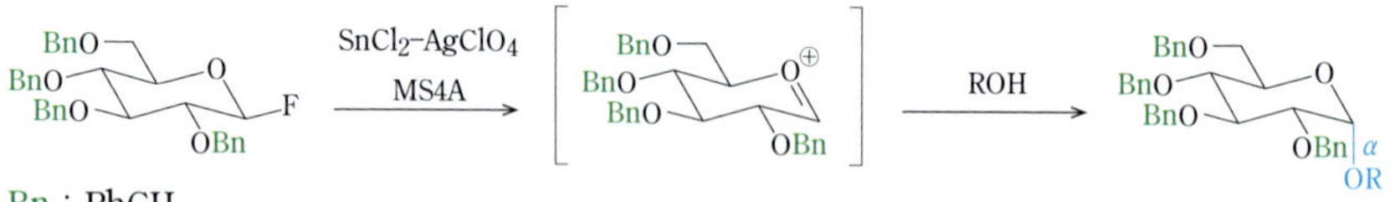

Bn：$PhCH_2$

molecular sieve(MS)：多孔質の空孔に水分子を強く吸着するため，各種有機溶媒の乾燥剤として広く用いられる．4A は，水分子の大きさに合った空孔を有している MS の種類である．

この反応は，2 位の保護基がベンジル基であるため，環内の酸素原子のもつ不対電子との静電的な反発によって，α-選択的に反応が進行している．また，系中に水が存在していると進行しないため，脱水剤としてモレキュラーシーブ(MS)4A を添加している．

トリクロロアセトニトリルと糖から容易に調製できるグリコシルトリクロロアセトイミデートも高い反応性を有しており，多くの糖鎖構築の際のグリコシル化反応に利用されている．1 つの例として，ルイス酸である $BF_3 \cdot OEt_2$ などを用いることにより，Koenigs-Knorr 法と同様にオキソニウム中間体を経由して，β-グリコシドを形成できる反応を挙げる．

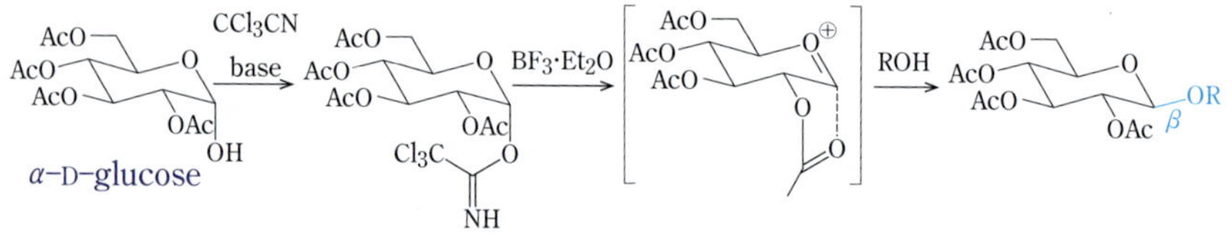

基本的に，糖のヒドロキシ基の立体配置，コンホメーション，保護基の立体障害，溶媒，反応剤，反応条件（温度，pH，金属イオンなど）などのさまざまな要因によって，グ

リコシル化反応の立体選択性は大きな影響を受ける．近年，特に構築が難しい1,2-*cis*-グリコシドの形成反応に，2位のヒドロキシ基に導入した置換基からの分子内転移反応を利用した手法や，架橋を形成する保護基により糖のコンホメーションを固定化して望む立体選択性を制御する手法など，糖分子の周辺環境を利用して立体選択的なグリコシド結合を形成しようとするさまざまな研究が進んでいる．

7.1.5 解 糖 系

ヒトの細胞内で利用されるD-グルコースは，ヘキソキナーゼ（hexokinase）によって，6位にリン酸化を受ける．グルコース-6-リン酸（G6P）は，解糖系によりフルクトース-6-リン酸（F6P）を経由して，**ピルビン酸**（pyruvic acid）まで代謝される．結果として，グルコース1分子がピルビン酸2分子に変換され，エネルギーとして**ATP**（adenosine triphosphate）が2分子生産されることになる．糖のリン酸化反応は，核酸の生合成においても重要な反応である．

二糖や多糖は，さまざまな基質特異的な酵素（マルターゼ，スクラーゼなど）によって単糖まで変換される．ガラクトースはG6Pへ，フルクトースはF6Pへ酵素によって変換される．酵素化学的に，α-1,4-グリコシド結合とβ-1,4-グリコシド結合は別物である．たとえば，アミロースのα-1,4-グリコシド結合を特異的に切断するのは，**アミラーゼ**（amylase）である．しかしながら，アミラーゼはβ-1,4-グリコシド結合を切断できない

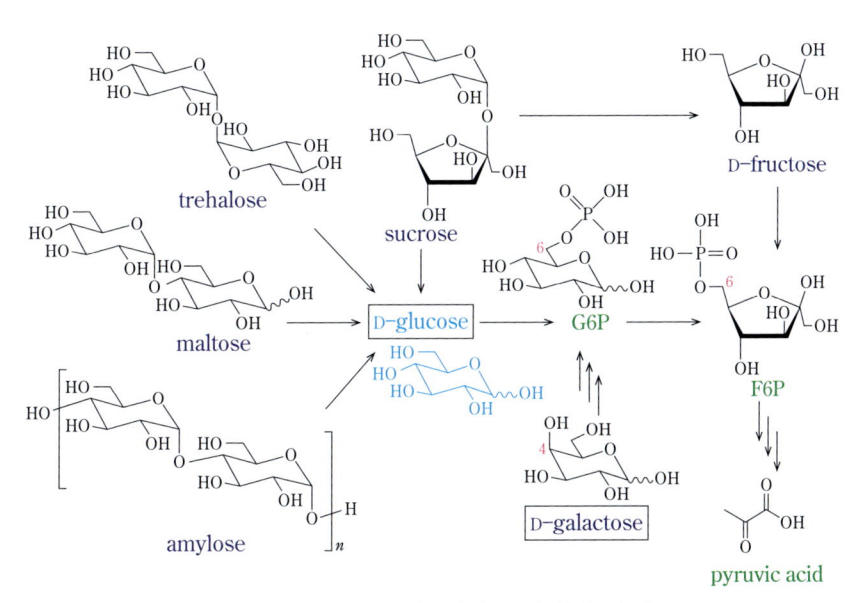

図 7.1 D-グルコースを中心とした解糖系の概略

ので，セルロースを代謝するためには，**セルラーゼ**（cellulase）が必要になる．残念ながら，ヒトはセルラーゼをもっていないため，セルロースをエネルギーとして利用することはできない．

7.2 核　　酸

7.2.1 核酸の化学構造

DNA（deoxyribonucleic acid）と RNA（ribonucleic acid）は類似した化学構造を有しており，**核酸**（nucleic acid）と総称される．核酸の基本的な化学構造は，塩基，糖，リン酸の3種類の単位によって構成されている．以下に塩基の化学構造を示す．

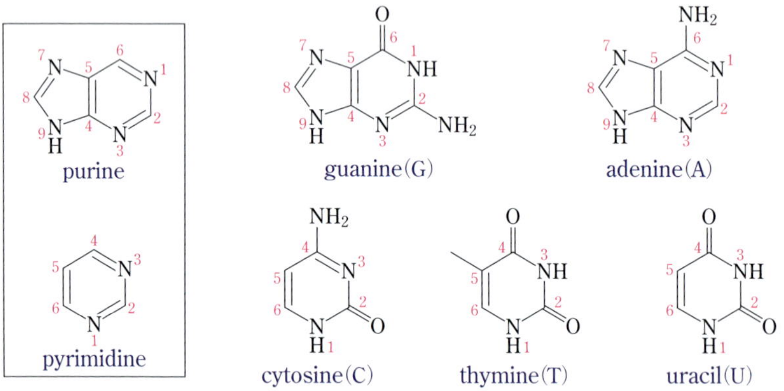

G：2-アミノ-1H-プリン-6（9H）-オン（2-amino-1H-purin-6（9H）-one）
A：9H-プリン-6-アミン（9H-purin-6-amine）
C：4-アミノピリミジン-2（1H）-オン（4-aminopyrimidin-2（1H）-one）
T：5-メチルピリミジン-2, 4（1H, 3H）-ジオン（5-methylpyrimidine-2, 4（1H, 3H）-dione）
U：ピリミジン-2, 4（1H, 3H）-ジオン（pyrimidine-2, 4（1H, 3H）-dione）

図 7.2　塩基の化学構造

G，A，C，T，U に続くコロン以下の名称は IUPAC 名である．各々の塩基の基本骨格の構造名に由来して，グアニン（G）とアデニン（A）はプリン（purine）塩基，シトシン（C），チミン（T），ウラシル（U）はピリミジン（pyrimidine）塩基とよばれている．それぞれの化学構造上に，位置を示す番号を示している．

核酸内に存在する糖は，RNA ではリボース（ribose），DNA では 2′-デオキシリボース（2′-deoxyribose）である．核酸内の糖に対して，それぞれ C1′ 位から C5′ 位の番号が決められている．塩基と糖から構成される化学構造は，**ヌクレオシド**（nucleoside）と総称さ

れる．ヌクレオシドは，糖のC1′位とプリン塩基のN9位（ピリミジン塩基のN1位）と連結した構造をもつ．RNAの場合は，各々の塩基の名称に対応して**グアノシン**（guanosine），**アデノシン**（adenosine），**シチジン**（cytidine），**ウリジン**（uridine）と呼称される．一方，DNAには2′-deoxyを冠することになる．

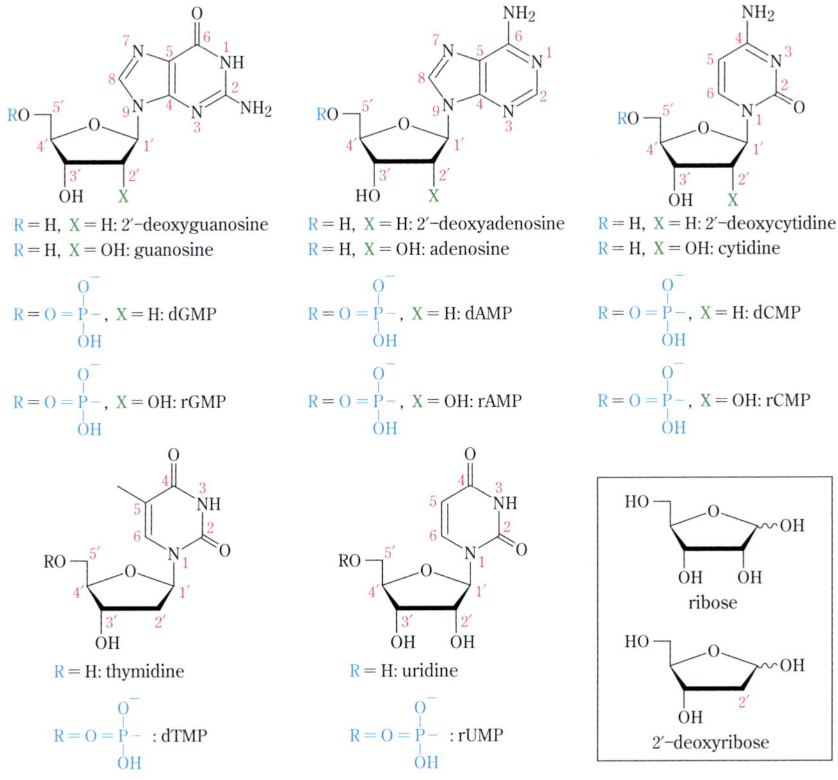

R = H, X = H: 2′-deoxyguanosine
R = H, X = OH: guanosine
R = O=P(O⁻)(OH)-, X = H: dGMP
R = O=P(O⁻)(OH)-, X = OH: rGMP

R = H, X = H: 2′-deoxyadenosine
R = H, X = OH: adenosine
R = O=P(O⁻)(OH)-, X = H: dAMP
R = O=P(O⁻)(OH)-, X = OH: rAMP

R = H, X = H: 2′-deoxycytidine
R = H, X = OH: cytidine
R = O=P(O⁻)(OH)-, X = H: dCMP
R = O=P(O⁻)(OH)-, X = OH: rCMP

R = H: thymidine
R = O=P(O⁻)(OH)-: dTMP

R = H: uridine
R = O=P(O⁻)(OH)-: rUMP

ribose

2′-deoxyribose

GMP：グアノシン-5′-一リン酸（guanosine-5′-monophosphate）
AMP：アデノシン-5′-一リン酸（adenosine-5′-monophosphate）
CMP：シチジン-5′-一リン酸（cytidine-5′-monophosphate）
TMP：チミジン-5′-一リン酸（thymidine-5′-monophosphate）
UMP：ウリジン-5′-一リン酸（uridine-5′-monophosphate）

図 7.3 核酸の化学構造

さらに，リン酸がヌクレオシドの糖のC5′位のヒドロキシ基と連結したものは，**ヌクレオチド**（nucleotide）と総称し，核酸の構成単位として重要である．ヌクレオシドと同様に，基本的に各々の塩基に対応して呼称される．略号の文頭にある小文字のdは2′-deox-

7.2 核　　酸 | 145

yribose, 小文字の r は ribose を意味している．DNA と RNA，両者の化学構造上の違いは，ピリミジン塩基である T と U における 5 位のメチル基の有無と，糖の C2′ 位のヒドロキシ基の有無の 2 点である．

7.2.2 水素結合による塩基対形成

核酸を構成する塩基の重要な化学的特性は，**水素結合**を介して特定塩基間で塩基対 (base pair，略号：bp) を形成することである．下図に示すように，プリン塩基とピリミジン塩基の間で形成される水素結合 (hydrogen bond) によって，G は C を，A は T もしくは U を特異的に認識して**相補的な**塩基対 (complementary bp) を形成する．

G (N1 位の H，C2 位のアミノ基，C6 位のカルボニル基) と C (C2 位のカルボニル基，N3 位の窒素，C4 位のアミノ基) との間に 3 本，A (N1 位の窒素，C6 位のアミノ基) と T もしくは U (N3 位の水素，C4 位のカルボニル基) の間に 2 本の水素結合が形成される．これらはワトソン-クリック (Watson-Crick) 塩基対と総称される．

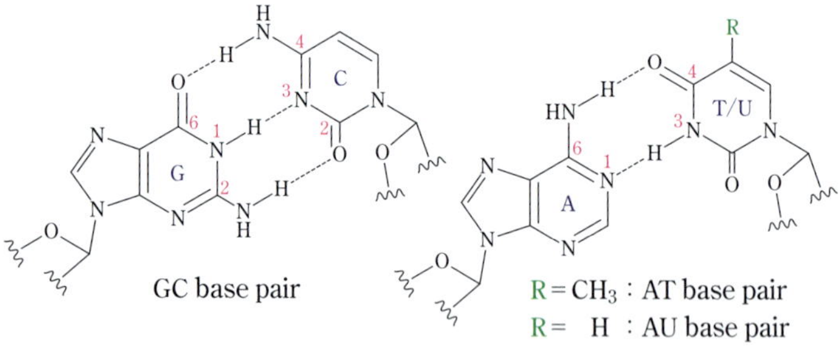

GC base pair

R = CH$_3$：AT base pair
R = H：AU base pair

7.2.3 核酸の鎖構造

各ヌクレオチド間で，糖の C3′ 位のヒドロキシ基と C5′ 位のリン酸基が連続的に連結されると，リン酸ジエステル結合からなる鎖 (strand) 構造が形成する．核酸の鎖構造は慣例として，図 7.4 の上側に示すように C5′ 末端側を向かって左側に書く．

一般的に，数十塩基対程度の長さのものを**オリゴヌクレオチド** (oligonucleotide) とよぶ．略号で記載する場合，C5′ 末端側から順番に塩基の省略記号 (G, A, C, T) を連ねて表記する．7.4 で後述する生体内の mRNA の生合成が 5′ (上流) → 3′ (下流) 方向へ進行するため，核酸の塩基配列を文字列で表記する場合，語頭に 5′–，語尾に –3′ を付けて，左から右へ 5′ → 3′ 方向へ書くことが一般的である．DNA の場合は，一本鎖 DNA (single stranded DNA，略号：ssDNA) と呼称する．一本鎖 DNA は相補的な塩基配列 (base pair sequence) をもつ鎖間での塩基対を介して，二本鎖 DNA (double stranded DNA，略号：dsDNA) 構造を安定に形成する．RNA 鎖も DNA と同様の性質を有している．

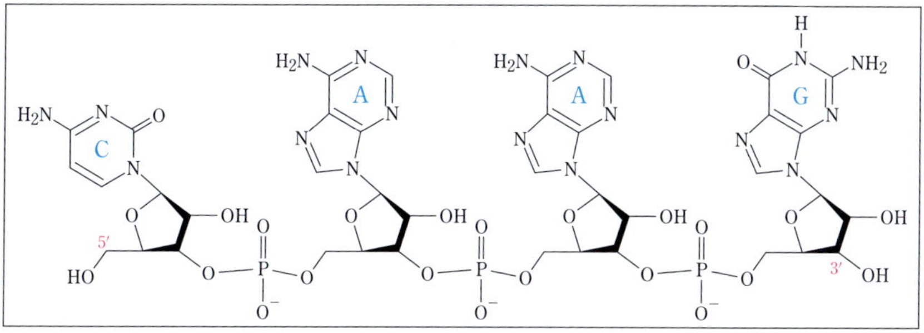

5′-rCAAG-3′ (ssRNA)

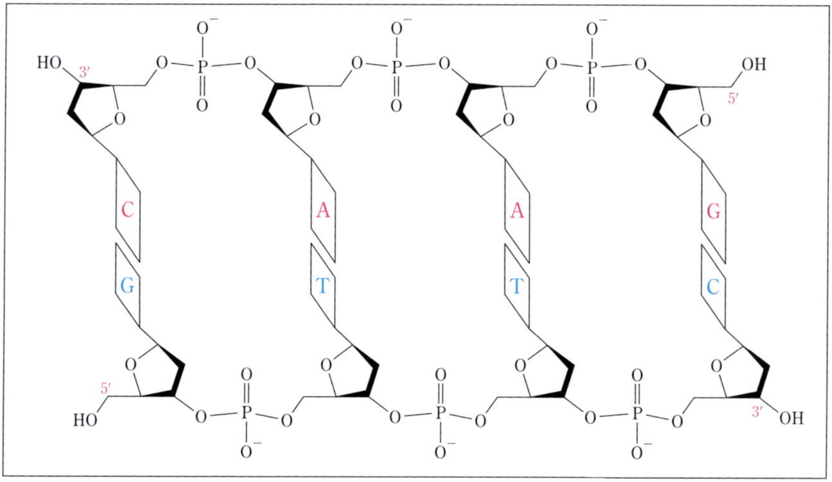

5′-dGTTC-3′
3′-dCAAG-5′ (dsDNA)

図 7.4　オリゴヌクレオチドの構造

7.2.4　核酸の高次構造

　DNA の高次構造は，1953 年にワトソン–クリックらによる DNA の X 線結晶構造解析による実験結果を基盤にして提唱されている．二本鎖 DNA においては，右巻きの B 型二重らせん（double helix）構造を，二本鎖 RNA においては，右巻きの A 型二重らせん構造を安定に形成することができる．B 型二重らせん構造は，1 巻きの長さは約 3.3 nm からなり，1 ピッチに約 10 個の塩基対が配置されている．また，DNA 二重らせん構造には，主溝（major groove）とよばれる約 2.2 nm の溝と，副溝（minor groove）とよばれる約 1.1 nm の溝がある．対して，A 型二重らせん構造は，1 巻きの長さは約 2.9 nm であり，1 ピッチに約 11 個の塩基対が配置されている．同じ塩基数のオリゴヌクレオチドで比較する

7.2　核　　酸　｜　*147*

と，A型は太く短く，B型は細く長くなる（図7.5）.

一方，溶液中での核酸の高次構造の分布は，DNA周辺の親水・疎水環境，核酸の塩基配列，GC塩基対とAT塩基対の比率（GC含有量）などによって変化する．特に，溶液中で核酸は，リン酸アニオンのナトリウム塩やカリウム塩の形で存在しているため，金属イオンの種類や濃度の影響は大きい．

核酸が存在している細胞内環境は水溶液条件に近い状態であり，これらの二重らせん構造は，疎水領域（塩基対）を内部に，親水領域（糖，リン酸）を外周にもつミセルに類似した状態で高次構造を安定化しているといえる．

B-form　　　　　　　　A-form

minor groove

major groove

major groove 2.2 nm

minor groove 1.1 nm

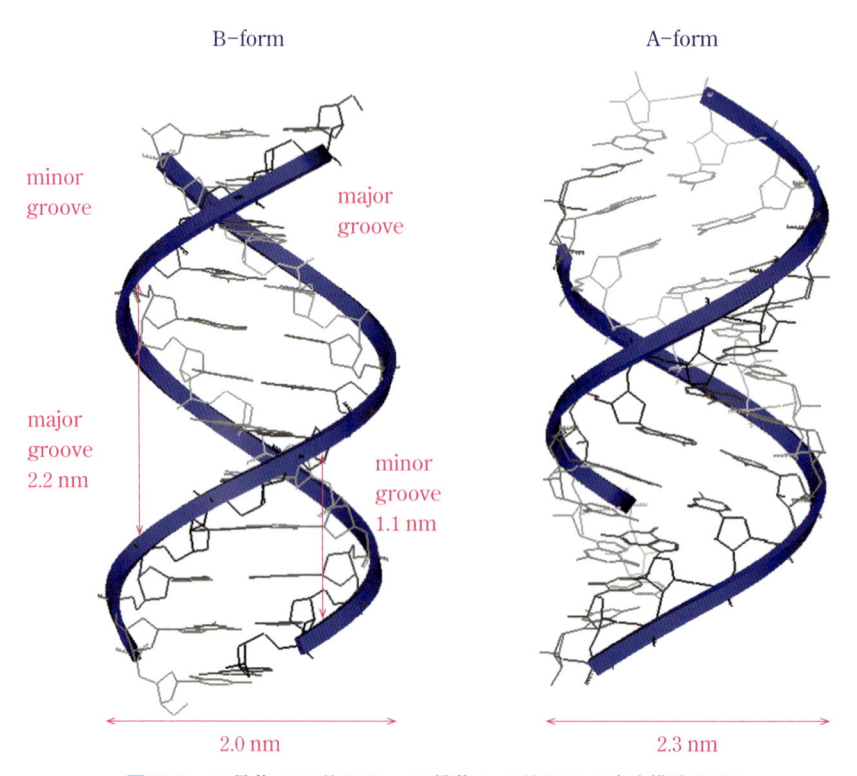

2.0 nm　　　　　　　2.3 nm

図7.5　12量体のB型DNA，12量体のA型RNAの高次構造モデル

また，糖のコンホメーションも核酸の高次構造に大きな影響を与える要素の1つに挙げられる．すなわち，B型らせん構造内のDNA鎖の2′-デオキシリボースは，すべてC2′ endoとよばれるコンホメーションをとっている．対照的に，A型らせん構造内のRNA鎖のリボースは，すべてC3′ endoコンホメーションをとっている．この糖のコンホメーションの変化によって，リボースのC2′位のヒドロキシ基はらせん構造の外に突き出すこと

になり，A型RNAの高次構造の安定化に寄与することになる．

dsDNA C2′endo

dsRNA C3′endo

7.2.5 核酸の合成化学

細胞内に存在する核酸は，有機化学の研究対象としては不向きな巨大な分子量をもっている．したがって，核酸の構造化学的研究を進めるためには，解析可能な大きさの塩基配列をもつ核酸オリゴヌクレオチドの汎用的な合成法の確立が重要である．

核酸の化学合成において，リン酸ジエステル結合の形成反応は重要な鍵反応である．初期の核酸の化学合成にはC3′位のヒドロキシ基上の5価のリン酸とC5′位のヒドロキシ基との間の脱水縮合反応による結合形成が行われている．しかしながら，その低い反応性の

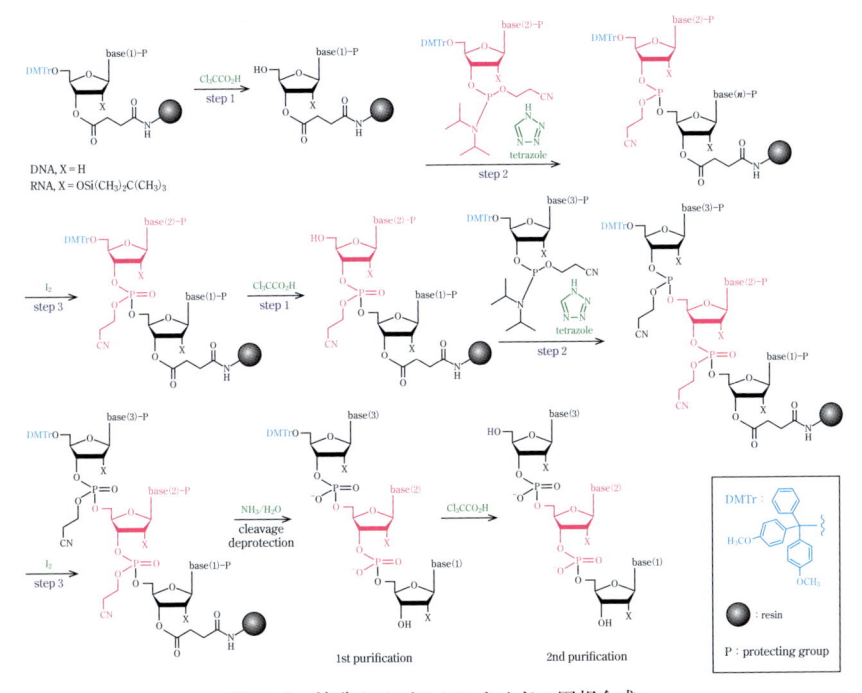

図 7.6 核酸オリゴヌクレオチドの固相合成

7.2 核　酸 | 149

ため，オリゴヌクレオチドの合成に適用することは困難であった．

現在，ホスホルアミダイト（phosphoramidite）法が一般的な核酸の化学合成法として利用されている．C3′位のヒドロキシ基上に高い反応性をもつ3価リンを用いるこの方法によって，自動合成プログラムでコントロールすることが可能になった．

図7.6に示すように，反応サイクルはまず固相担体（resin）上の5′末端に存在するヒドロキシ基のジメトキシトリチル（4,4′-dimethoxytrityl，略号：DMTr）基を，酸によって脱保護する（step 1）．次いで，C5′末端のヒドロキシ基にテトラゾールにより活性化した次のヌクレオチドを反応させて，リンと酸素の結合を形成させる．一般に，通常の天然塩基をもつ核酸合成の場合は，反応効率（step 2）は99%を超える．

酸化剤（I_2）によるリン原子の3価から5価への酸化（step 3）を進める．なお，TやU以外の塩基上のアミノ基は反応しないようにイソブチリル基やベンゾイル基などの**保護基**（protecting group）で保護しておく必要がある．塩基上のアミノ基の保護基は，最終的に濃アンモニア水条件によって脱保護される．また，RNA合成は，2′位のヒドロキシ基に導入された保護基の立体障害のため，step 3においてDNA合成と比べて長い反応時間が必要になる．step 2の後に残る未反応の5′-ヒドロキシ基を無水酢酸によりアセチル化することでキャッピング（capping）を行う場合もある．自動合成機に設定されたプログラムに基づいて，一連の合成サイクル（step 1-3）が繰り返されることによって，目的の塩基配列をもつ保護されたオリゴヌクレオチドが，固相担体上に伸長されることになる．

なお，RNAは2′-ヒドロキシ基が存在しているためにアルカリ性水溶液中で非常に不安定である．そのため，濃アンモニア水による担体からの切り出し後，DMTr基を除去するまで2′-ヒドロキシ基の保護基は残しておく必要がある．その保護基には，*tert*-ブチルジメチルシリル（TBDMS）基などが知られている．最終工程において，フッ化テトラブチルアンモニウム（TBAF）などを用いた穏やかな中性条件により保護基を脱保護して，目的のRNAオリゴヌクレオチドを合成している．

固相担体からオリゴヌクレオチドを切り出す条件として，室温下，濃アンモニア水が用いられる．この条件下，C3′末端のヒドロキシ基上に結合した固相担体由来のカルボン酸とのエステル結合の加水分解と，リン酸上のシアノエチル基の脱離が同時に生じる．さらに，加熱することにより，塩基上に存在する保護基の脱保護も進行する．

この段階のオリゴヌクレオチドには，キャッピングによって伸長が停止した短いオリゴヌクレオチドが混入しており，研究目的に応じて精製（purification）する必要がある．副生成物や反応剤の残渣は，目的物と極性や分子量の差を利用して，精製段階で目的のオリゴヌクレオチドから除去できる．研究用途に耐え得る高純度の核酸を精製するには，まず5′末端ヒドロキシ基上のDMTr基の脂溶性を利用して1回目の精製を実施する．次いで，DMTr基を酸によって脱保護した後，2回目の精製作業を行う．通常，精製には，高速液体クロマトグラフィー（High Performance Liquid Chromatography，HPLC）やポリアクリ

ルアミドゲル電気泳動（Poly-Acrylamide Gel Electrophoresis, PAGE）が用いられる．

7.3 タンパク質

7.3.1 アミノ酸の化学構造

　タンパク質は生体を構成している物質の中でも多種多様な機能と構造を有している．本節では，まず化学構造を中心にタンパク質を理解するために，20種類のアミノ酸の化学構造について述べる．4種類のヌクレオチドよりなる核酸とは異なり，基本的にタンパク質は20種類のアミノ酸によって構成されている．アミノ酸の化学構造は，炭素原子を中心に側鎖（−R）と，アミノ基（−NH$_2$），カルボキシ基（−CO$_2$H）を有している点で共通している．タンパク質の重要な情報である1次配列を表す場合には，アミノ酸の一文字表記が主に使用される．アミノ酸の側鎖は，それぞれのアミノ酸の性質を規定する．側鎖の性質によって，アミノ酸は分類される．

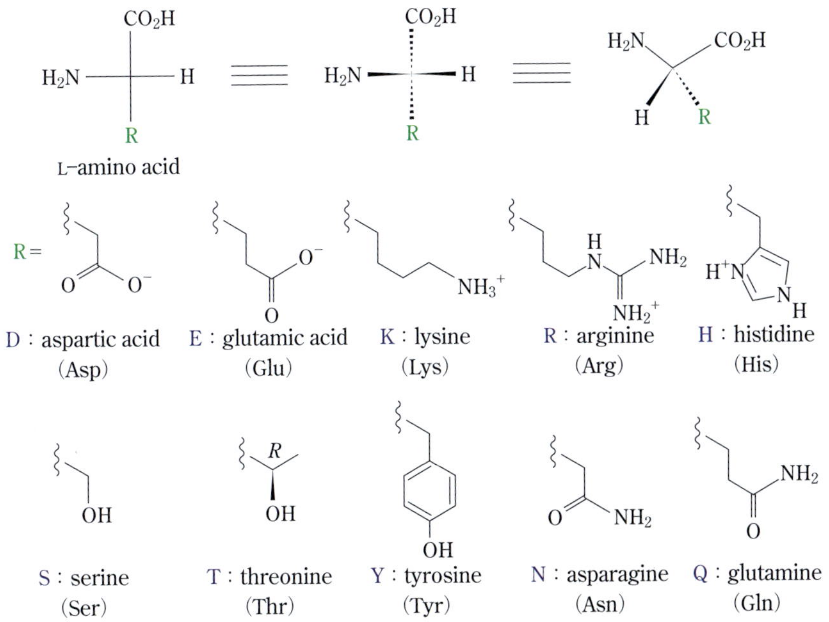

図 7.7　極性アミノ酸の化学構造［一文字表記：英名（三文字表記）］

　タンパク質の機能を理解する上で特に重要なものは，極性を有するアミノ酸である．側鎖に負の電荷を有する酸性アミノ酸として，**D**（Asp）と **E**（Glu），正の電荷を有する塩基性アミノ酸として，**K**（Lys），**R**（Arg），**H**（His）が挙げられる．また電荷は中性であるが，分

7.3 タンパク質 | 151

子内に極性を有する親水性のアミノ酸として，S（Ser），T（Thr），Y（Tyr），N（Asn），Q（Gln）を加えて，**極性アミノ酸**として分類される．その他のアミノ酸は，**非極性アミノ酸**に分類される．アミノ酸側鎖の電荷がタンパク質全体の電荷に影響を与えている．

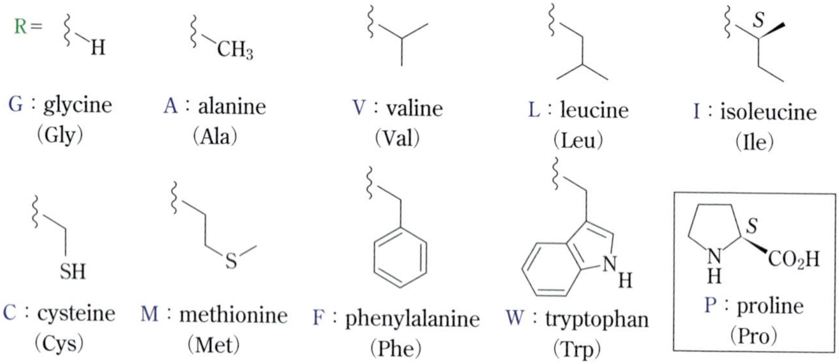
R＝
H
CH_3
S
G：glycine
（Gly）
A：alanine
（Ala）
V：valine
（Val）
L：leucine
（Leu）
I：isoleucine
（Ile）
SH
S
N
H
S
N
H
CO_2H
C：cysteine
（Cys）
M：methionine
（Met）
F：phenylalanine
（Phe）
W：tryptophan
（Trp）
P：proline
（Pro）

図 7.8　非極性アミノ酸の化学構造［一文字表記：英名（三文字表記）］

W（Trp），Y（Tyr），F（Phe）は芳香族性アミノ酸として分類される．中でも，W（Trp），Y（Tyr）は，280 nm 付近に強い紫外吸収を示すので，簡便なタンパク質の濃度決定に利用される．また，P（Pro）のみアミノ基を含む五員環を有するアミノ酸であり，タンパク質の高次構造に与える影響は大きいため，β-シート構造をとりにくくする．

7.3.2　アミノ酸のキラリティー

G（Gly）を除くアミノ酸の化学構造にはキラリティーが存在している．アミノ酸のキラル中心を表記する場合，D/L 表示法が立体配置を示す手法として用いられる（第 2 章参照）．通常，生体を構成しているタンパク質に含まれるアミノ酸は，すべて L 系列の相対立体配置を有している．なお，糖やアミノ酸以外の化学構造には，D/L 表記は一般に用いられない．一般的には，*R*/*S* 表示法（*R*/*S* convention）が使用されている．下図に示すように，*R*/*S* 表示法にしたがって，すべての L-アミノ酸を表記した場合，C（Cys）のみ *R* 体，C（Cys）以外のすべてのアミノ酸は *S* 体となる．これは優先順位則によって，Cys のみ置換基の優先順位が異なるためである（NH_2 ＞ CH_2SH ＞ COOH ＞ H）．

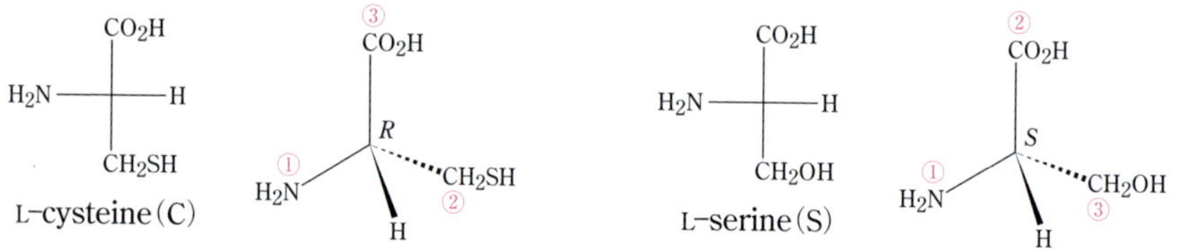
CO_2H
H_2N
H
CH_2SH
L-cysteine（C）
③
CO_2H
R
①
H_2N
CH_2SH
②
H
CO_2H
H_2N
H
CH_2OH
L-serine（S）
②
CO_2H
S
①
H_2N
CH_2OH
③
H

7.3.3 ペプチド結合の形成

タンパク質は，アミノ酸のアミノ基とカルボキシ基との間で脱水して生じるペプチド（peptide）結合 [一般には，アミド（amide）結合] によって構成される．一般に，アミノ酸の間のペプチド結合の形成反応は，**縮合反応**（condensation reaction, or coupling reaction）の一種であり，さまざまな縮合剤が使用される．初期の縮合反応においては，アミノ酸の α-炭素上のキラル中心が，少なからずラセミ化（racemization）することが大きな問題であった．近年，新しい保護基や縮合剤の開発によって，ほとんどラセミ化することなく，かつ収率の高い縮合反応が可能になっている．

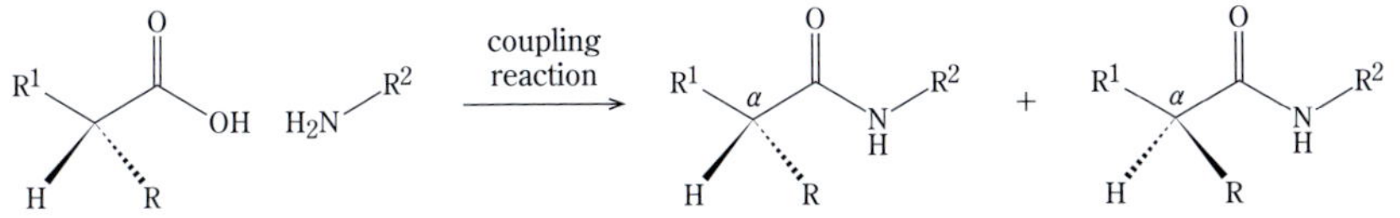

古典的な反応例として，液相反応で汎用されている安価な縮合剤である DCC（N,N'-dicyclohexylcarbodiimide）を挙げる．DCC を用いる脱水縮合条件下，ペプチド結合は形成されるものの，α-炭素上のラセミ化反応や転移反応などの副反応を伴うことが知られている．また，DCC から反応の進行に伴って生成する結晶性の高い DCU（N,N'-dicyclohexylurea）が，ペプチドを単離，精製する際に除去しにくいという問題もある．

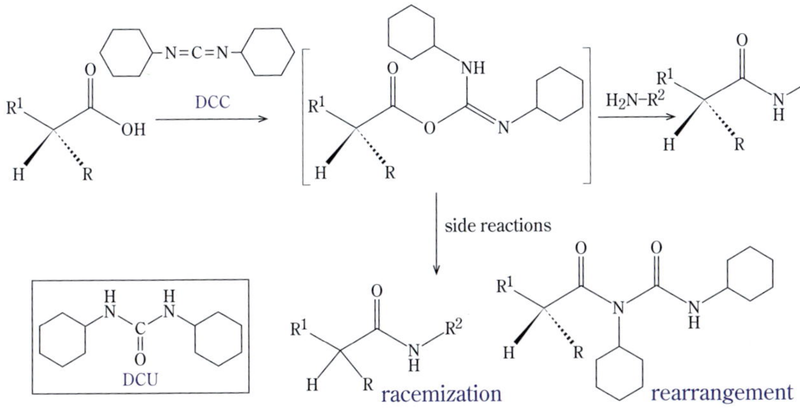

さらに，DCC とカルボン酸から形成される不安定な活性エステルを回避するために，DCC とともに HOBt（1-hydroxybenzotriazole）や HOSu（N-hydroxysuccinimide）を加え，比較的安定な活性化エステルを合成した後，縮合反応を進める手法も利用されている．

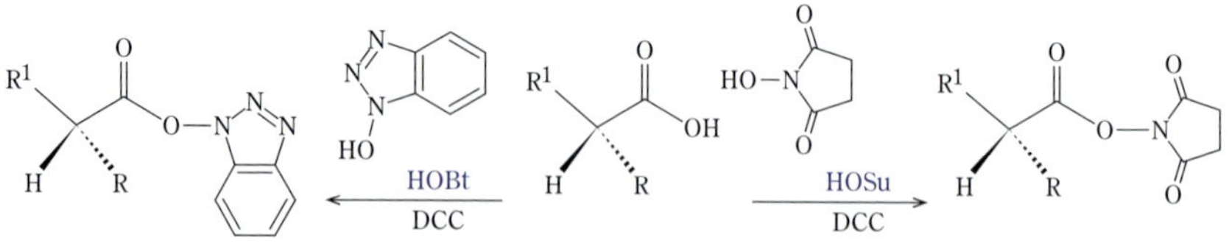

ペプチド合成に用いる縮合剤には，(i) 高い反応効率，(ii) α-炭素上のラセミ化の抑制，(iii) 容易に精製可能，などの特性が求められる．これまでにそれらの要求を満たすさまざまな縮合剤が開発されている．

たとえば，PyBOP [(benzotriazol-1-yloxy)tripyrrolidinophosphonium hexafluorophosphate] や HATU [2-(7-aza-1H-benzotriazole-1-yl)-1,1,3,3-tetramethyluronium hexafluorophosphate] はペプチド合成における優れた縮合剤であり，短時間でカルボン酸を活性化することができる．DCC，HOBt を併用する縮合条件に比べて，DCC 由来の副反応を心配することなく，ラセミ化を抑制しつつ目的の縮合反応を進行させることができる．また，FDPP (pentafluorophenyl diphenylphosphinate) は，塩基である DIEA (diisopropylethylamine) などの存在下，カルボン酸を比較的安定な活性エステルであるペンタフルオロフェニルエステルへ変換することができる．これらの縮合剤においては，α 位の炭素上のラセミ化は十分抑制されており，反応後，縮合剤から副生する残渣も，容易に除去できる．

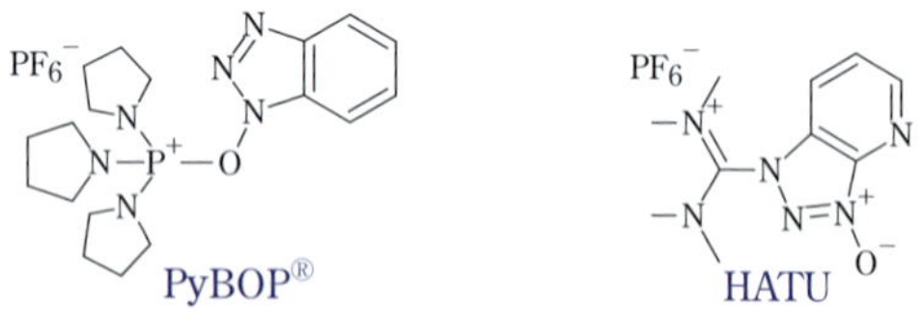

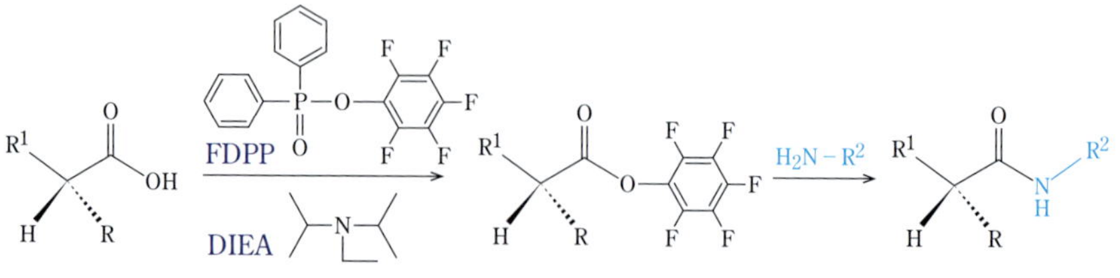

7.3.4 ポリペプチドの合成化学

核酸の化学合成と同様に，自動合成機によって望むアミノ酸配列をもつポリペプチドを固相合成することができる．これまでに開発されたポリペプチドの固相合成法として，Fmoc (9-fluorenylmethyloxycarbonyl) 法と t-Boc (tertiary-butoxycarbonyl) 法が知られ

ている．これらは，固相合成におけるアミノ基の保護基（Fmoc 基と t-Boc 基）の違いに由来して呼称されており，脱保護条件に違いはあるが，基本的に類似した合成工程から成り立っている．最近では，さまざまなアミノ酸を担持した固相担体が市販されている．ペプチド鎖を円滑に伸長させるためには，固相担体上に適度な量で最初のアミノ酸残基を担持させることが重要である．たとえば，担持量が多すぎる場合，ペプチド鎖間の立体的な相互作用によって，しばしば縮合反応が阻害される．

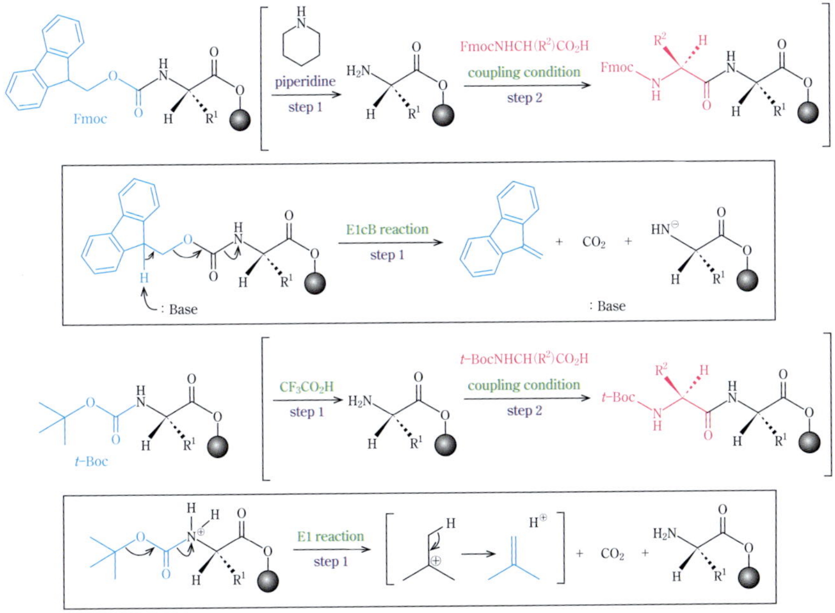

図 7.9 固相合成法

まず，Fmoc 法の場合はピペリジン（piperidine），t-Boc 法の場合はトリフルオロ酢酸を用いて固相担体上のアミノ基の保護基が脱保護される（step 1）．一般的に，Fmoc 基は酸性条件には耐性があるが，二級アミンの添加によって容易に脱保護できる．一方，t-Boc 基は強塩基性条件に対して安定であるが，強酸性条件によって脱保護できる．これらの工程中で生じる保護基に由来する副生物は，洗浄操作によって担体から除去される．

次に担体上のアミノ基と次のアミノ酸のカルボキシ基を縮合させることによって，ペプチド結合が形成される．一般に，通常の天然アミノ酸を用いるペプチド合成の場合，縮合反応（step 2）の効率は 96～97％ に達する．この合成工程をアミノ酸の一次配列にしたがって繰り返すことで，ペプチド鎖が伸長していく．核酸合成と同様に，未反応の固相担体上のアミノ基に対して無水酢酸を用いたキャッピング工程を入れる場合もある．

目的の長さまでポリペプチドを合成した後，担体の種類に適した反応条件によって，ポリペプチドを担体から切り出し精製する．また，アミノ基やヒドロキシ基などの反応性を有するアミノ酸の側鎖の官能基は，保護基で適切に保護されている．通常，切り出しの条件で側鎖の脱保護も同時にできるように工夫されている．

　近年，核酸合成においてリン酸部の保護基の選択が，またペプチド合成においては縮合反応時のラセミ化が課題となっていた．しかしながら現在では，核酸やペプチドの固相合成反応の条件検討が進み，上記の課題はほぼ克服されている．特に，マニュアル化された自動合成機による合成技術の改善によって，100残基以上の核酸やペプチドでさえも高純度で合成可能になっている．

　一方，Native Chemical Ligation (NCL) 法とよばれるシステインのチオール側鎖の反応性を利用したペプチド間の連結反応は，長鎖ペプチドの合成において特に有用である．下図に示すように，C末端のチオエステルとN末端にシステインをもつペプチドとの間で化学的連結反応が進行する．チオエステルの交換反応を2-(4-mercaptophenyl)acetic acid (MPAA) が触媒することによって，連結反応は効率的に進行し，ペプチド結合を形成する．これまでに生理条件 (室温，中性) 下で200残基を超えるポリペプチド鎖の合成に利用した例も報告されている．

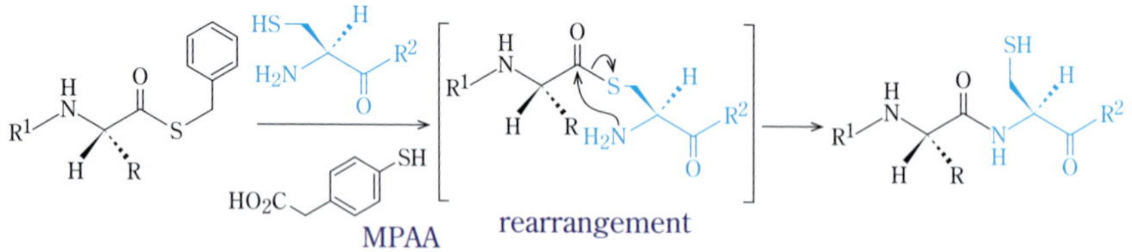

7.3.5　タンパク質の高次構造

　一般に，同じアミノ酸配列をもっているタンパク質でも高次構造が異なれば，その機能は十分発揮できない．したがって，化学合成されたポリペプチドがタンパク質として機能を発揮するためには，タンパク質の高次構造が正しく構築される必要がある．

　タンパク質の高次構造の中でも，特に二次構造の例として，*α*-ヘリックス (helix) と*β*-シート (sheet) とよばれる折り畳み (folding) 構造がよく知られている．一般に，これらの二次構造中では，側鎖ではなく主鎖のN–H基とC=O基間の水素結合が安定化に寄与しているので，さまざまなアミノ酸配列に普遍的に存在している．

　α-ヘリックスは，3.6個のアミノ酸ごとに1巻きするらせん構造を形成している．そのらせん構造は，周辺環境や構成アミノ酸によって異なる大きさや長さをもっており，右巻き，左巻き，両方のタイプが確認されている．典型的な*α*-ヘリックス構造において，ペ

プチド主鎖上にある4残基離れたペプチド結合間での水素結合が観察される．対照的にβ-シートは，強固なシート状構造を形成しており，タンパク質の全体構造を支持するうえで重要な役割を果たしている．α-ヘリックスと同様に，ペプチド結合間で形成される水素結合によって安定化される．

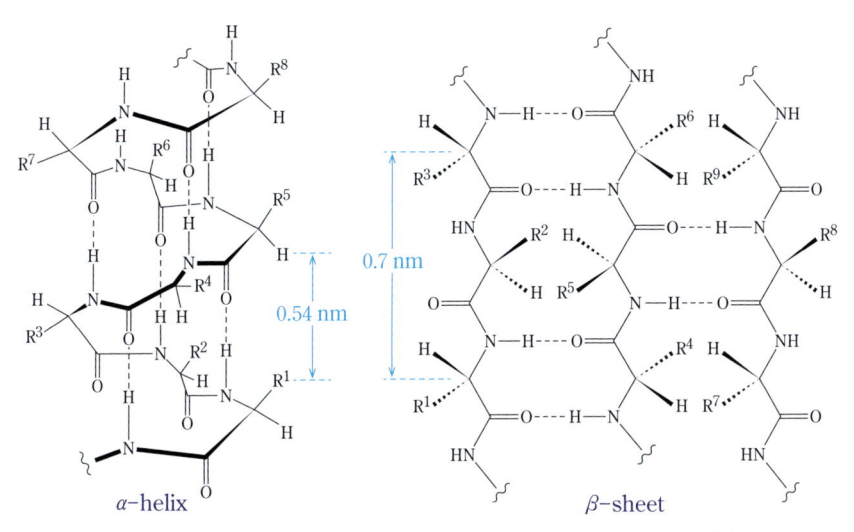

図7.10 タンパク質の二次構造であるα-ヘリックスとβ-シートの模式図

高次構造の安定化において，アミノ酸の側鎖の役割も重要である．たとえば，極性アミノ酸の側鎖は，外部の水性環境との親水性を維持する役割に加え，正電荷をもつ側鎖と負電荷をもつ側鎖の間で静電相互作用によるイオン結合を形成している．特に，システイン間で形成するジスルフィド（S–S）結合は，高次構造の安定化に強く寄与している．また，疎水性アミノ酸の側鎖は，主としてファンデルワールス（van der Waals）力によって，タンパク質の内部の疎水的環境を安定化している．

7.4 遺伝子発現

7.4.1 転写（transcription）

1865年にエンドウ豆の遺伝因子に対するメンデル（Mendel）の法則が発見されて以降，遺伝子発現という生命現象に対する研究が進んでいる．1869年，フリードリッヒ・ミーシャー（Friedrich Miescher）らはヒト白血球から核を単離し，その抽出物の中から既存の糖，タンパク質，脂肪などとは異なる新規の酸性物質であるnucleinを発見している．こ

の nuclein が DNA であり，重要な遺伝情報の保存を担っている．

転写 (transcription) は鋳型鎖の DNA 上の塩基配列情報に基づいて，相補的な塩基配列をもった新規の RNA を合成するプロセスである．DNA から特定のタンパク質を合成する反応，いわば遺伝子発現の第一段階である．

```
*プロモーター領域とよばれる塩基配列によって，転写開始のおおよその位置は制御される
                                                            coding strand
5′ -------- dATGTTTACGTGGTCCAAGTCACCACAAGCGAATTTACGCGCTTTAGCCCA ------ -3′
3′ *-------- dTACAAATGCACCAGGTTCAGTGGTGTTCGCTTAAATGCGCGAAATCGGGT ------ -5′
                                                            template strand  dsDNA
```

          RNA polymerase   transcription factor

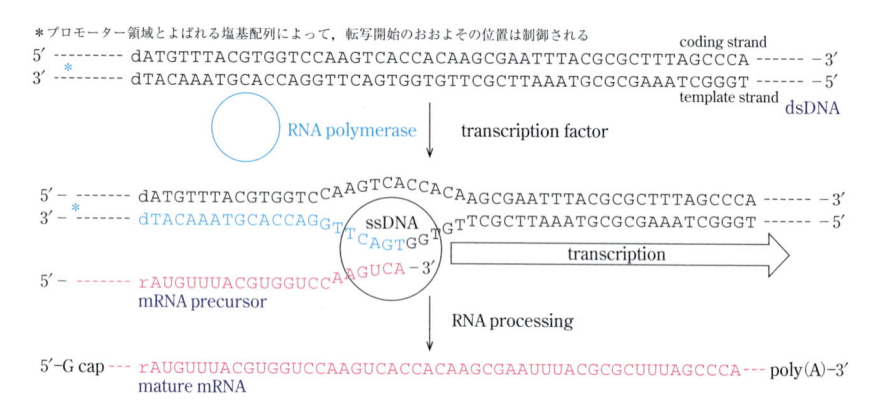

```
5′- ------- dATGTTTACGTGGTCCAAGTCACCACAAGCGAATTTACGCGCTTTAGCCCA ------ -3′
3′- *------ dTACAAATGCACCAGG  ssDNA  GTTCGCTTAAATGCGCGAAATCGGGT ------ -5′
                              TCAGTGGT
                              AGUCA-3′                transcription
5′- ------- rAUGUUUACGUGGUCC
            mRNA precursor
                                     RNA processing
5′-G cap --- rAUGUUUACGUGGUCCAAGUCACCACAAGCGAAUUUACGCGCUUUAGCCCA--- poly(A)-3′
             mature mRNA
```

図 7.11 DNA → mRNA 前駆体 → 成熟 mRNA へと「配列」情報が伝達する模式図．鎖頭にある小文字の d は 2′-deoxyribose，小文字の r は ribose を意味している．

転写において，RNA ポリメラーゼ (polymerase) とよばれる酵素タンパク質が重要な役割を果たしている．図 7.11 に示すように，その酵素は dsDNA を ssDNA へと解きほぐす機能と，鋳型鎖 (template strand) の DNA 塩基配列に対応した相補的な RNA を 5′ から 3′ 方向へ合成する機能を有している．また，**転写因子** (transcription factor) は転写の開始位置を決める重要な役割を果たしている．RNA の転写量とそのタンパク質の合成量は相関しており，必要量まで鋳型鎖の DNA から RNA は繰り返し複製される．転写された後，速やかに塩基対形成によって dsDNA の状態へと回復する．なお，R. コーンバーグ (R. Kornberg) らは，真核細胞内の転写を化学的に原子レベルで研究した業績によって，2006年のノーベル化学賞を受賞している．

真核細胞の **messenger RNA** (mRNA) は核内の DNA から転写された後，細胞質に運搬される．**mRNA 前駆体** (precursor) は，核膜小孔を通過するために**成熟** (mature) **mRNA** へ変換される必要がある．その反応プロセスは，転写直後から開始され **RNA プロセシング** (processing) とよばれている．RNA プロセシングは，(i) 5′末端に G-キャップと呼ばれるキャップ構造の形成，(ii) 3′末端にポリアデニル化の修飾，(iii) RNA スプライシング (splicing) とよばれる RNA の切断と連結，それらの酵素によって触媒される 3 工程からなる．スプライシング工程により副生する多くの RNA の小断片は，さまざまな RNA 分解酵素 (RNase) によりヌクレオチド単位まで速やかに分解される．なお，mRNA の転

写量とそのタンパク質の合成量は必ずしも相関しない場合もある.

タンパク質は,生体内のさまざまな重要な機能(酵素,受容体,輸送,シグナル伝達など)を司ることはよく知られている.RNAにも,mRNAとしての遺伝情報の伝達だけでなく,さまざまな機能を有するRNAの存在が知られている.特に,タンパク質の情報をもたないノンコーディング(non-coding)RNAとよばれる機能性RNAに対する関心が高まっている.実際に,生体内でさまざまなノンコーディングRNAが産生されており,核酸やタンパク質と特異的に相互作用することによって,遺伝子発現の制御に関与している.

7.4.2 コドン(codon)

細胞質に運搬された成熟mRNAの塩基配列情報は,タンパク質合成のための重要なアミノ酸配列を示す設計図である.歴史的には,1960年頃にはすでに,DNAからタンパク質への変換を仲介しているのはmRNAであることが明らかになっていたが,RNAの塩基配列情報からアミノ酸の配列情報への変換の法則性が不明であった.この変換則の解明に向けた黎明期の実験例として,ウラシルのみのmRNAからフェニルアラニン(F)のみを含むポリペプチドを無細胞系で化学的に翻訳させたニーレンバーグらの報告が挙げられる.

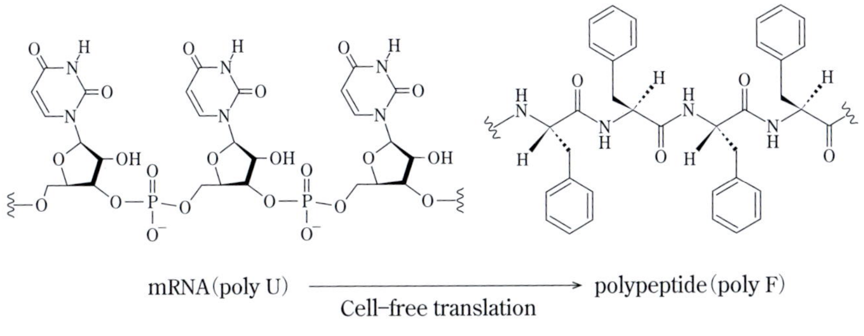

mRNA(poly U) —————————→ polypeptide(poly F)
Cell-free translation

なぜポリウラシルのRNA配列情報がpoly Fに変換されたのであろうか.この要因を説明する鍵となったのは,コドン(codon)とよばれる連続した3つの塩基配列情報に1つのアミノ酸を対応させて考える遺伝子コード(genetic code)という概念である.この考え方により,20種のアミノ酸すべてに対応可能な$4×4×4 = 64$種類のコドンを定義できることになる.この概念の整合性は,以降の多くの研究者らが実施した分子生物学実験によって示されている.図7.12にタンパク質を構成する20種類のアミノ酸に対応したコドンの一覧を示した.興味深いことに,各コドンの間には,使用頻度の差が明確に存在してい

る．たとえば，Arg の CGG や Gly の GGA などのコドンは，使用頻度が 2% 以下のレアコドンとして知られている．

K：Lys	5′-AA[A/G]-3′	R：Arg	5′-AG[A/G]-3′	T：Thr	5′-AC[A/G/C/U]-3′	I：Ile	5′-AU[A/C/U]-3′		
N：Asn	5′-AA[C/U]-3′	S：Ser	5′-AG[C/U]-3′			M：Met	5′-AUG-3′ (Initiation codon)		
E：Glu	5′-GA[A/G]-3′	G：Gly	5′-GG[A/G/C/U]-3′	A：Ala	5′-GC[A/G/C/U]-3′	V：Val	5′-GU[A/G/C/U]-3′		
D：Asp	5′-GA[C/U]-3′								
Q：Gln	5′-CA[A/G]-3′	R：Arg	5′-CG[A/G/C/U]-3′	P：Pro	5′-CC[A/G/C/U]-3′	L：Leu	5′-CU[A/G/C/U]-3′		
H：His	5′-CA[C/U]-3′								
Y：Tyr	5′-UA[C/U]-3′	W：Trp	5′-UGG-3′	S：Ser	5′-UC[A/G/C/U]-3′	L：Leu	5′-UU[A/G]-3′		
	5′-UA[A/G]-3′ (termination codon)	C：Cys	5′-UG[C/U]-3′			F：Phe	5′-UU[C/U]-3′		
			5′-UGA-3′ (termination codon)						

図 7.12　各アミノ酸に対応するコドン情報の一覧

また，成熟 mRNA の配列情報が正確にタンパク質のアミノ酸配列に翻訳されるには，翻訳における起点と終点が厳密に設定されている必要がある．成熟 mRNA 内には，M をコードしている**開始コドン**（initiation codon：5′-AUG-3′）と**終止コドン**（termination codon：5′-UAG-3′，5′-UAA-3′，5′-UGA-3′）があり，タンパク質合成の起点と終点が厳密に設定されている．すなわち，成熟 mRNA 内のコドン情報に基づいて，タンパク質のすべてのアミノ酸配列が決定されているといえる．したがって，タンパク質の情報をコードしている DNA 配列情報そのものに変異や欠失，挿入や重複が生じた場合，タンパク質の一次配列や高次構造に大きな影響がおよび，重篤な機能の変異や失活が生じることになる．

7.4.3　翻訳（translation）

真核生物の細胞質でのタンパク合成には，ribosomal RNA (rRNA) とタンパク質によって構成された細胞内組織であるリボソーム（ribosome）が関与している．特異的に特定のアミノ酸が連結された transfer RNA (tRNA) が，リボソーム内に mRNA のコドン情報に基づいて順番に運び込まれながら，ペプチド結合が終止コドンに至るまで連続的に形成される．このリボソーム内で行われる連続的なタンパク質の合成工程を，**翻訳**（translation）とよんでいる．翻訳の開始起点は厳密に開始 tRNA によって制御されている．最終的に，開始コドンによって N 末端に導入された M は，プロテアーゼによって特異的に除去され

ている．なお，翻訳工程で中心的な役割を担う rRNA や tRNA は，ノンコーディング RNA に分類される機能性 RNA の一種といえる．

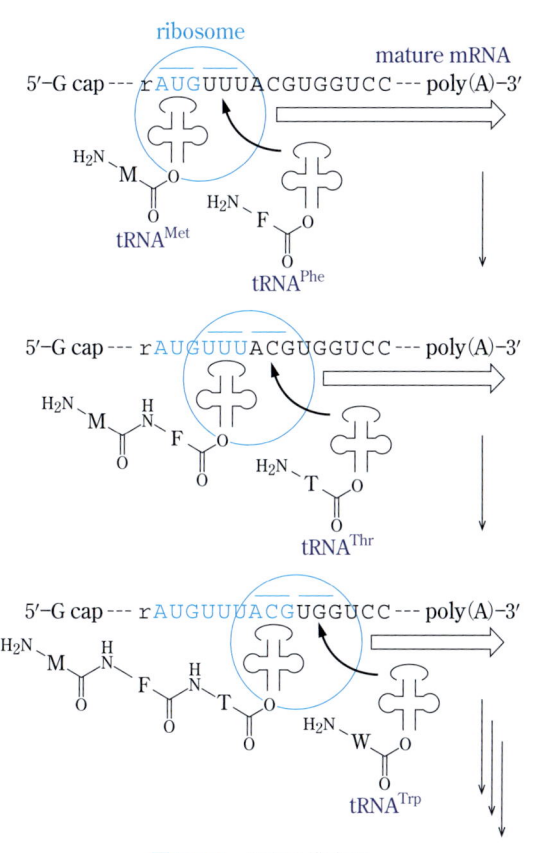

図 7.13 翻訳の模式図

7.4.4 特定遺伝子の導入技術

　生体中で目的の遺伝子発現を促進させる導入技術が開発されている．新しい遺伝子を細胞内に導入する場合，ウイルスベクターを利用する手法が知られている．一般に，ベクター内には制限酵素が認識する塩基配列を数多く内包している MCS (multi cloning site) が組み込まれている．したがって，特定の制限酵素と連結酵素を組み合わせて利用することにより，MCS 内に目的の遺伝子コード配列をもつ dsDNA を挿入した目的遺伝子の担体 (carrier) を構築することが可能である．

また，目的の遺伝子配列をもつ RNA とウイルス殻を構成するタンパク質の一種であるカプシド（capsid）とを組み合わせて，レトロウイルスの感染システムを利用して，染色体内まで目的遺伝子配列を導入する技術も開発されている．ただし，遺伝子発現に関する機構の理解が進んだ現在も，未だ組み込む対象となるゲノム内の挿入位置や量を正確に制御できる技術にはなっていない．

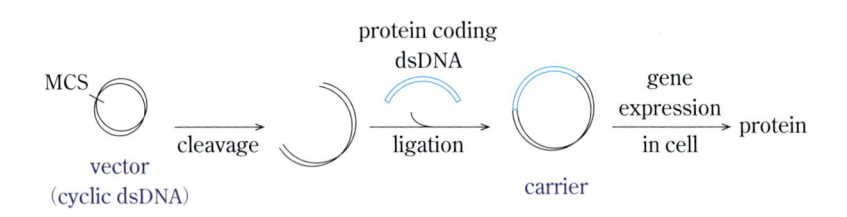

```
          protein coding
              dsDNA
   MCS                                     gene
    ◯                    ◯                expression
                                   ◯      in cell
   ───→ cleavage ───→ ligation ───→       ───→ protein
   vector                              carrier
 (cyclic dsDNA)
```

　このような遺伝子導入技術により，細胞内で新しい遺伝子＝タンパク質が合成される．たとえば，小麦や大豆の種子にさまざまな疾病に対する耐性遺伝子を導入する遺伝子改変の場合，目的の遺伝子配列がゲノム情報の中に組み込まれ，継続的に発現されることにより，新しい遺伝形質を獲得したことになる．広義で考えれば，自然交配や継木による動物や農作物の品種改良技術なども一種の遺伝子導入といえる．また，大腸菌や酵母菌の中で，ヒトのインスリンなどのタンパク質を合成させることも可能である．一般的に，ほ乳類の細胞に比べると，植物や菌類の細胞は外部からの新しい遺伝子情報の導入に寛容であり，さまざまな生物工学的な研究に応用されている．

　一方で，ヒトに対する遺伝子導入技術の応用として，1990年代からがんや心血管疾患，先天的な単一遺伝子性疾患に対する治療がある．しかしながら，現在の技術水準では，ヒトのように高度に分化している個体のゲノム内に目的の遺伝子を特異的に導入することは非常に困難であり，ウイルスベクターに対する免疫拒絶反応やヒトゲノムへの異常挿入が発生した例が報告されている．現在も遺伝子治療の実現に向けて克服すべき技術的，倫理的問題が多く残されている．

　最近，再生医療への応用に向けた新しい可能性として，iPS（induced pluripotent stem cell）細胞が注目を集めている．2006年に京都大学の山中らによって報告されたマウス細胞に対する最初の実験において，高い導入効率をもつレトロウイルスベクターが遺伝子担体として利用されている．マウスの組織細胞に対して，脱分化や増殖に関わる4種の遺伝子（*Oct3/4*, *Sox2*, *Klf4*, *c-Myc*）を導入することにより，細胞を初期化してマウス iPS 細胞に誘導することに世界で初めて成功している．現在，培養細胞レベルでの遺伝子導入技術はほぼ確立されており，将来的なヒトに対する再生医療への実用化に向けて，ヒト iPS 細胞の研究開発が進んでいる．

7.4.5　エピジェネティックス（epigenetics）

　細胞核内に存在する DNA 中のシトシン（C）塩基は，かなりの頻度で DNA メチル化酵素（DNA methyl transferase）によってメチル化を受けており，**5-メチルシトシン**（5-methylcytosine，略号：5mC）の状態にある．5mC は，5 位のメチル基による立体障害と超共役を有するため，立体電子的に加水分解に対する強い耐性がある．また，5mC は C と同様に，グアニン（G）と高い安定性をもつ塩基対を形成できる．

5mC

G–5mC base pair

　5mC の役割は，化学的な安定化だけではない．DNA 配列中にはプロモーター（promoter）領域とよばれる遺伝子発現の開始に関連する領域が存在する．その領域中には，GC 頻度が特に高い頻度で現れる **CpG アイランド**がある．そのアイランド中の 5mC の頻度による遺伝子発現量との関連性が示されている．一般的に高頻度の 5mC をもつプロモーター領域からの遺伝子発現量は低下し，この現象は**ジーンサイレンシング**（gene silencing）とよばれている．その理由として，5 位のメチル基が DNA の主溝の中に突き出していることにより，転写因子などの DNA 結合性タンパク質との結合が阻害されていることが考えられる．たとえば，さまざまながん細胞中のがん抑制遺伝子のプロモーター領域に現れる 5mC の頻度は，正常細胞と比較すると明らかに上昇しており，発がんによってサイレンシングを受けることが観察されている．また，細胞内の発生や成長の各段階で要・不要になる遺伝子群を活性化・休眠と切り替える調節機構にも 5mC は関連している．

　このような現象は，**エピジェネティック**（epigenetics）**な遺伝子発現**の制御機構として理解されている．同様の制御機構は，染色体の構成タンパク質であるヒストン（histone）内のリジンのアセチル化やメチル化による例でも確認されている．将来的には，人工的なエピジェネティック制御やメチル化シトシンの存在領域の簡便な診断を可能にする技術開発が期待される．

第 7 章のまとめ

　糖，核酸，タンパク質は，生命を維持するうえで重要な機能を有する生体関連物質である．糖は細胞膜や核酸を構成する要素として重要な物質であり，生体内の代謝に関連する一連の酵素反応によって生成量が制御されている．核酸は，遺伝子情報を基にタンパク質を産生するうえで重要な塩基配列情報の保存，ならびに伝達の役割を果たしている．また，アミノ酸によって構成されるタンパク質は，その高次構造に由来したさまざまな機能を発揮して，生体の恒常性を維持している．

　近年の生体関連物質に対する固相合成技術の発展によって，糖のアノマー選択的連結，多様な塩基配列を有する核酸やアミノ酸配列を有するタンパク質の化学的な合成が可能になっている．生体関連物質の有機化学的な研究を基盤として，エピジェネティックな遺伝子発現機構の解明が進み，特定遺伝子の発現を特異的に制御する技術の発展が期待されている．

章末問題

1. マルトース，トレハロース，スクロースの3種の二糖のうち，水溶液中で還元性を示すものはどれか．その理由を挙げて説明しなさい．

2. マンノース（mannose）はグルコースのC2-エピマーである．下図に示す1,2-*cis*-グリコシドの形成反応はなぜ困難なのか．その理由を挙げて説明しなさい．

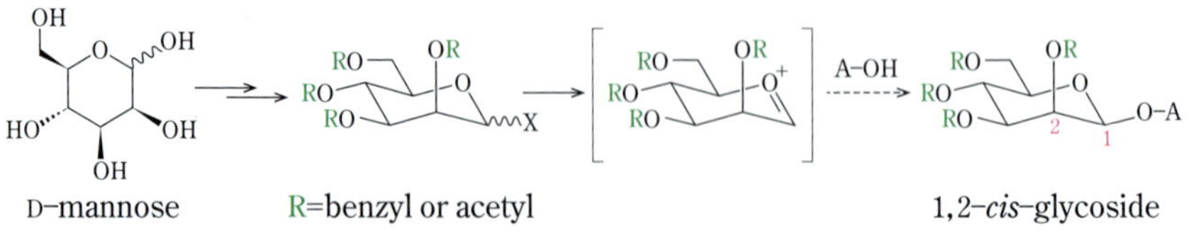

3. DNA内でシトシン塩基は，ウラシルへと加水分解されることがある．この加水分解によってどのようなことが起こると考えられるか．説明しなさい．

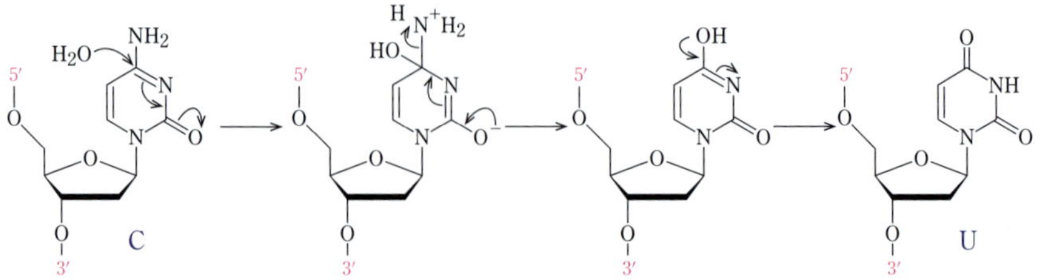

4. α-アミノ酸のDCCの縮合反応において，生じる副反応であるラセミ化反応と転移反

応について，それぞれ考えられる反応機構を書きなさい．
5. Fmoc 基から生じる 9-methylidenefluorene は 300 nm に特徴的な吸収波長をもつ．固相合成において，この吸収波長をどのように利用できるかを説明しなさい．
6. アミノ酸をコードしている成熟 RNA の塩基配列の中の 1 つの塩基が変異した場合，合成されるタンパク質にどのような影響が起きるかを説明しなさい．

付　　録

有機化合物の命名法

　有機化合物の名称（物質名）は，古くはラテン語や学名に由来する慣用名が用いられていたが，有機化合物の数が膨大になるにつれ，万国共通の規則にしたがってその名称を一義的に決定できる方法が必要となってきた．現在では，IUPAC（International Union of Pure and Applied Chemistry：国際純正・応用化学連合）が規則を定めており，体系的な命名ができるようになっている．

1. 炭化水素の命名法

　最初に，アルカン，アルケン，アルキン，そして芳香族炭化水素など，命名法上の特性基（後述）をもたない化合物の命名について説明する．
　炭化水素は，基礎となる炭素骨格を選び出して母体とし，母体に結合している置換基の位置，数，種類を接頭語として加えて命名する．命名の具体的な手順は後述するが，化合物名は下記の二要素から構成される．

　　　　接頭語＋母体名　　接頭語：置換基の位置，数，種類
　　　　　　　　　　　　　母体名：母体となる炭素骨格の名称

1.1　アルカン

　枝分かれのない直鎖アルカンは表1に示すとおり，炭素数に応じてそれぞれ固有の名称をもっている．炭素数4までのアルカンは古くから使用されていた名称がそのまま系統名として使用されている．また，炭素数が5以上のアルカンは，ギリシャ語に由来する倍数詞に語尾「-ane（-アン）」をつけて命名する．なお，アルカン分子から水素原子を1個除いた原子団を**アルキル基**とよび，直鎖アルカン分子の末端部位の水素を1個除いて生じるアルキル基については，アルカンの名称の語尾「-ane（-アン）」を「-yl（-イル）」に変えて表す．このとき，メチル基，エチル基，プロピル基，ブチル基は構造式中で，Me，Et，

Pr，Bu の略号で表記されることも多い．表1に示した以外のアルキル基として，**イソプロピル** (isopropyl) 基，**イソブチル** (isobutyl) 基，***s*-ブチル** (*s*-butyl：secondary-butyl) 基，***t*-ブチル** (*t*-butyl：tertiary-butyl) 基などが命名の際に慣用的に使用される．これらのアルキル基も，構造式中では *i*-Pr，*i*-Bu，*s*-Bu，*t*-Bu などと，略号で表記されることがある．

表1 倍数詞と直鎖アルカンおよびアルキル基の名称

	倍数詞		直鎖アルカンの名称 (-ane)		アルキル基の名称 (-yl)		
	日本語	英語	日本語	英語	日本語	英語	略号
1	モノ	mono	メタン	methane	メチル	methyl	Me
2	ジ	di	エタン	ethane	エチル	ethyl	Et
3	トリ	tri	プロパン	propane	プロピル	propyl	Pr
4	テトラ	tetra	ブタン	butane	ブチル	butyl	Bu
5	ペンタ	penta	ペンタン	pentane	ペンチル	pentyl	
6	ヘキサ	hexa	ヘキサン	hexane	ヘキシル	hexyl	
7	ヘプタ	hepta	ヘプタン	heptane	ヘプチル	heptyl	
8	オクタ	octa	オクタン	octane	オクチル	octyl	
9	ノナ	nona	ノナン	nonane	ノニル	nonyl	
10	デカ	deca	デカン	decane	デシル	decyl	
11	ウンデカ	undeca	ウンデカン	undecane	ウンデシル	undecyl	
12	ドデカ	dodeca	ドデカン	dodecane	ドデシル	dodecyl	
20	イコサ	icosa	イコサン	icosane	イコシル	icosyl	
30	トリアコンタ	triaconta	トリアコンタン	triacontane	トリアコンチル	triacontyl	

$$\text{CH}_3\diagdown\atop\text{CH}_3\diagup\text{CH}- \qquad \text{CH}_3\diagdown\atop\text{CH}_3\diagup\text{CH}-\text{CH}_2- \qquad \text{CH}_3-\text{CH}-\text{CH}_2-\text{CH}_3 \qquad \text{CH}_3-\underset{\text{CH}_3}{\overset{\text{CH}_3}{\text{C}}}-\text{CH}_3$$

イソプロピル基　　イソブチル基　　　　　*s*-ブチル基　　　　*t*-ブチル基
(isopropyl group)　(isobutyl group)　　(*s*-butyl group)　(*t*-butyl group)
　略号：*i*-Pr　　　略号：*i*-Bu　　　　略号：*s*-Bu　　　　略号：*t*-Bu

枝分かれしたアルカンは，もっとも長い直鎖部分を主鎖として選び，これを母体アルカンとし，その誘導体として命名する．具体的な命名の手順は，以下のとおりである．
(1) 分子の中で最長（もっとも炭素数の多い）の炭素鎖を選び，これを母体とする．長さが等しい異なる炭素鎖がある場合は，枝分かれの箇所が多くなる方を母体に選ぶ．
(2) 母体の炭素鎖の炭素原子に番号をつける．このとき，最初の枝分かれ箇所に近い側の端から番号をつける．なお，異なる2つの置換基が母体の両端から相対的に同じ

1．炭化水素の命名法　|　*167*

位置に結合している場合は，アルファベット順で優先となる置換基に近い側の端から番号をつける．

(3) すべての置換基名をアルファベット順に並べ，置換基名の前に置換位置の炭素の番号とハイフン（-）を書き，続いて母体の直鎖アルカンの名称を書く．このとき，同一の置換基が複数ある場合は，倍数詞「di（ジ）」，「tri（トリ）」などを置換基名の前に書く．なお，アルファベット順を判断する際に，これらの倍数詞やアルキル基名に含まれる *s*-および *t*-などの文字は考慮に入れない．

(4) 環式アルカンの場合は，環を形成している部分を母体とし，対応する炭素数のアルカンの名称の前に「cyclo（シクロ）」をつけて母体名称とする．炭素原子に番号をつける際には，置換基の位置番号ができるだけ小さくなるようにする．

アルカンなどの単純な化合物の命名では，化合物名は英語表記でも日本語表記でも1語（途中に空白部分がない）となる．また，数字と数字はカンマ（,）で区切り，数字と文字はハイフン（-）でつなぐ．

以下に，枝分かれしたアルカンおよびシクロアルカンの命名の例を示す．

2-メチルブタン
(2-methylbutane)

3-エチル-2,5-ジメチルヘプタン
(3-ethyl-2,5-dimethylheptane)

1,2,4-トリメチルシクロヘキサン
(1,2,4-trimethylcyclohexane)

1.2 アルケンとアルキン

アルケン，アルキンなど，炭素-炭素多重結合をもつ化合物の命名は，以下の手順で行う．

(1) 分子の中で多重結合を含む最長の炭素鎖を選び，これを母体とする．

(2) 母体の炭素鎖の炭素原子に，多重結合に近い側の端から番号をつける．なお，環式化合物の場合は，多重結合を形成している炭素の番号が1と2となる．

(3) すべての置換基をアルファベット順でその位置番号とともに書き，続いて母体名を書く．なお，アルケンとアルキンの母体名は，対応する炭素数のアルカン名の語尾「-ane（-アン）」をそれぞれ「-ene（-エン）」と「-yne（-イン）」に変えたものとし，多重結合の位置を炭素原子につけた番号で表す．また，複数の多重結合をもつ場合は，倍数詞をつけて「-diene（-ジエン）」，「-triene（-トリエン）」，「-diyne（-ジイン）」，「-triyne（-トリイン）」などとする．分子の中に二重結合と三重結合の両方を含む場合は，ene, yne の順に並べる．

(4) 二置換アルケンの場合，立体異性体を区別する．二重結合に対し，2つの置換基がともに同じ側にあるものに「*cis*-（シス-）」，互いに反対の側にあるものに「*trans*-（トランス-）」の語を最初につける（これらは日本語表記の場合でも，*cis*, *trans* と英語綴りで書く）．

なお，炭素数が2のアルケンならびにアルキンは，上記の手順に従うとエテン，エチンと命名されるが，慣用名のエチレン，アセチレンという名もしばしば使用される．

以下に，アルケンやアルキン，そしてシクロアルケンの命名の例を示す．[†]

エテン
(ethene)
エチレン
(ethylene)

エチン
(ethyne)
アセチレン
(acetylene)

cis-2-ペンテン
(*cis*-2-pentene)

2,4,5,5-テトラメチル-2-ヘキセン
(2,4,5,5-tetramethyl-2-hexene)

3-メチルシクロヘキセン
(3-methylcyclohexene)

1,3-ブタジイン
(1,3-butadiyne)

2-メチル-2-ヘプテン-5-イン
(2-methyl-2-hepten-5-yne)

1.3　芳香族炭化水素

　芳香族炭化水素は，ベンゼンの誘導体として命名する．たとえば，一置換ベンゼンは，母体名の「benzene（ベンゼン）」の前に，置換基名をつけて命名する．二置換ベンゼンの場合，置換基の位置を番号で示すが，慣用的に「*o*-（オルト-）」，「*m*-（メタ-）」，「*p*-（パラ-）」という表記が使用されることもある．三置換またはそれ以上の数の置換基がついている場合は，置換基の位置番号ができるだけ小さくなるような組み合わせを選んで命名する．なお，芳香族炭化水素には，慣用名が使用されているものも多いので，注意が必要である．また，ベンゼンから1つの水素原子を除いて作られる置換基はフェニル（phenyl）

[†] 1993年に発表された新しいIUPAC勧告では，多重結合の位置番号を，相当する接尾語の直前に記すこととされている．たとえば，図示した例のうち「*cis*-2-ペンテン（*cis*-2-pentene）」は「*cis*-ペンタ-2-エン（*cis*-pent-2-ene）」，「2,4,5,5-テトラメチル-2-ヘキセン（2,4,5,5-tetramethyl-2-hexene）」は「2,4,5,5-テトラメチルヘキサ-2-エン（2,4,5,5-tetramethylhex-2-ene）」，「1,3-ブタジイン（1,3-butadiyne）」は「ブタ-1,3-ジイン（buta-1,3-diyne）」，そして「2-メチル-2-ヘプテン-5-イン（2-methyl-2-hepten-5-yne）」は「2-メチルヘプタ-2-エン-5-イン（2-methyhepa-2-en-5-yne）」となる．しかし本書では，現在広く浸透している従来のIUPAC規則に従った命名法を示している．

基とよばれる．さらに，トルエンのメチル基から1つ水素原子を除いた置換基は，ベンジル（benzyl）基とよばれる．

以下に，芳香族炭化水素の命名の例を示す．

ベンゼン
(benzene)

メチルベンゼン
(methylbenzene)
慣用名：トルエン
(toluene)

o-ジメチルベンゼン
(o-dimethylbenzene)
慣用名：o-キシレン
(o-xylene)

m-ジメチルベンゼン
(m-dimethylbenzene)
慣用名：m-キシレン
(m-xylene)

p-ジメチルベンゼン
(p-dimethylbenzene)
慣用名：p-キシレン
(p-xylene)

1,2,4-トリメチルベンゼン
(1,2,4-trimethylbenzene)

フェニル基
(phenyl group)
略号：Ph

ベンジル基
(benzyl group)
略号：Bn

2-フェニルヘプタン
(2-phenylheptane)

2. 特性基をもつ有機化合物の命名法

炭化水素の命名法は上記に説明したとおりであるが，化合物が特性基（characteristic group）をもつ場合は，特性基ごとに定められた優先順位を考慮して命名する必要がある．命名法にはいくつかの体系があるが，ここではIUPACが使用を推奨している置換命名法（substitutive nomenclature）と，簡単な構造の化合物を中心に広く使用されている基官能命名法（radicofunctional nomenclature）について説明する．

2.1 置換命名法

表2に，有機化合物中に含まれるさまざまな官能基の一覧を示した．このうち，優先順位が1位から10位までの官能基は，命名法上の特性基として扱われる．特性基を1つだけもつ化合物の場合は，それを主基とし，その接尾語を用いて命名する．化合物が複数の特性基をもつ場合は，もっとも優先順位の高い特性基を主基としてその接尾語を用い，それ以外の特性基は接頭語に入れて置換基として取り扱う．したがって，化合物名は下記の3要素から構成されることになる．

表2 命名法における官能基の優先順位と名称

優先順位	官能基	構造	接頭語	接尾語	備考（環上置換基の場合）
1	カルボン酸	－C(=O)OH	carboxy-（カルボキシ-）	-oic acid（-酸）	-carboxylic acid（-カルボン酸）
2	酸無水物	－C(=O)OC(=O)－		-oic anhydride（-酸無水物）	-carboxylic anhydride（-カルボン酸無水物）
3	エステル	－C(=O)O－	alkoxycarbonyl-（アルコキシカルボニル-）	alkyl -oate（-酸アルキル）	alkyl -carboxylate（-カルボン酸アルキル）
4	酸ハロゲン化物	－C(=O)X	haloformyl-, halocarbonyl-（ハロホルミル-, ハロカルボニル-）	-oyl halide（ハロゲン化-オイル）	-carbonyl halide（ハロゲン化-カルボニル）
5	アミド	－C(=O)N	carbamoyl-（カルバモイル-）	-amide（-アミド）	-carboxamide（-カルボキサミド）
6	ニトリル	－C≡N	cyano-（シアノ-）	-nitrile（-ニトリル）	-carbonitrile（-カルボニトリル）
7	アルデヒド	－C(=O)H	oxo-（オキソ-）：主鎖 formyl-（ホルミル-）：側鎖	-al（-アール）	-carbaldehyde（-カルバルデヒド）
8	ケトン	－C(=O)－	oxo-（オキソ-）	-one（-オン）	
9	アルコール	－OH	hydroxy-（ヒドロキシ-）	-ol（-オール）	
10	アミン	－N	amino-（アミノ-）	-amine（-アミン）	
11	アルケン	C=C		-ene（-エン）	
12	アルキン	－C≡C－		-yne（-イン）	
13	エーテル	－O－	alkoxy-（アルコキシ-）		
13	ハロゲン	－X	fluoro-（フルオロ） chloro-（クロロ） bromo-（ブロモ） iodo-（ヨード）		
13	ニトロ	－NO$_2$	nitro-（ニトロ-）		
13	アルキル		alkyl-（アルキル-）		

接頭語＋母体名＋接尾語

接頭語：置換基の位置，数，種類
母体名：母体となる炭素骨格の名称
接尾語：主基となる特性基の名称

たとえば，アルコール部位（ヒドロキシ基）とケトン部位（カルボニル基）の両方をもっている化合物ならば，優先順位の高いケトンが主基となるため「-one（-オン）」を接尾語

2．特性基をもつ有機化合物の命名法 | 171

として用い，アルコール部位は「hydroxy-（ヒドロキシ-）」を接頭語として用いて命名する．下に示す化合物（例1）について，具体的な命名の手順を示す．

(1) 最初に，化合物中に含まれる特性基を列挙し，優先順位に照らして主基を選ぶ．例1の場合は，ケトンとアルコールを特性基としてもつが，優先順位の高いケトンが主基となる．

(2) 主基を含む炭素鎖を母体とし，炭素原子に番号をつける．このとき，主基に近い側の端から番号をつけていく．例1の場合は，主基のケトン部位に近い側の左端の炭素が1番となる．

(3) 置換基をその位置番号とともに書き，アルファベット順に並べる．例1の場合は，1番の炭素にブロモ基と6番の炭素にヒドロキシ基を置換基としてもつので，接頭語は「1-bromo-6-hydroxy（1-ブロモ-6-ヒドロキシ-）」となる．

(4) 母体の炭素数に対応する炭化水素名を書き，語尾の「e」を削除して主基を示す接尾語をつける．なお，主基がケトン，アルコール，またはアミンの場合は，主基の位置番号をつける．例1の場合は，母体の炭素数が7でケトン部位は3番の炭素なので，「3-heptanone（3-ヘプタノン）」となる．

(5) 上記(3)と(4)をつなぎ合わせて化合物名とする．

他にも2例示すので，上記の手順で命名できることを確認してほしい[†]．なお，環構造に主基が結合している場合のように，主基を母体に組み入れられない場合は，表2の備考欄に示した接尾語を用いる（具体例は後述する）．

例1

BrCH₂CH₂-C(=O)-CH₂CH₂CHCH₃(OH)

1-ブロモ-6-ヒドロキシ-3-ヘプタノン
(1-bromo-6-hydroxy-3-heptanone)

例2

CH₃-C(=O)-CH₂CH₂COOH

4-オキソペンタン酸
(4-oxopentanoic acid)

例3

CH₃CH(NH₂)CH₂CH(OH)CHCH₃
            |
           CH₃

5-アミノ-2-メチル-3-ヘキサノール
(5-amino-2-methyl-3-hexanol)

[†] P. 169の注記と同様に，新しいIUPAC勧告（1993年）では，主基の位置番号を，相当する接尾語の直前に記す．例1の場合は「1-ブロモ-6-ヒドロキシヘプタン-3-オン（1-bromo-6-hydroxyheptan-3-one）」，例3は「5-アミノ-2-メチルヘキサン-3-オール（5-amino-2-methylhexan-3-ol）」となる．

2.2 基官能命名法

置換命名法のほかに基官能命名法とよばれる命名の体系があり，簡単な構造の化合物を中心に広く用いられている．この方法では主基を示す接尾語を用いず，置換基と官能基とが結合して化合物が構成されていることを示して命名する．したがって，化合物名は下記の2要素から構成されることになる．

基名＋官能種類名　　基名：アルキル基の名称など
　　　　　　　　　　官能種類名：halide, alcohol, ether, ketone, cyanide など

基官能命名法は，単純で明確な基名がある場合は命名しやすいという利点があるが，一般的には置換命名法を使うことが望ましい．なお，下に示す例のように，英語表記と日本語表記とで基名と官能種類名の順序が変わる場合があるので，注意が必要である．さらに，英語表記では基名や官能種類名は独立した単語になるので，化合物名が（スペースで区切った）2語以上で表されることになる（日本語表記ではスペースを挟まない）．また，基官能命名法と前述した置換命名法は，それぞれ異なる体系の命名法なので，これらを混同した命名は誤りである．下記の例の中で，×印を付けたものが誤りであることを確認してほしい．

CH₃−Br

臭化メチル
（methyl bromide）
×臭化メタン
×ブロモメチル

CH₃CHCH₃ (OH)

イソプロピルアルコール
（isopropyl alcohol）
×イソプロパノール

(CH₃)₃C−OH

t-ブチルアルコール
（t-butyl alcohol）
×t-ブタノール

CH₃−O−CH₂CH₃

エチルメチルエーテル
（ethyl methyl ether）

(CH₃)₂CH−CN

シアン化イソプロピル
（isopropyl cyanide）

2.3 化合物群別の具体的な命名例
2.3.1 ハロゲン化合物

置換命名法では haloalkane（ハロアルカン）や halobenzene（ハロベンゼン）となる．単純な化合物では基官能命名法により，alkyl halide（ハロゲン化アルキル）とよぶことも多い．

CH₃I　　　CH₃CHCH₃　　　（シクロヘキシル）-F　　　1,2,4-トリブロモベンゼン構造

ヨードメタン　　2-クロロプロパン　　フルオロシクロヘキサン　　1,2,4-トリブロモベンゼン
(iodomethane)　(2-chloropropane)　(fluorocyclohexane)　(1,2,4-tribromobenzene)
ヨウ化メチル　　塩化イソプロピル　　フッ化シクロヘキシル
(methyl iodide)　(isopropyl chloride)　(cyclohexyl fluoride)

赤：置換命名法　　青：基官能命名法

2.3.2 アルコールとフェノール

置換命名法では alkanol（アルカノール），基官能命名法では alkyl alcohol（アルキルアルコール）となる．他に優先順位の高い特性基をもっている場合は，接頭語「hydroxy-（ヒドロキシ-）」を用いて置換基として表す．また，ベンゼン環にヒドロキシ基が結合した化合物は phenol（フェノール）とよばれ，その誘導体はフェノールを母体として命名する．なお，ヒドロキシ基を複数もつアルコールは，diol（ジオール），triol（トリオール）などと命名する．

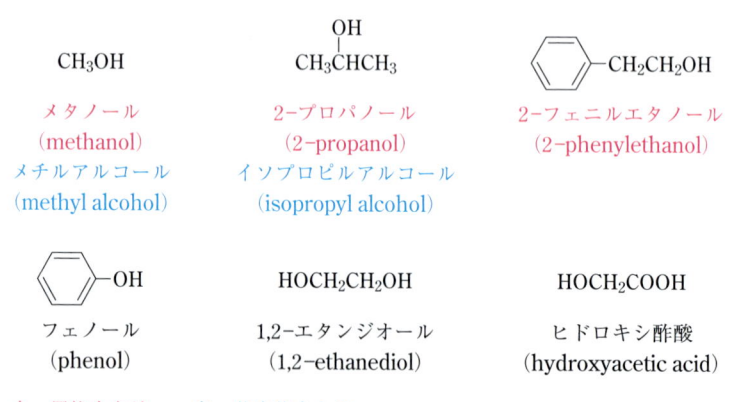

CH₃OH　　　CH₃CHCH₃(OH)　　　（フェニル）-CH₂CH₂OH

メタノール　　2-プロパノール　　2-フェニルエタノール
(methanol)　(2-propanol)　(2-phenylethanol)
メチルアルコール　　イソプロピルアルコール
(methyl alcohol)　(isopropyl alcohol)

（フェニル）-OH　　HOCH₂CH₂OH　　HOCH₂COOH

フェノール　　1,2-エタンジオール　　ヒドロキシ酢酸
(phenol)　(1,2-ethanediol)　(hydroxyacetic acid)

赤：置換命名法　　青：基官能命名法

2.3.3 エーテル

置換命名法では，alkyl（アルキル）の語尾「yl」を「oxy」に変えて作られる接頭語「alkoxy（アルコキシ）」（炭素数4以下の場合），あるいは alkyl（アルキル）に「oxy」を付け加えた「alkyloxy（アルキロキシ）」（炭素数5以上の場合）を用いて，常に置換基として扱われる．なお，簡単な構造のエーテルの命名には基官能命名法が用いられることが多く，アルキル基名をアルファベット順に並べて，alkyl¹ alkyl² ether（アルキル¹ アルキル² エーテル）と命名される．

CH₃CH₂OCH₂CH₃

エトキシエタン
(ethoxyethane)
ジエチルエーテル
(diethyl ether)

CH₃O-C(CH₃)₂-CH₃

2-メトキシ-2-メチルプロパン
(2-methoxy-2-methylpropane)
t-ブチル メチル エーテル
(t-butyl methyl ether)

(ベンゼン環)-OCH₃

メトキシベンゼン
(methoxybenzene)
メチルフェニルエーテル
(methyl phenyl ether)
アニソール
(anisole)

赤：置換命名法　青：基官能命名法　緑：慣用名

2.3.4 アルデヒド

　一般に置換命名法が用いられ，接尾語「-al（-アール）」を用いて alkanal（アルカナール）となる．アルデヒド部位は必ず母体の末端となるため，その位置番号は表記しない．なお，アルデヒド部位が環構造に直結していて母体に組み入れられない場合は，接尾語「-carbaldehyde（-カルバルデヒド）」を用いる．他に優先順位の高い特性基をもっている場合は，接頭語「oxo-（オキソ-）」または「formyl-（ホルミル-）」を用いて表す．また，簡単な構造のアルデヒドは慣用名が使用されることも多く，注意が必要である．

HCHO

メタナール
(methanal)
ホルムアルデヒド
(formaldehyde)

CH₃CHO

エタナール
(ethanal)
アセトアルデヒド
(acetaldehyde)

(ベンゼン環)-CHO

ベンゼンカルバルデヒド
(benzenecarbaldehyde)
ベンズアルデヒド
(benzaldehyde)

(シクロヘキサン環)-CHO

シクロヘキサンカルバルデヒド
(cyclohexanecarbaldehyde)

赤：置換命名法　緑：慣用名

2.3.5 ケトン

　置換命名法では，接尾語「-one（-オン）」を用い，位置番号とともに示す．接頭語を用いる場合は「oxo-（オキソ-）」である．接頭語として「keto-（ケト-）」が誤用されている例が散見されるが，これは誤りであることに注意してほしい．なお，基官能命名法が使用される場合も多く，alkyl¹ alkyl² ketone（アルキル¹ アルキル² ケトン）と命名される．また，慣用名でよばれるものもある．

2. 特性基をもつ有機化合物の命名法 | 175

2-プロパノン　　　　2-ブタノン　　　　2,4-ペンタンジオン　　シクロヘキサノン
(2-propanone)　　　(2-butanone)　　　(2,4-pentanedione)　　(cyclohexanone)
ジメチルケトン　　エチルメチルケトン
(dimethyl ketone)　(ethyl methyl ketone)
アセトン
(acetone)

赤：置換命名法　　青：基官能命名法　　緑：慣用名

2.3.6　カルボン酸

置換命名法では，対応する炭素数のアルカンに接尾語「-oic acid（-酸）」をつけて命名する．カルボキシ基が環構造に直結したものは，接尾語「-carboxylic acid（-カルボン酸）」を用いて示す．古くから用いられている慣用名が非常に多く，代表的なものについては知っておくことが望ましい．

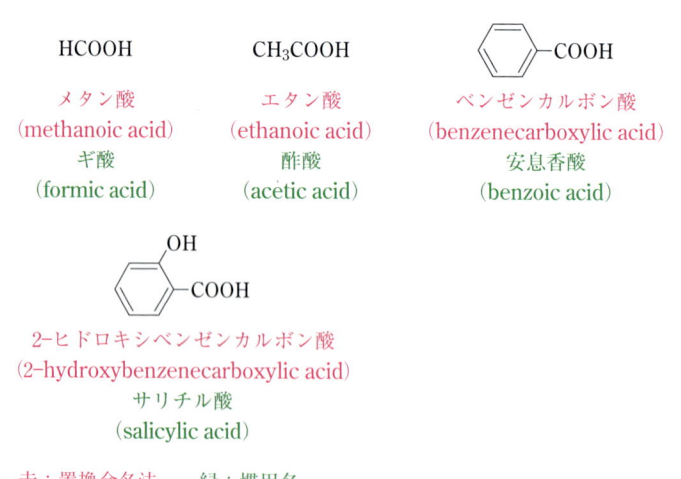

HCOOH　　　　　CH₃COOH

メタン酸　　　　　　エタン酸　　　　　　ベンゼンカルボン酸
(methanoic acid)　　(ethanoic acid)　　(benzenecarboxylic acid)
ギ酸　　　　　　　　酢酸　　　　　　　　安息香酸
(formic acid)　　　　(acetic acid)　　　　(benzoic acid)

2-ヒドロキシベンゼンカルボン酸
(2-hydroxybenzenecarboxylic acid)
サリチル酸
(salicylic acid)

赤：置換命名法　　緑：慣用名

2.3.7　エステル

一般に置換命名法が使用される．英語表記ではアルキル基名を先に書き，続いて対応するカルボン酸の語尾「-ic acid」を「-ate」に変えて2語で表す．日本語表記の場合はカルボン酸の名称を先に書き，次にアルキル基名をつける．英語表記と日本語表記で語順が異なることに注意せよ．なお，エステル置換基が環構造に直結している場合はカルボン酸のときと同様の扱いとなり，「alkyl -carboxylate（-カルボン酸アルキル）」と命名する．

176 　付録　有機化合物の命名法

CH₃COOCH₂CH₃   ⟨benzene⟩—COOCH₃   HCOO—⟨benzene⟩

エタン酸エチル   ベンゼンカルボン酸メチル   メタン酸フェニル
(ethyl ethanoate)   (methyl benzenecarboxylate)   (phenyl methanoate)
酢酸エチル   安息香酸メチル   ギ酸フェニル
(ethyl acetate)   (methyl benzoate)   (phenyl formate)

赤：置換命名法　　緑：慣用名

2.3.8 酸ハロゲン化物

酸ハロゲン化物は基官能命名法で命名するのが一般的である．英語表記では，対応するカルボン酸の接尾語「-oic acid」を「-oyl halide」に，あるいは「-carboxylic acid」を「-carbonyl halide」に変えて命名する．なお，日本語表記では語順が逆になる．

$$\text{CH}_3-\overset{\overset{\text{O}}{\parallel}}{\text{C}}-\text{Cl} \qquad \text{CH}_3\text{CH}_2-\overset{\overset{\text{O}}{\parallel}}{\text{C}}-\text{Br} \qquad \text{Ph}-\overset{\overset{\text{O}}{\parallel}}{\text{C}}-\text{Cl}$$

塩化エタノイル   臭化プロパノイル   塩化ベンゼンカルボニル
(ethanoyl chloride)   (propanoyl bromide)   (benzenecarbonyl chloride)
塩化アセチル   塩化ベンゾイル
(acetyl chloride)   (benzoyl chloride)

青：基官能命名法　　緑：慣用名

2.3.9 酸無水物

モノカルボン酸の対称構造の酸無水物とジカルボン酸の環状酸無水物は，対応するカルボン酸の接尾語「-oic acid（-酸）」を「-oic anhydride（-酸無水物）」に変えて命名する．非対称構造の酸無水物はアルファベット順にカルボン酸の名称を並べ，その次に「anhydride（無水物）」をつける．なお，誤解を招くおそれがあるため望ましい用法ではないが，日本語表記において酢酸無水物のことを「無水酢酸」とよぶ慣用名がよく使われている．

$$\text{CH}_3-\overset{\overset{\text{O}}{\parallel}}{\text{C}}-\text{O}-\overset{\overset{\text{O}}{\parallel}}{\text{C}}-\text{CH}_3 \qquad \text{CH}_3-\overset{\overset{\text{O}}{\parallel}}{\text{C}}-\text{O}-\overset{\overset{\text{O}}{\parallel}}{\text{C}}-\text{CH}_2\text{CH}_3 \qquad \text{Ph}-\overset{\overset{\text{O}}{\parallel}}{\text{C}}-\text{O}-\overset{\overset{\text{O}}{\parallel}}{\text{C}}-\text{Ph}$$

エタン酸無水物   エタン酸プロパン酸無水物   ベンゼンカルボン酸無水物
(ethanoic anhydride)   (ethanoic propanoic anhydride)   (benzenecarboxylic anhydride)
酢酸無水物   酢酸プロパン酸無水物   安息香酸無水物
(acetic anhydride)   (acetic propanoic anhydride)   (benzoic anhydride)

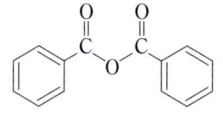

※「無水酢酸」とよばれることもある

赤：置換命名法　　緑：慣用名

2.3.10 アミン

アミンは一般に，置換命名法で命名される．このとき，母体のアルカン名に接尾語「-amine（アミン）」をつける方法が望ましいが，母体の名称としてアルキル基名を用い，これに接尾語「-amine（アミン）」をつける方法も常用されている（こちらは一見，基官能命名法のように感じるかもしれないが，置換命名法の1つであり，英語表記において「alkyl」と「amine」の間にはスペースを入れず，「alkylamine」と1語で表記する）．なお，接頭語とする場合は「amino-（アミノ-）」を用いる．また，複数の同じアルキル基が窒素原子に結合しているアミンは，「dialkylamine（ジアルキルアミン）」，「trialkylamine（トリアルキルアミン）」となる．非対称の第二級および第三級アミンは，もっとも炭素数の多いアルキル基をもつアミンを母体とし，他のアルキル基を N-置換基として扱って命名する．芳香族アミンは，benzenamine（ベンゼンアミン）の慣用名「aniline（アニリン）」を使って，これの誘導体として命名することが多い．

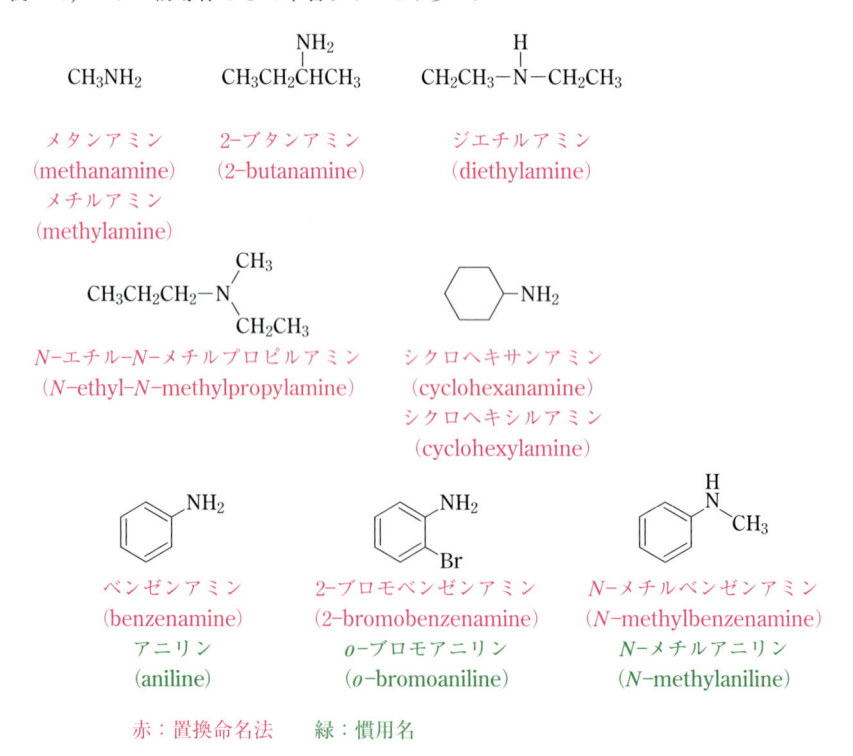

CH₃NH₂
メタンアミン
(methanamine)
メチルアミン
(methylamine)

CH₃CH₂CHCH₃
   |
   NH₂
2-ブタンアミン
(2-butanamine)

CH₂CH₃–N–CH₂CH₃
       |
       H
ジエチルアミン
(diethylamine)

CH₃CH₂CH₂–N(CH₃)(CH₂CH₃)
N-エチル-N-メチルプロピルアミン
(N-ethyl-N-methylpropylamine)

シクロヘキサン-NH₂
シクロヘキサンアミン
(cyclohexanamine)
シクロヘキシルアミン
(cyclohexylamine)

ベンゼン-NH₂
ベンゼンアミン
(benzenamine)
アニリン
(aniline)

2-ブロモベンゼン-NH₂,Br
2-ブロモベンゼンアミン
(2-bromobenzenamine)
o-ブロモアニリン
(o-bromoaniline)

ベンゼン-NH-CH₃
N-メチルベンゼンアミン
(N-methylbenzenamine)
N-メチルアニリン
(N-methylaniline)

赤：置換命名法　　緑：慣用名

2.3.11 アミド

アミドは，対応するカルボン酸の接尾語「-oic acid（-酸）」を接尾語「-amide（-アミド）」に変えて命名する．カルボン酸の名称が「-carboxylic acid（-カルボン酸）」の場合

には，「-carboxamide(-カルボキサミド)」に変える．なお，対応するカルボン酸が，酢酸や安息香酸などのように独自の日本語名をもっている場合，酢酸アミドあるいは安息香酸アミドとはよばずに，アセトアミドあるいはベンズアミドというように英語名をカタカナ書きに直したものを日本語名とする．また，窒素原子上にアルキル置換基が結合しているときは，N-置換基として扱う．

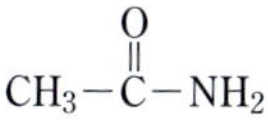

エタンアミド
(ethanamide)
アセトアミド
(acetamide)

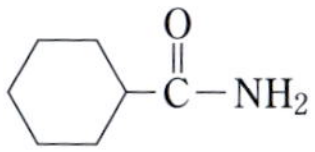

シクロヘキサンカルボキサミド
(cyclohexanecarboxamide)

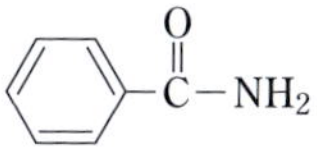

ベンゼンカルボキサミド
(benzenecarboxamide)
ベンズアミド
(benzamide)

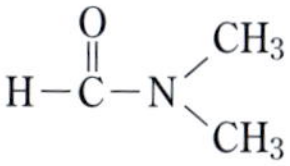

N,N-ジメチルメタンアミド
(N,N-dimethylmethanamide)
N,N-ジメチルホルムアミド
(N,N-dimethylformamide)

赤：置換命名法　　緑：慣用名

2.3.12 ニトリル

置換命名法では，対応する炭素数のアルカンの名称に接尾語「-nitrile(-ニトリル)」をつけて表す．ニトリル置換基が環構造に直結している場合は，接尾語「-carbonitrile(-カルボニトリル)」を用いる．また，接頭語とする場合には，「cyano-(シアノ-)」となる．基官能命名法もしばしば用いられ，基名(アルキル基名)と官能種類名「cyanide(シアン化)」を組み合わせて命名される．なお，置換命名法ではニトリル部位(CN)を炭素数に含めた対応するアルカンの名称が重要となるが，基官能命名法ではニトリル部位(CN)を炭素数に含めないで対応するアルキル基名に「cyanide(シアン化)」を付けて命名する．このように，置換命名法と基官能命名法で炭素数の取り扱いが異なることにも注意してほしい．

CH₃CN　　　　CH₃CH₂CN

エタンニトリル　　プロパンニトリル　　シクロヘキサンカルボニトリル
（ethanenitrile）　（propanenitrile）　（cyclohexanecarbonitrile）
アセトニトリル　　プロピオニトリル
（acetonitrile）　（propionitrile）
シアン化メチル　　シアン化エチル　　シアン化シクロヘキシル
（methyl cyanide）（ethyl cyanide）　（cyclohexyl cyanide）

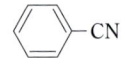

ベンゼンカルボニトリル
（benzenecarbonitrile）
ベンゾニトリル
（benzonitrile）

赤：置換命名法　　緑：慣用名　　青：基官能命名法

3. おわりに

　有機化合物の命名法を習得することは，有機化学における「共通言語」を学ぶようなものである．教科書や参考書に記述されていることを理解するためだけでなく，学術論文や特許資料など，有機化学に関連したあらゆる文書を読み書きするために，正しい命名法を習得してほしい．なお本書では，簡単な構造の化合物の命名法に重点をおき，できるだけ簡潔な説明にとどめた．より詳しい命名法に関しては，巻末に示した参考文献をみてほしい．

略　　解

第 1 章

1.

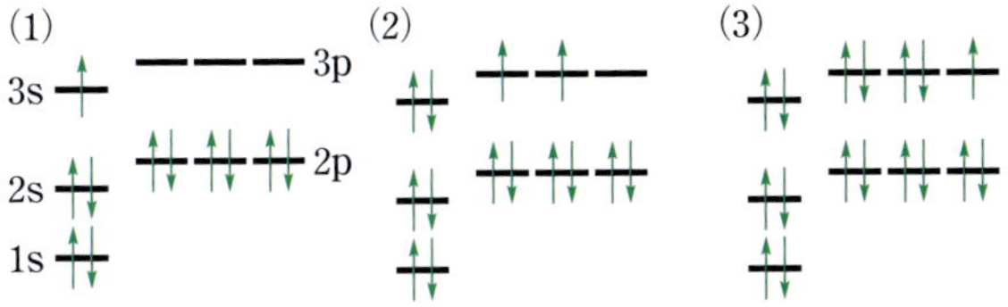

(1) 1s, 2s 各2電子、2p 6電子、3s 2電子、3p 空

(2), (3) 電子配置図

2.

(1) ベンゼン（ケクレ構造と点電子構造）

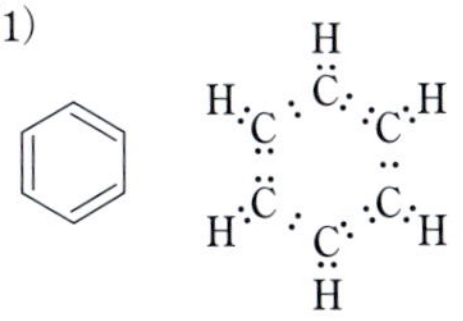

(2) CH₃C≡N ／ H:C:C:::N:（H 付き）

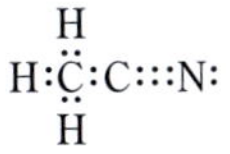

(3) O=C=O ／ :Ö::C::Ö:

(4) $^{\ominus}$C≡O$^{\oplus}$　　:C:::O:$^{\ominus}$ $^{\oplus}$

(5) CH₃-N(=O)(O$^{\ominus}$) 構造 ／ H:C:N$^{\oplus}$(:Ö:H)(:Ö:$^{\ominus}$)

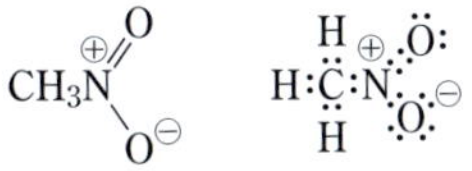

(4)と(5)にある電荷は，形式電荷とよばれる．形式電荷は，次のようにして求められる．

　　形式電荷 ＝[中性原子の価電子数]－[共有電子数÷2]－[非共有電子数]

3.

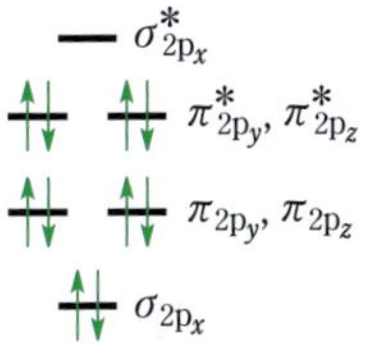

$\sigma^*_{2p_x}$

$\pi^*_{2p_y}, \pi^*_{2p_z}$

π_{2p_y}, π_{2p_z}

σ_{2p_x}

略　解　181

π_{2p_y} 結合と π_{2p_z} 結合の結合への寄与は，$\pi^*_{2p_y}$ 結合と $\pi^*_{2p_z}$ 結合によって相殺されるため，σ_{2p_x} 結合だけが F–F 結合に寄与する（上図では，σ_{1s}, σ^*_{1s}, σ_{2s}, σ^*_{2s} の各結合は省略されている）．

4.

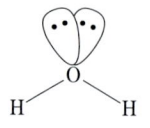

酸素原子の sp^3 混成軌道から水分子の構造を考える．sp^3 混成軌道の 2 つには，非共有電子対が収容されている（参考：水分子の H–O–H 結合角は 105° であり，メタンの H–C–H 結合角 109.5° に近い）．

5.

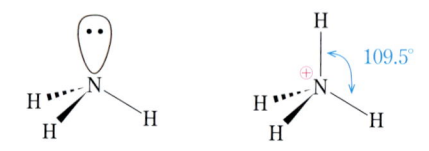

問 4 と同様に，窒素原子の sp^3 混成軌道からアンモニアとアンモニウムイオンの構造を考える（参考：アンモニアの H–N–H の結合角は 107° である）．

6.

中央の炭素原子は sp 混成であり，両端の炭素原子は sp^2 混成である．そのため，分子の左右が 90° ねじれた構造となる．（p. 49 の 1,3-二置換アレンに関連する）

7.

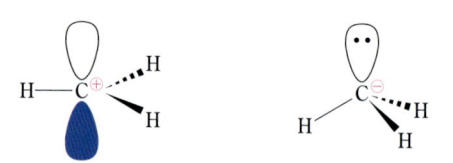

メチルカチオン（CH$_3^+$）は平面構造であり，電子が収容されていない 2p 軌道をもつ．一方，メチルアニオン（CH$_3^-$）は四面体構造であり，sp^3 混成軌道の 1 つに非共有電子対が収容されている．

8.

（1）極性共有結合　　（2）イオン結合　　（3）極性共有結合

第2章

1.

(1) H₃C—CH₂—CH₂—CH₂—CH₃   H₃C—CH₂—CH(CH₃)—CH₃   (CH₃)₃C—CH₃

(2) H₃C—CH₂—CH₂—CH₂—Cl   H₃C—CH₂—CH(Cl)—CH₃   CH₃—CH(CH₃)—CH₂Cl
    (CH₃)₃C—Cl

(3) H₃C—CH₂—CH₂—CH₂—OH   H₃C—CH₂—CH(OH)—CH₃   CH₃—CH(CH₃)—CH₂OH
    (CH₃)₂C(OH)—CH₃   H₃C—CH₂—CH₂—O—CH₃   H₃C—CH₂—O—CH₂—CH₃
    CH₃—CH(OCH₃)—CH₃

2.
(1) *R* (2) *R* (3) *S* (4) *R*

3.
(1), (2), (3) 構造式

4.
$2^5 = 32$(個)

キラル中心：5か所

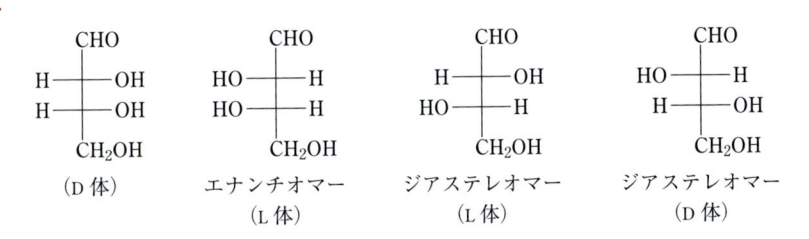

5.
(D体) エナンチオマー(L体) ジアステレオマー(L体) ジアステレオマー(D体)

略解 | 183

6.

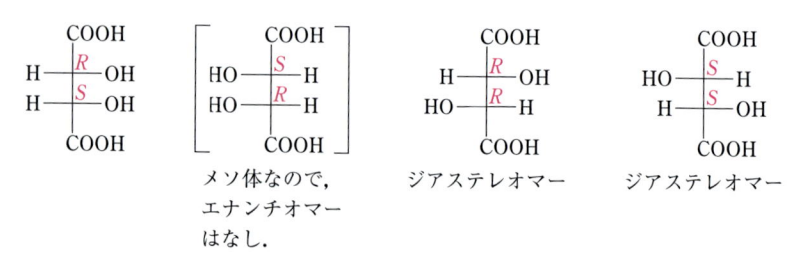

	COOH			COOH			COOH			COOH	
H	—*R*—	OH	HO	—*S*—	H	H	—*R*—	OH	HO	—*S*—	H
H	—*S*—	OH	HO	—*R*—	H	HO	—*R*—	H	H	—*S*—	OH
	COOH			COOH			COOH			COOH	

　　　　　　　　メソ体なので，　　ジアステレオマー　　ジアステレオマー
　　　　　　　　エナンチオマー
　　　　　　　　はなし．

第3章

1. CH$_4$ + F$_2$ ⟶ CH$_3$F + HF
　　[99(C–H)+38(F–F)]−[116(C–F)+136(H–F)] = −115 kcal/mol
　　CH$_4$ + Cl$_2$ ⟶ CH$_3$Cl + HCl
　　[99(C–H)+58(Cl–Cl)]−[81(C–Cl)+103(H–Cl)] = −27 kcal/mol
　　以上より，フッ素化の方が進みやすい．

2. $\Delta G° = -RT \log_e K_{eq}$ より $K_{eq} = 2.3$. よって反応 A.

3. $\Delta G° = -RT \log_e K_{eq}$ より $K_{eq} = 133$ もしくは 7.5×10^{-3}
　　以上より，アキシアル配座：エクアトリアル配座 = 1：133.

4. 反応速度は反応 B の方が速く，発熱量は反応 A の方が多い．

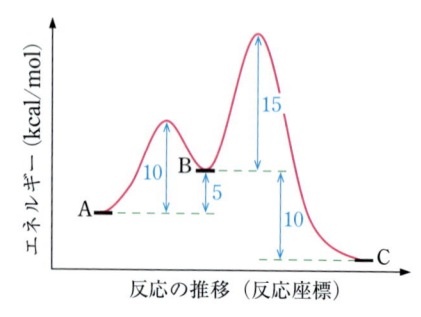

5.

6. 律速段階：中間体 B から生成物 C への反応
　　反応全体の $\Delta H° = -5$ kcal/mol

7. 3.7 倍

8. $T = 437$ K (164 °C)

第4章

1. 左辺の酸 HA と右辺の酸 HB についてそれぞれ解離平衡の式を立てて，K_{a1}/K_{a2} を計算すると $[\text{H}^+]$ の項が消える．

2. 酸解離平衡の式 $K_a = [\text{H}^+][\text{A}^-]/[\text{HA}]$ の両辺の対数をとり，$\text{p}K_a$ ならびに $\text{pH} = -\log[\text{H}^+]$ の定義より誘導する．

3. 水の解離平衡の式 $K_a = [\text{H}^+][\text{OH}^-]/[\text{H}_2\text{O}]$ に水のイオン積とモル濃度を代入して求める．

4. ΔG° (kcal/mol) $= 1.4\,\text{p}K_a$（1気圧, 25 °C）を用いて，ギブズエネルギー変化を計算する．図 4.2 を参照すること．

5. ニトロ基がフェノキシドイオンの負電荷と共役しているので，共鳴構造において負電荷がニトロ基の端まで非局在化する．このことを共鳴式で示す．

6. アミノ基の非共有電子対がベンゼン環上に共鳴により非局在化されること，ならびにベンゼン環が疎水性であるため，溶媒和による安定化を受けにくいため．

7. パラ位のメトキシ基は，カルボキシ基の付け根の炭素と共役しているため，共鳴による電子供与性が高く，共役塩基の負電荷との反発によって不安定化する．そのため，安息香酸よりも酸性度が低い．一方，メタ位のメトキシ基は，カルボキシ基の付け根の炭素と共役していないので，共鳴による電子供与性は低い．さらに，酸素原子の電気陰性度により誘起効果は電子求引性に働く．誘起効果は距離が重要であるため，よりカルボキシ基に近いメタ体の誘起効果は高く，その結果，共役塩基の負電荷が安定化され，安息香酸よりも酸性度が高くなる．m-メトキシ安息香酸のハメット定数 σ_m : $4.19 - 4.07 = +0.12$（総合的に電子求引性）

8. ルイス酸：1, 2, 5, 7．ルイス塩基：3, 4, 6

9. 問題1より平衡定数が求められる．

(1) CH$_3$COOH + NaCl $\underset{(K = 10^{-6.5})}{\xrightarrow{\text{H}_2\text{O}}}$ CH$_3$COONa + H$_3$O$^+$ + Cl$^-$
(pK_a = 4.8) (pK_a = -1.7)

(2) CH$_3$COOH + NaOH $\underset{(K = 10^{10.9})}{\xrightarrow{\text{H}_2\text{O}}}$ CH$_3$COONa + H$_2$O
(pK_a = 4.8) (pK_a = 15.7)

(3) CH$_3$COOH + NaHCO$_3$ $\underset{(K = 10^{1.6})}{\xrightarrow{\text{H}_2\text{O}}}$ CH$_3$COONa + H$_2$CO$_3$
(pK_a = 4.8) (pK_a = 6.4)

(4) CH$_3$COOH + C$_6$H$_5$ONa $\underset{(K = 10^{5.2})}{\xrightarrow{\text{H}_2\text{O}}}$ CH$_3$COONa + C$_6$H$_5$OH
(pK_a = 4.8) (pK_a = 10)

(5) $N(CH_3)_3$ + H_2O $\underset{(K\ =\ 10^{-5.7})}{\overset{H_2O}{\rightleftharpoons}}$ $HN^+(CH_3)_3$ + OH^-
                               (pK_a = 15.7)   (pK_a = 10)

(6) $CH_3NH_3^+Cl^-$ + NaOH $\underset{(K\ =\ 10^{5.7})}{\overset{H_2O}{\longrightarrow}}$ CH_3NH_2 + H_2O + NaCl
                        (pK_a = 10)   (pK_a = 15.7)

(7) $N(CH_3)_3$ + HCl $\underset{(K\ =\ 10^{17})}{\overset{H_2O}{\longrightarrow}}$ $HN^+(CH_3)_3Cl^-$
                           (pK_a = -7)   (pK_a = 10)

第5章

1.

$CH_3-\overset{\overset{O}{\|}}{C}-CH_3$ $\xrightarrow{m\text{-CPBA}}$ $CH_3-\overset{\overset{O}{\|}}{C}-O-CH_3$

酸化度 2   0 ——— 酸化 ———→ 3   1

2.

$\overset{Br}{\underset{}{C}}H_2-\overset{Br}{\underset{}{C}}H_2$ $\xrightarrow{Mg}$ $Br-Mg-CH_2-\overset{Br}{\underset{}{C}}H_2$ $\longrightarrow$ $H_2C=CH_2$ + $MgBr_2$

酸化度 1 1 ——— 還元 ———→ 0 1 ——— 変化なし ———→ 1

3.

H_3C-OH $\xrightarrow[H_2SO_4,\ H_2O]{CrO_3}$ $\left[H-\overset{\overset{O}{\|}}{C}-H\right]$ $\xrightarrow{H_2O}$ $\left[H-\overset{\overset{HO}{|}}{\underset{\underset{H}{|}}{C}}-OH\right]$ $\xrightarrow[H_2SO_4,\ H_2O]{CrO_3}$ $H-\overset{\overset{O}{\|}}{C}-OH$

4.

[cyclohexene] $\xrightarrow[CH_2Cl_2]{O_3}$ [ozonide] $\xrightarrow{Zn,\ CH_3COOH}$ [hexanedial with two CHO groups]

5.

$CH_3-\overset{\overset{O}{\|}}{C}-OCH_2CH_3$ $\xrightarrow[THF]{LiAlH_4}$ $\xrightarrow{H_3O^{\oplus}}$ 2 CH_3CH_2OH

6.

[1,2-dimethylcyclohexene] $\xrightarrow[MeOH]{H_2,\ Pd/C}$ [cis-1,2-dimethylcyclohexane]

186 | 略　解

第6章

1.
(1) 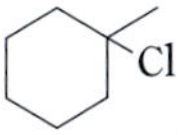 1-氯-1-甲基环己烷　(2) 3-甲基-3-戊醇　(3) 反-2-甲基环己醇

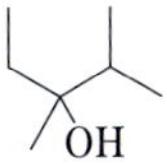

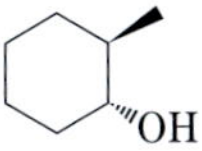

2.
- **A:** 环己基MgBr
- **B:** 1-环己基-1-丙醇
- **C:** 己-2-烯基MgBr
- **D:** 1-氘代己-2-烯
- **E:** 己-2-烯酸

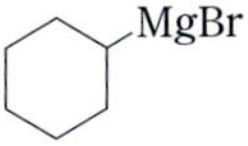

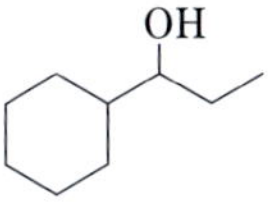

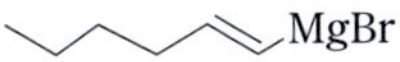

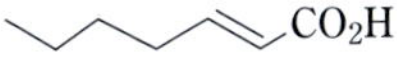

3.
- **A:** $CH_3\overset{\oplus}{P}Ph_3\overset{\ominus}{B}r$
- **B:** $CH_2=PPh_3$
- **C:** 亚甲基环己烷
- **D:** 1-锂氧基-2-甲基环己烯
- **E:** 2-甲基-6-(苯基(锂氧基)甲基)环己酮
- **F:** 4-(二甲氧基甲基)苯甲酸甲酯
- **G:** 4-(2-羟基丙-2-基)苯甲醛

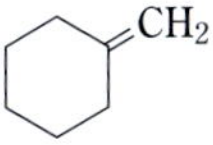

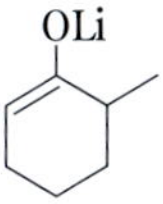

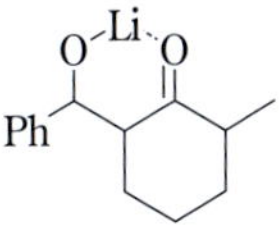

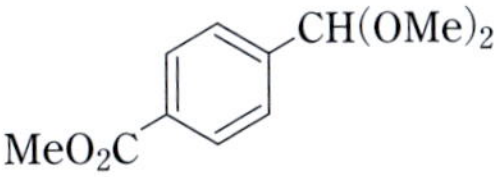

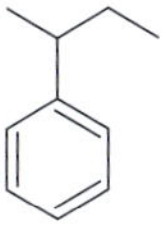

4. 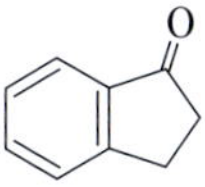
(1) 3-溴苯甲酸甲酯　(2) 2-甲氧基-1,4-二硝基苯　(3) 仲丁基苯　(4) 1-茚酮

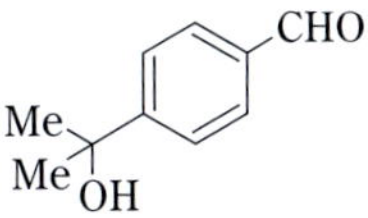

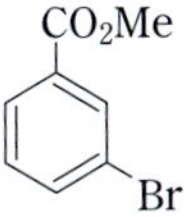

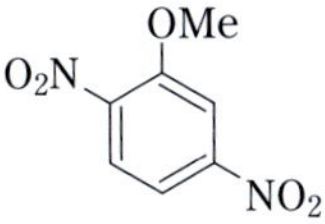

5.
(1) 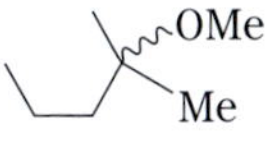 (S_N1) 2-甲氧基-2-甲基戊烷（外消旋）
(2) (E2) (E)-1,2-二苯基丙烯
(3) 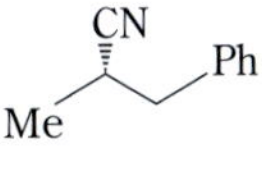 (S_N2) (S)-2-甲基-3-苯基丙腈
(4) 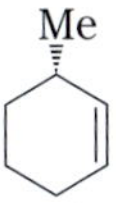 (E2) 3-甲基环己烯
(5) 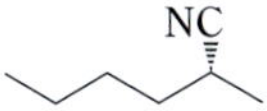 (S_N2) (S)-2-异氰基己烷

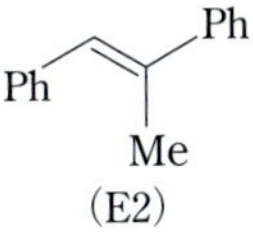

略　解　*187*

6.

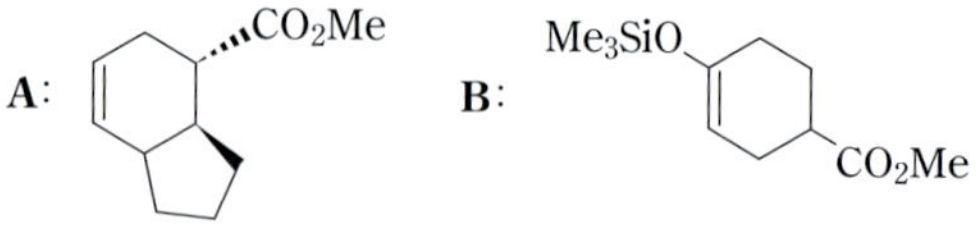

A: [構造式 シクロヘキセン縮環, CO₂Me]   B: [構造式 Me₃SiO-シクロヘキセン-CO₂Me]   C: [構造式 シクロオクタトリエン メチル]

第7章

1. マルトースは，1位に還元性を有するホルミル基をもっているため．

2. 1,2-*cis*-配置は，C2位の隣接基関与を利用できない立体配置であることに加え，環内の酸素原子からのアノマー効果（立体電子的効果）も利用できないため．

3. DNA内でシトシンがウラシルに加水分解されてしまい，そのまま転写や複製が起きてしまうと，遺伝子情報がCG塩基対からUA塩基対に変異した形で伝達されることになる．
（通常，DNA内に発生したウラシルは修復酵素によって速やかに除去後，修復されている．）

4.

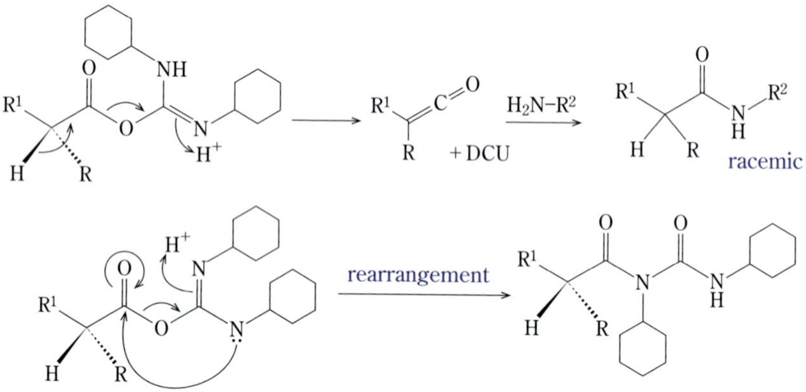

[反応機構図: 中間体からケテン R^1-CH=C=O + DCU を経て H_2N-R^2 と反応し racemic なアミドを生成；別経路で rearrangement によりN-アシル尿素体を生成]

5. 9-methylidenefluoreneの特徴的な吸収波長は，ペプチド固相合成の脱保護段階で生じる洗液のその波長における吸光度を測定することによって，反応効率の目安として利用できる．

6. 1つの塩基が変異した場合，それを含むコドンの情報が変わり，その位置のアミノ酸が置き換わった変異タンパクが生じる可能性がある．

参 考 文 献

1. J. McMurry 著（伊東　椒，児玉三明，荻野敏夫，深澤義正，通　元夫訳）「マクマリー有機化学（上・中）第8版」東京化学同人（2013）．
2. 山口良平，山本行男，田村類「ベーシック有機化学　第2版」化学同人（2010）．
3. 柴崎正勝，鈴木啓介，玉尾皓平，中筋一弘，奈良坂紘一著，野依良治編「大学院講義　有機化学 I．分子構造と反応・有機金属化学」東京化学同人（1999）．
4. 山岸敬道「有機化学 I」丸善（1996）．
5. 川端潤「ビギナーズ有機化学　第2版」化学同人（2013）．
6. 齋藤勝裕，大月穣「わかる×わかった！　有機化学」オーム社（2009）．
7. 山内淳「基礎物理化学 I―原子・分子の量子論―」サイエンス社（2004）．
8. 馬場正昭「基礎量子化学―量子論から分子をみる―」サイエンス社（2004）．
9. P. Atkins, T. Overton, J. Rourke, M. Weller, F. Armstrong 著（田中勝久，平尾一之，北川進訳）「無機化学　第4版」東京化学同人（2008）．
10. M.J.T. Robinson 著（豊田真司訳）「立体化学入門―三次元の有機化学―」化学同人（2002）．
11. 大木道則「立体化学（第4版）」東京化学同人（2002）．
12. 竹内敬人「よくある質問　立体化学入門」講談社（2007）．
13. H. Hart, L.E. Craine, D.J. Hart 著（秋葉欣哉，奥　彬訳）「ハート基礎有機化学（三訂版）」培風館（2002）．
14. J.G. Smith 著（山本尚，大嶌幸一郎監訳，大嶌幸一郎，髙井和彦，忍久保洋，依光英樹訳）「スミス基礎有機化学（上）第3版」化学同人（2012）．
15. S.H. Pine 著（湯川泰秀，向山光昭監訳）「有機化学（I, II）第5版」廣川書店（1989）．
16. J. Clayden, N. Greeves, S. Warren, P. Wothers 著（野依良治，奥山　格，柴﨑正勝，檜山爲次郎監訳）「有機化学（上）」東京化学同人（2003）．
17. 有機合成化学協会編「演習で学ぶ有機反応機構：大学院入試から最先端まで」化学同人（2005）．
18. 山口達明「有機化学の理論―学生の質問に答えるノート　第4版」三共出版（2007）．
19. 橋本春吉，宮野壮太郎「［続］有機合成反応　芳香族合成―その方法論」学会出版センター（1991）．
20. T.N. Sorrell 著（村田道雄，石橋正己，木越英夫，佐々木　誠監訳）「有機化学（上）」東京化学同人（2009）．
21. B. Alberts, A. Johnson, M. Raff, P. Walter, D. Bray, J. Lewis, K. Roberts 著（中村桂子，松原謙一監訳）「Essential 細胞生物学」南江堂（1999）．

22. R.F. Weaver 著（杉山弘，森井孝，井上丹監訳）「ウィーバー分子生物学」化学同人（2008）．
23. 日本化学会命名法専門委員会編「化合物命名法—IUPAC 勧告に準拠—」東京化学同人（2011）．

第 7 章の成書以外の参考文献

24. Koenigs-Knorr 法：W. Koenigs, E. Knorr, *Ber. Dtsch. Chem. Ges.*, **34**, 957（1901）．
25. 向山グリコシル化反応：T. Mukaiyama, Y. Murai, S. Shoda, *Chem. Lett.*, 431（1981）．
26. グリコシルトリクロロアセトイミデートによるグリコシル化反応：R.R. Schmidt, J. Michel, *Angew. Chem. Int. Ed. Engl.*, **19**, 731（1980）．
27. DNA の X 線構造解析による二重らせん構造の提唱：J.D. Watson, F.H.C. Crick, *Nature*, **171**, 737（1953）．
28. ホスホルアミダイト（phosphoramidite）法：A.D. Barone, J.Y. Tang, M.H. Caruthers, *Nucleic Acids Res.*, **12**, 4051（1984）．
29. Native Chemical Ligation（NCL）法：P.E. Dawson, T.W. Muir, I. Clark-Lewis, S.B.H. Kent, *Science*, **266**, 776（1994）．
30. 真核細胞内の転写の化学的研究：P. Cramer, D.A. Bushnell, R.D. Kornberg, *Science*, **292**, 1863（2001）．
31. ウラシルのみの mRNA からフェニルアラニン（F）のみのポリペプチドへ変換：M.W. Nirenberg, J.H. Matthaei, *Proc. Natl. Acad. Sci. USA*, **47**, 1588（1961）．
32. 世界初のマウス iPS 細胞：K. Takahashi, S. Yamanaka, *Cell*, **126**, 663（2006）．

参考データ

33. 表 1.1：国立天文台編「理科年表（平成 26 年度版）」p. 644, 丸善（2013）．
34. 表 2.2：*The Merck Index*, 13th edition, Merck & Co., Inc.：Whitehouse Station, N.J., USA, 2001.

作図（図 1.3, 図 1.24, 図 1.25）

35. B.M. Bode, M.S. Gordon, *J. Mol. Graphics Mod.*, **16**, 133（1998）．

索　引

あ 行

iPS 細胞	162
IUPAC	166
アキシアル位	32
アキラル	35
アセタール	115
アミノ酸	38, 151
アミロース	141
R/S 表示法	36
RNA プロセシング	158
アルキル基の名称	167
アルドール反応	118
α-ヘリックス	156
アレニウスの式	66
アレニウムイオン	121
アンチ形	31
イオン結合	7, 20, 22
いす形	31
E/Z 表示法	45
位相	4
1,3-ジアキシアル相互作用	33
遺伝子導入	162
ウィティヒ反応	117
エクアトリアル位	32
s 性	82
エナンチオマー	35
NCL 法	156
エピジェネティック	163
Fmoc	154
A-form	148
エポキシ化	93, 97
mRNA	158
エリトロ/トレオ表示法	42
塩基解離定数	75
塩基性	71, 86
塩基対	146
エンタルピー	52
エントロピー	60
オクテット則	8
オゾン	98
オゾン分解	93, 98

か 行

過酸	97
活性化エネルギー	64
価電子	7
過マンガン酸カリウム	98
ガラクトース	139
幾何異性体	45
基官能命名法	170
基底状態	14
ギブズエネルギー	57
ギブズエネルギー変化	75
吸エルゴン反応	59
求核剤	86
求核性	86
求電子剤	86
求電子性	86
強酸	76
鏡像異性体	35
共鳴効果	76
共役塩基	71
共役酸	71
共有結合	7, 19, 22
極限構造	77
極性共有結合	20, 22
キラル	35
キラル中心	36
グリコシド結合	141
Grignard（グリニャール）反応剤	91, 113
グルコース	34, 38, 40, 138
グルコース-6-リン酸	139, 143
クロム酸	96
クロロクロム酸ピリジニウム	96
形式電荷	181
ケクレ構造式	8, 26
結合エネルギー	52
結合解離エネルギー	53
結合性軌道	9
原子価結合法	7
原子軌道	3
光学異性体	36
光学活性	39
光学分割	43
構成原理	6
構造異性体	27
ゴーシュ形	29
コープ転位	68
骨格構造式	27
コドン	159
木びき台投影式	28

索引　191

5-メチルシトシン	163
孤立電子対	8
混成軌道	16, 24, 82

さ 行

最高被占軌道	14
最低空軌道	14
酢酸イオン	78
酸解離指数（pK_a）	72
酸解離定数	71
酸化度	90
酸性	71, 86
ジアステレオマー	42
シアン化カリウム	75
軸性キラリティー	48
σ 軌道	10
シクロデキストリン	141
シス-トランス異性体	45
CpG アイランド	163
弱酸	76
縮合構造式	27
縮合反応	153
シュレーディンガー方程式	3
常磁性	11
ジョーンズ酸化	96
触媒	64
ジーンサイレンシング	163
水素化アルミニウムリチウム	100
水素化ジイソブチルアルミニウム	100
水素化ホウ素ナトリウム	101
水和	82
スクロース	140
精製	150
節	4
セルロース	141
遷移状態	64
線形結合	22
速度定数	66

た 行

炭素骨格転位	111
置換基効果	82
置換命名法	170
超共役	80, 100
直鎖アルカンの名称	167
D/L 表示法	37
t-Boc	154
t-ブチルリチウム	74
電気陰性度	19, 76
電子求引性	77, 80, 81
電子供与性	77, 80, 81
電子対	85
電子の非局在化	76, 77
電子配置	5
電子分布	76
電子密度	89
転写	158
転写因子	158
点電子式	7
糖のコンホメーション	148
特性基	170
トレハロース	140

な 行

二重らせん	147
二面角	28
ニューマン投影式	28
ヌクレオシド	144
ヌクレオチド	145

は 行

配位結合	7
π 軌道	10
倍数詞	167
π 電子近似	14
パウリの排他原理	6
発エルゴン反応	58
ハメット定数	83, 84
反結合性軌道	9
半減期	67
反応速度	65
非共有電子対	8
非局在化	14
pK_a	72
非結合性軌道	11
比旋光度	40
ヒドロホウ素化	110
B-form	148
ピラノース	139
ピリミジン塩基	144
ピルビン酸	143
フィッシャー投影式	35
フェノキシドイオン	79
福井謙一	132
不斉炭素原子	35
不対電子	12
舟形	31
プリン塩基	144
フルクトース	139
ブレンステッドの酸-塩基	71
フロンティア軌道	15
分極	20
分子軌道法	9, 22, 23
フントの規則	7
平均結合エネルギー	53, 54
平衡定数	57
β-シート	156
ペプチド結合	153
ヘミアセタール	138
ヘミケタール	139
ヘリシティー	50
ヘンダーソン-ハッセルバルヒの式	72
ホスホルアミダイト法	150
ボラン	101
翻訳	160

ま 行

マルコフニコフ則	109
マルトース	140
メソ化合物	42
メタクロロ過安息香酸	97
面性キラリティー	49

や 行

矢印	105
誘起効果	76

ら 行

ラセミ化	153
ラセミ体	40
律速段階	65
立体効果	81
立体配座異性体	26
立体配置異性体	26
リンドラー触媒	99
ルイス構造式	7
ルイスの酸−塩基	85
励起状態	14

有機化学要論 ―生命科学を理解するための基礎概念―

2015年3月30日	第1版	第1刷	発行
2016年3月30日	第2版	第1刷	発行
2023年3月30日	第2版	第4刷	発行

編 著　入江一浩　津江広人
著 者　高野俊幸　加納太一　松原誠二郎
　　　　板東俊和　藤田健一

発行者　発田和子

発行所　株式会社 学術図書出版社
〒113-0033　東京都文京区本郷 5-4-6
TEL 03-3811-0889　振替 00110-4-28454
印刷　三美印刷(株)

定価はカバーに表示してあります．

本書の一部または全部を無断で複写（コピー）・複製・転載することは，著作権法で認められた場合を除き，著作者および出版社の権利の侵害となります．あらかじめ，小社に許諾を求めてください．

© 2015, 2016　K. IRIE, H. TSUE, T. TAKANO, T. KANO, S. MATSUBARA, T. BANDO, K. FUJITA　Printed in Japan
ISBN978-4-7806-0479-5　C3043

表 1 平均結合エネルギー (25 °C)

	kcal/mol	kJ/mol		kcal/mol	kJ/mol
C−H	99	414	C=O (CO$_2$)	192	803
N−H	93	389	C=O (HCHO)	166	694
O−H	111	464	C=O (RCHO)	176	736
S−H	83	339	C=O (R$_2$C=O)	179	748
			C=N	147	
C−C	83	347	C≡N	213	
C=C	146	610			
C≡C	200	836	C−F	116	485
π 結合	63	263	C−Cl	81	339
			C−Br	68	284
N−N	39	163	C−I	51	213
N=N	100	418			
N≡N	226	945	H−F	136	568
			H−Cl	103	431
O−O	35	146	H−Br	87	365
O=O	119	498	H−I	71	299
C−O	86	359	H−H	104	436
C−N	73	305	F−F	38	157
			Cl−Cl	58	243
			Br−Br	46	194
			I−I	37	153

パイン有機化学・第 5 版 (I)(廣川書店) より引用